Ueli Seiler-Hugova

Sternenkunde
integral

Ueli Seiler-Hugova

Sternenkunde
integral

Den Sternenhimmel beobachten, astronomisch
und astrologisch deuten, seine Botschaft verstehen

AT Verlag

Jean Gebser (1905–1973), dem großen
Kulturphilosophen und Verfasser von »Ursprung
und Gegenwart«, gewidmet.

Bild Seite 2:
Fred Stauffer, »Sterngucker«.

© 2009
AT Verlag, Baden und München
Lektorat: Ralf Lay, Mönchengladbach
Gestaltung und Satz: Edith Biedermann, Bern
Umschlagbild: www.shutterstock.com
Lithos: Vogt-Schild Druck, Derendingen
Druck und Bindearbeiten: AZ Druck und Datentechnik, Kempten
Printed in Germany

ISBN 978-3-03800-487-5

www.at-verlag.ch

Inhalt

7 .... **Vorwort**

13 .... **Was ist eine integrale Sternenkunde?**

20 .... **Die Dreiheit der Himmelserscheinungen und ihre Beobachtung**
20 .... Fixsterne (Sternbilder)
23 .... Planeten (Wandelsterne)
26 .... Kometen und Sternschnuppen
26 .... Die Trinität und ihre Bedeutung

29 .... **Den Sternenhimmel erkennen**
29 .... Die wichtigsten Sternbilder am Süd- und Nordhimmel
54 .... Die zwölf Tierkreisbilder mit den Planeten

61 .... **Das Tycho-Brahe-Astrolabium**

66 .... **Der Fixsternhimmel**
66 .... Die Bewegungen – die Himmelsmechanik
68 .... Die zwölf Tierkreishäuser
96 .... Doppelsterne, Novae, Sternhaufen, Milchstraßensystem,
                 Andromedanebel und Schwarze Löcher

100 .... **Die Planeten**
100 .... Die Sonne und die neun Planeten
102 .... Die Sonne
104 .... Der Mond
105 .... Merkur
105 .... Venus
106 .... Die Erde
108 .... Mars
109 .... Die Asteroiden
110 .... Jupiter
111 .... Saturn
111 .... Uranus
112 .... Neptun
112 .... Pluto

113 .... **Kometen, Sternschnuppen, Meteoriten**

116 .... **Die siderische, tropische und heliozentrische Astrologie
                 und Astronomie – Tierkreise und Präzession**

120 .... **Astrologie (tropisch)**
120 .... Die sieben Planetenqualitäten
125 .... Die sieben Planetentypen

127 .... Von den Planeten zum Tierkreis
128 .... Die zwölf Tierkreiszeichen
136 .... Die zwölf Johanni-Tierkreissprüche

137 .... **Das Horoskop**

140 .... **Konstellationen**
140 .... Der Stern von Bethlehem
143 .... Die Parzival-Astronomie
145 .... Die vierfache Konjunktion 1604
148 .... Die Sonnenfinsternis 1999 und der Besuch des Isenheimer Altars

154 .... **Tycho Brahe und Johannes Kepler**

166 .... **Weltbilder**
166 .... Mythische Weltbilder
167 .... Geo- und heliozentrische Weltbilder
173 .... Das Primum mobile

180 .... **Die kosmischen Zeitenrhythmen**
180 .... Der Tag als Erde-Sonnen-Rhythmus des Ichs
183 .... Die Woche als Planetenrhythmus der Seele
186 .... Der Monat als Mondrhythmus des Lebens
189 .... Das Jahr als Sonnenrhythmus des Leibes
190 .... Der Lebenslauf als Horoskoprhythmus der Persönlichkeit
195 .... Der Rhythmus der Zeitgeister: 72 und 354 Jahre
198 .... Der platonische Weltenrhythmus und die Kulturepochen

204 .... **Die Erden- und Menschheitsentwicklung**
204 .... Manichäische Vorstellungen
205 .... Die planetarische Entwicklung der Erde

209 .... **Die Planetensphären vor der Geburt und nach dem Tod**

214 .... **Die Wirkungen der Mondkräfte in den Sternbildtrigonen**
214 .... Wirkungen auf Pflanzen
216 .... Wirkungen auf Menschen

218 .... **Farben und die Sternenwelt**

223 .... **Zum Schluss: Integrale Weltsicht als Didaktik**

225 .... **Anhang**
225 .... Hochschuldidaktische Überlegungen (Zusammenfassung)
232 .... Der Abend- und Morgenstern, Venus integral

239 .... **Literaturverzeichnis**

241 .... **Register**

Vorwort

*»Je mehr Gegenstand – desto größer die Liebe zu ihm – einem absoluten Gegenstand
kommt absolute Liebe entgegen. Zu dir kehr ich zurück, edler Kepler, dessen hoher
Sinn ein vergeistigtes sittliches Weltall sich erschuf, statt dass in unseren Zeiten es für
Weisheit gehalten wird – alles zu ertöten, das Hohe zu erniedrigen, statt das Niedere
zu erheben – und selbst den Geist des Menschen unter die Gesetze des Mechanismus zu
beugen.«*

Novalis

Eine integrale Sternenkunde vorzulegen, ist motiviert durch die Tatsache, dass es zwar viele Bücher gibt, die übersichtlich oder in Einzelfragen astronomische oder astrologische Aspekte der Sternenwelt beschreiben, auch esoterisches Wissen über den Kosmos wird nicht zuletzt in der anthroposophischen Literatur weitergegeben. Doch eine Sternenkunde aus einer gewissermaßen höheren, ganzheitlichen Sicht zu entwerfen, ist bis jetzt kaum realisiert worden.

Wenn Astrologen, die wirklich etwas von ihrem Fach verstehen, uns zwar einleuchtend das eigene Horoskop erklären, aber kaum ein Interesse daran oder die Kenntnis haben, welche Planeten gerade am aktuellen Abend in welchem Sternbild leuchten, dann vermisse ich im Horoskop den sinnlichen, phänomenologischen Bezug zur Wirklichkeit des Himmels. Doch auch die Astronomen phänomenologischer oder astrophysischer Herkunft, die von sichtbaren und gedachten Sternenwelten berichten, vermitteln zwar das faszinierende astronomische Wissen, aber gerade solche Wissenschaftler lehnen die astrologischen Zusammenhänge als unwissenschaftlich ab.

In diesem Buch geht es nicht um die Auseinandersetzung darüber, wer recht hat und wer nicht. Ich will auch keineswegs irgendetwas beweisen oder jemanden überzeugen. Diese defiziente rationale Art des »Entweder-oder« muss einer integralen Sicht des »Sowohl-als-auch« weichen. Wenn ich zum Beispiel meine Studenten und Studentinnen in den sechziger Jahren befragte, für wen von ihnen die Engel eine Realität bedeuteten, dann bejahten es nur einzelne von ihnen. Mittlerweile glaubt die Mehrheit an Engel. Die Menschen wollen heute also eine erweiterte Sicht. Und da die Engel auch Wesen des Himmels sind, gehören sie ebenso in den Kontext einer ganzheitlichen Sternenkunde. Aber halt auch aus umgekehrter Sicht: Dort, wo Engel sind, leuchtet zuweilen das sinnliche Grüngelb des Abend- oder Morgensterns, der Venus. Der Mensch sollte der Sternenwelt mit Leib, Seele und Geist auf allen Ebenen begegnen können.

Seit über vierzig Jahren gebe ich Kindern, Jugendlichen und Erwachsenen Kurse über die Gestirne und bemerke immer wieder, wie wenig Konkretes die Menschen von Sonne, Mond und Sternen täglich selbst erfahren. Es ist zwar viel Halbwissen da – über Distanzen zum Saturn, zu Galaxien, über Schwarze Löcher und so weiter –, aber den hell leuchtenden Abendstern können kaum einige erkennen und ihn in einen zeitenkosmischen Zusammenhang stellen. Die Planetarien werden zwar wie eine Filmvorstellung voller Eindrücke verlassen, doch verhilft dieses Medium dem am Abend Heimkehrenden kaum zur sinnenden Betrachtung der zunehmenden Mondsichel am Westhimmel.

Dieses Buch soll eine elementare Einführung in die Sternenwelt vermitteln. Auf eine ausformulierte Astrophysik und auf die eigent-

Johannes Kepler (links) und Tycho Brahe in einer Darstellung des tschechischen Künstlers Oldřich Kulhánek.

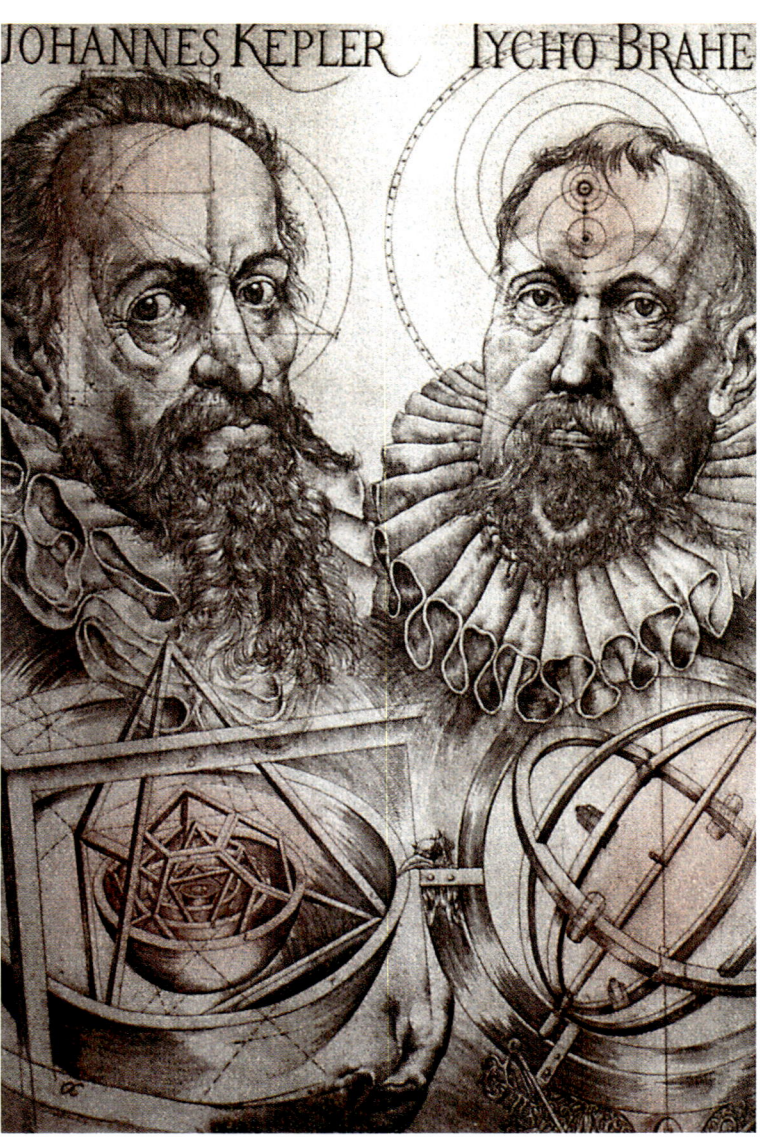

liche Horoskopie im Detail wird verzichtet. Jene Gebiete sind bestens in einschlägigen Werken dokumentiert. Mit meiner integralen Sternenkunde möchte ich eine Fähigkeit aufgreifen, wie sie noch von Tycho Brahe (1546–1601) und Johannes Kepler (1571–1630) vertreten wurde. Zwar waren sie beide Astronomen, die die neuere Wissenschaft von den Sternen revolutioniert haben, doch sie selbst lebten gleichzeitig in astrologischen und göttlichen Zusammenhängen.

Nach der großartigen Entdeckung der äußeren Wissenschaft gilt es wiederum, ganzheitliche Konzepte zu entwerfen. Dass die dazu gehörenden, heute so notwendigen moralischen Kräfte einen himmlischen Ursprung haben, wird in dieser Sternenkunde darzustellen versucht. Methodisch soll das Goethe'sche Prinzip der sinnlich-sittlichen Methode angewendet werden. Also geht es zuerst um die Erscheinungen am Sternenhimmel. Dazu habe ich ein Astrolabium bauen lassen, wohl das zurzeit größte auf der Welt, womit man am Tag und in der Nacht Sonne, Mond und Sterne exakt beobachten kann.

Dreifach sind die Sternphänomene: Sie zeigen sich als Fixsterne, Wandelsterne und Sternschnuppen, zuweilen auch als Komet. Eine kurze Einführung in die Sternqualitäten zeigt die Qualitäten in der Zwölfheit des Fixsternhimmels und in der Siebenheit der Planeten.

Spannend wird es bei der Frage der Präzession, das heißt bei der ständigen Verschiebung (in 72 Jahren um ein Grad) zwischen dem tropischen (astrologischen) und dem siderischen (astronomischen) Tierkreis. Diese Krux des »Entweder-oder«, welche die Astronomen und Astrologen entzweit, soll hier als Chance eines »Sowohl-als-auch« gezeigt werden. Das Astrolabium arbeitet zugleich auf beiden Ebenen mit dem Prinzip der Gleichzeitigkeit des anderen: An wenigen Beispielen können an Sternkonstellationen astronomische und astrologische Gesichtspunkte angewendet werden, sodass ein sinnlich-übersinnliches Bild entsteht.

Wo ist eigentlich das Zentrum des Universums? Ist es ptolemäisch-geozentrisch oder kopernikanisch-heliozentrisch? Tycho Brahe wollte unbedingt sein tychonisches, sowohl geo- als auch heliozentrisches Weltbild der Nachwelt hinterlassen. Heute ist das tychonische Weltbild wieder modern, weil es integral, ganzheitlich ist. Das Zentrum des Universums ist seit dem altägyptischen Urlehrer Hermes Trismegistos der Mensch. Was unten (im Menschen) ist, ist auch oben (im Kosmos) – und umgekehrt. Der Mensch kann denkend irgendeinen Punkt im Universum als Mittelpunkt annehmen. Doch soll er das wichtigste Zentrum, sein eigenes Herz, nicht vergessen. Erst das Herz kann ganzheitlich alle leiblichen, seelischen und geistigen Dimensionen aufnehmen. Ich plädiere für einen anthropozentrischen Herzmittelpunkt, damit die Menschen sich nicht nur intellektuell oder wissenschaftlich »ausbeutend« des Kosmos bemächtigen.

Hermes Trismegistos: »Wie oben, so unten.« Aus Daniel Stolcius von Stolcenberg, »Viridarium chymicum«, 1624.

Die Sterne vermitteln uns hochkomplexe rhythmische Phänomene, die tief in das tägliche, jährliche und biografische Leben hineinwirken. Ja, diese Rhythmen können auch in der Geschichte der Menschheit aufgezeigt werden. Okkulte Aussagen, zum Beispiel der Manichäer und von Rudolf Steiner (1861–1925), zeigen den Bezug zu astrosophischen Gesichtspunkten. Nicht nur dass die Erden- und Menschheitsentwicklung eine kosmisch-planetarische ist, sondern dass auch der Mensch in seiner Biografie die planetarischen Sphären durchläuft, ja, im Nachtodlichen ebenfalls durch die Planetensphären wandert, ist eine großartige Idee, die eben Ernst macht mit einer ganzheitlichen kosmischen Betrachtung der Sterne. Der Schlaf gehört zum Tagesbewusstsein wie der Tod zum Leben. In einer integralen Sternenkunde können so die verschiedenen Sternenwelten zusammen geschaut werden.

Mein Dank geht an alle, die die Veröffentlichung dieses Buchs ermöglicht haben: Zunächst ist es der AT Verlag und seine Mitarbeiter und Mitarbeiterinnen, mit denen ich schon durch mein Farbenbuch freundschaftlich verbunden war und bin.
Die Stiftung Stärenegg half mit einem namhaften Geldbetrag. Vanda Messerli bearbeitete mit großem Einsatz mein Manuskript.

Mein tschechischer Freund Martin Silha führte mich wiederum zu dem Engelforscher Emil Páleš und seinem Werk. Vendula Brozova zeichnete unermüdlich nach meinen Angaben die Bilder, die dem Buch einen ganz eigenen Charme geben. Die Tierkreishäuser zeichnete Uriel Omlin.

Nicht zuletzt danke ich meiner Familie, die mich während der Arbeit oft entbehren musste.

Inhaltlich bekam ich neue Impulse durch den Astronomieprofessor Bruno Binggeli. Sein integraler Aspekt in seinem Buch *Primum mobile* (siehe Literaturverzeichnis), in dem er mutig die astronomische Quantenphysik mit der spirituellen Sicht der Göttlichen Komödie Dante Alighieris (1265–1321) verbindet, haben mich in meinem Anliegen bestärkt. Er zitiert in seinem Nachwort Egon Friedell:

»Nur der Dilettant hat eine wirklich menschliche Beziehung zu seinen Gegenständen, nur beim Dilettanten decken sich Mensch und Beruf; und darum strömt bei ihm der ganze Mensch in seiner Tätigkeit und sättigt sie mit seinem ganzen Wesen, während umgekehrt allen Dingen, die berufsmäßig betrieben werden, etwas im üblen Sinne Dilettantisches anhaftet; irgendeine Einseitigkeit, Beschränktheit, Subjektivität, ein zu enger Gesichtswinkel (…) Der Mut, über Zusammenhänge zu reden, die man nicht vollständig kennt, über Tatsachen zu berichten, die man nicht genau beobachtet hat, Vorgänge zu schildern, über die man nichts ganz Zuverlässiges wissen kann, kurz: Dinge zu sagen, von denen sich höchstens beweisen lässt, dass sie falsch sind, dieser Mut ist die Voraussetzung aller Produktivität, vor allem jeder philosophischen und künstlerischen oder auch nur mit Kunst und Philosophie verwandten.«

Auch ich bin in diesem Sinne ein Dilettant, sicher kein Wissenschaftler in der engeren Bedeutung des Wortes. Ich bin mein Leben lang ein Amateur geblieben, ein Liebender der Sterne. Nie weiß man bei dieser Liebe genau, was Dein und Mein, was subjektiv oder objektiv ist. Wenn es gut geht, bin ich ein Lehrer, der mit Begeisterung die Sternenwelt vermitteln möchte.

Ueli Seiler-Hugova, Sommer 2009

Kopernikus (links stehend) und Tycho Brahe (rechts stehend). Titelbild aus Johann Hevels »Machina Coelestis« aus dem Jahr 1673.

Was ist eine integrale Sternenkunde?

»Urphänomene: ideal, real, symbolisch, identisch …
ideal als das letzte Erkennbare,
real als erkannt,
symbolisch, weil es alle Fälle begreift,
identisch mit allen Fällen.«

Johann Wolfgang von Goethe

Integrale Sternenkunde hat das Anliegen, alle Aspekte der Sternenwelt unter einer ganzheitlichen Sicht zu zeigen. Der Einzelne kann
sich dabei immer entscheiden, welche Bewusstseinsperspektive
ihm wichtig ist.

Da gibt es die *Schicht der Erscheinungen, der Phänomene.* Hier
geht es darum, den Sonnenuntergang, Venus als Abendstern, den
Großen Wagen, das Sonnendreieck, die Sternhaufen zu sehen, zu
beobachten, dieses aus dem Bauch heraus Sinnenhafte, Leibliche
wahrzunehmen und sich an seiner Schönheit zu erfreuen. Um die
Energien der Lichtpunkte, der Konfigurationen der Sterne zu spüren, braucht er keinen Intellekt. Er braucht Sinnesfreude wie bei
einem guten Essen, beim Baden in einem kühlen Bach, wie beim
Betrachten einer Blumenwiese, wie beim Austausch von Zärtlich-
keiten – keine Interpretationen, keine Hast, nur das gegenwärtige
Genießen. Diese magische Welt der Sinne, dieses »Sich-beeindru-
cken-Lassen« von der Sternenwelt, das ist die sinnliche Basis einer

Die Sonne als Energiespenderin
für alles Leben auf der Erde.

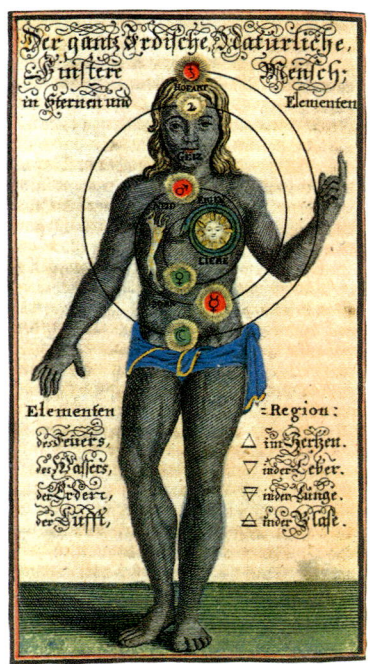

Der wiedergeborene Mensch in seiner Geburt in Christo, im Herzen, welcher die Schlange ganz zermalmt. Aus Johann Georg Gichtel, »Theosophia Practica«, 1736.

integralen Sicht der Sternenwelt. Mit dem Leib die Sterne wahrzunehmen heißt, sich den Energien dieser »Astrowelt« hinzugeben, sie aufzunehmen, sie sinnlich zu »verdauen«.

Doch der Mensch will sich auch *ein inneres, mythisches Bild* vom Kosmos machen. So erhob er diese Erscheinungen in die mythische Welt der Seele. Auf diese Weise entstand die Astrologie: Die Energien wurden zu seelischen Qualitäten, Bildern, Oppositionen und Quadraturen. Es ist die älteste Psychologie. Sie ist polar im Männlich-Weiblichen und im Zentripetal-Zentrifugalen; in der Dreiheit im kardinalen, fixen oder beweglichen Zustand; in den vier Elementen: Erde, Wasser, Luft und Feuer; im Fünferrhythmus der Venus, im Sechserrhythmus des Merkur, im Siebnerrhythmus der Planetenwochentage und im Zwölferrhythmus der Tierkreiszeichen und so weiter. Diese Bewusstseinsschicht der Astrologie ist noch irrational. Hier gilt das Gesetz der Analogien, des mythischen Bewusstseins, noch nicht des rationalen Beweisens. So wie niemand Kindern die Märchen analysieren würde, so wird die mythische Sternenwelt auch nicht verstandesmäßig hinterfragt.

Nun hat sich der Mensch seit dem antiken Griechenland zum *mentalen* und später zum *rationalen* Bewusstsein entwickelt. Hier sind wir in der Gegenstandswelt. Das heißt, die Welt wird zur Gegenwelt: Ich objektiviere, ich distanziere mich von ihr. Sich die Welt »unbarmherzig dem Intellekt untertan zu machen«, ist zugleich faszinierend wie auch schrecklich.

»Der Zeichner des liegenden Weibes«. Ein Apparat zur perspektivischen Zeichnung von Albrecht Dürer. An diesem Beispiel zeigt sich, wie der Mensch versucht, sich über das Emotionale (»das Weib«) zu erheben und sich von der Welt zu distanzieren, um sie letztlich zu analysieren.

Orionnebel: Blick in den »Hexen-
kessel« der Sterne.

Der Mensch selbst verschwindet aus dieser Welt. Er wäre auch nur
ein Störfaktor. Die Fakten werden dokumentiert, analysiert und mit
dem Intellekt interpretiert. So kommt man schließlich zu den
Schwarzen Löchern, zu den schrecklichen Visionen einer lichtlosen
Welt. Diese rationale Astronomie ist zwar beeindruckend – zumal
sie die wunderbaren, exakten Bilder der Galaxien, der alten und
neuen Sonnen, der Doppelsterne und so weiter zeigt –, doch dort,
wo Astronomie totalitär wird und nur diese rationale Bewusstseinsschicht zulässt, verhindert sie uns den Zugang zu einem ganzheitlichen spirituellen Erfassen der Sternenwelt. Sie verdrängt die Spiritualität und degradiert sie zu einem »spiritistischen Zauber«.

Der Einbruch einer integralen Sicht in der modernen Zeit zeigt sich
überall, wie es schon der deutschstämmige Schweizer Philosoph
und Schriftsteller Jean Gebser (1905–1973) in seinem Hauptwerk
Ursprung und Gegenwart beschreibt. Zunächst defizient: Die Inflati-
on von Bildern über magische, energetische Themen nehmen über-
hand, die Unterhaltungsastrologie ist zum täglichen Konsum be-
reit, die Science-Fiction-Bücher und -Filme über die Technologie
im Weltraum sind Renner, esoterische Prophetien und Aussagen
über Sternenkonstellationen feiern fröhliche Urständ. Dies zeigt,
dass der Mensch die rationale Welt aufbrechen, durchstoßen will,
es aber noch nicht vermag. Das Integrale, wie es Gebser beschreibt,
will all die Bewusstseinsschichten magisch, mythisch und rational
nicht negieren, sondern sie in sich integrieren. Denn der Mensch
ist magisch in seinem Bauch, mythisch in seiner Lunge und seinem
Herzen, rational in seinem Kopf. Diese kulturellen Fähigkeiten, seit

Hildegard von Bingen (1098–1179): Vision des Feuerhimmels (um 1150).

Jahrtausenden erarbeitet, sollen voll eingesetzt werden, aber mit dem Bewusstsein der Gleichzeitigkeit der verschiedenen Bewusstseinsebenen. Das Integrale ist nicht inhaltlich neu, sondern es will sich bewusst machen, auf welcher Schicht es sich gerade befindet. Es spielt das Rationale und Mythische nicht gegeneinander aus, sondern gibt jedem seinen Platz.

Diese höhere Warte der Sternenkunde, auch als »Astrosophie« bezeichnet, will aber auch höhere esoterische planetarische Konzepte einbeziehen, wie sie etwa Rudolf Steiner bereits in der *Geheimwissenschaft im Umriß* dargestellt hat. Die Vorstellung, dass der Mensch im Nachtodlichen auch wiederum planetarische Seinsbereiche durchschreitet, soll nicht als Glaubenssache genommen werden, sondern als Ergänzung zur Lebenswelt. Diese höhere Sicht, eben eine integrale, ist ein Angebot an diejenigen, die diese auch suchen. Und ich will dabei nur dokumentieren, nicht missionieren. So entsteht eine Schichtung, aber zugleich auch eine Methodik, wie eine umfassende Sternenkunde möglich sein könnte. Es gibt ein neolithisches Bild der Eiszeitmalerei. Es ist von dem deutschen Künstler, Pädagogen und Philosophen Hugo Kükelhaus (1900–1984) präsentiert worden und mit einem wunderbaren, von

Das neolithische Höhlenbild zeigt die Verbundenheit des Menschen mit dem Kosmos.

Der Mensch im Schoß der Gestirne • Höhlenbild: neolithisch, Rußland.

ihm handschriftlich geschriebenen Text versehen. Hier zeigt sich der Mensch noch ganz mit den Sternen und mit dem Kosmos verbunden. Hier sind wir noch völlig in einem ursprünglichen Bewusstsein, das Gebser auch das archaische nannte.

Integrale Weltsicht nach Jean Gebser	
Integrales Bewusstsein: Astrosophie	*Scheitel:* Weisheit, Ganzheit
Rationales Bewusstsein: Astronomie	*Kopf:* Denken, Intellekt
Mythisches Bewusstsein: Astrologie	*Herz, Lunge:* Gefühle, Gemüt
Magisches Bewusstsein: Phänomenologie	*Bauch, Sinnesorgane:* Wille, Energien

In der Praxis kann eine solche *integrale Betrachtungsweise* dann etwa so aussehen: Ich beobachte während Monaten den Mond, wie er sich präsentiert – bald als zunehmende Sichel am Abend, bald als Vollmond um Mitternacht, bald als abnehmende Sichel am Morgen. Auf einmal ist er plötzlich verschwunden. Und dann ist er wieder da, nun als feine Sichel nach Sonnenuntergang im Westen. Während dieser 29,5 Tage spüre ich das Füllen der Mondschale, dann das wunderbare Leuchten des Vollmonds gegenüber der Sonne. Mond und Sonne sind in einer Waagestellung: Wenn die Sonne untergeht, so geht gleichzeitig am gegenüberliegenden Horizont der Vollmond orangerot in voller Größe auf und beherrscht die Nacht. Beim Untergehen des Vollmonds am Morgen im Westen geht die Sonne wieder exakt gegenüber am Osthorizont auf. Es ist die »Hoch-Zeit« des Himmelspaars: Das lunare, weibliche Prinzip und die männliche, solare Kraft »er-gänzen« sich. Dann nimmt der Mond wieder ab, verschwindet im Sonnenlicht und wird dort erneut von der Sonne sozusagen »geschwängert«. Und ein neuer Zyklus beginnt.

Diesen Mondrhythmus nehme ich in mir, in meinem »Bauch«, als Lebensrhythmus, als Energie wahr. Im weiblichen Leib entspricht er explizit dem Menstruationszyklus, wenn auch oft phasenverschoben. Dies ist die *magische*, in den Sinnesorganen lebende Bewusstseinsebene. Hier könnte ich auch verweilen. Doch habe ich das Bedürfnis, dem Ganzen einen *Sinn* zu geben. Von den Sinnen zum Sinn zu kommen, klingt schon an, wenn ich bei Sonne und Mond von einem »Paar« spreche, von »Hoch-Zeit« und so weiter.

Die ägyptische Göttin Isis,
Symbol unbeirrbarer Gattentreue
und Mutterliebe.

Doch ich will in meiner Seele Bilder schaffen, die komplementär zur Sinnenwelt sind, sich in meiner Seele abspielen: Die griechische Mondgöttin Selene zum Beispiel war die Schwester von Helios, dem Sonnengott, und Eos (Aurora), der Göttin der Morgenröte. In der Nacht besuchte sie zuweilen ihren Geliebten Endymion, dem sie fünfzig Töchter gebar – diese Ebene ist bewusstseinsmäßig mythisch oder eben mythologisch.

Die Mondsichel ist auch das Sinnbild der ägyptischen Göttin der Liebe Isis, der es gelang, ihren verstorbenen Gatten Osiris wiederauferstehen zu lassen. Es ist die lunare Kraft des Weiblichen, die das Männlich-Zerstückelte wieder heilt. Später haben wir das Symbol der Maria in der Gralsschale: Der Mond ist die Seele, die den Geist (die Sonne) trägt und austrägt. Sie versinnbildlicht die Kraft des Unbewussten, wie es Matthias Claudius so treffend formulierte: »Seht ihr den Mond dort stehen? Er ist nur halb zu sehen und ist doch rund und schön, so sind wohl manche Sachen, die wir getrost belachen, weil unsre Augen sie nicht sehn.«

Der Mond charakterisiert die Kraft des Gemüts, den Wechsel, Wandel, das vegetative Leben, Heilung, Opferbereitschaft in den Volksmärchen, die Mütterlichkeit, das soziale Engagement. Diese Qualitäten kann ich zwar nicht mit meinen Augen sehen, ich kann sie aber beim intensiven Betrachten des Mondes und seiner Rhythmen in meiner Seele spüren.

Doch als moderner Mensch will ich den Mond auch *rational-astronomisch* erkennen: Er ist ein kalter Himmelskörper ohne Leben und Atmosphäre, ganz im Gegensatz zu seinen lebenspendenden Rhythmen. Er wandert in 27 Tagen durch den Tierkreis. In dieser Zeit kehrt er der Erde immer dieselbe Seite zu, sein »Gesicht« mit

Symbolische Darstellungen in der Kunst: Alphons Mucha schuf 1902 die Darstellung der vier Himmelsgöttinnen. Von links nach rechts: Abendstern (Venus), Mond, Morgenstern und Polarstern.

den typischen Kratern. Er hat einen Durchmesser von 3500 Kilometern, seine Schwerkraft beträgt ein Sechstel derjenigen der Erde, was die ersten Astronauten auf der Mondoberfläche auch zu spüren bekamen. Seine mittlere Distanz zur Erde ist 380 000 Kilometer – und so weiter. Diese astronomischen Fakten sind interessant. Doch stünden sie nur für sich allein, dann wäre der Mond für uns lediglich eine abstrakte, intellektuell erfassbare Größe.

Der zunehmende Halbmond.

Wenn wir uns nun in das *integrale Bewusstsein* bemühen, dann üben wir, dass wir uns gleichzeitig im magischen, im mythischen und rationalen Bewusstsein bewegen – keines bevorzugen, keines vernachlässigen. So erhalten wir eine ganzheitliche Sicht. Und nehmen wir nun noch esoterisches Wissen dazu, zum Beispiel das der Manichäer oder von Rudolf Steiner, dann erfahren wir von der Auffassung, dass der Mond in Urzeiten ein Teil der Erde war, dort, wo sich heute im Pazifischen Ozean der kontinentfreie Teil der Erde befindet: der Mond als ein emanzipierter Teil der Erde!

In seiner Schrift *Geheimwissenschaft im Umriß* schildert Rudolf Steiner noch frühere planetarische Zustände der Erde, als sie noch nicht fest, sondern wässrig war, wo das Leben und die Pflanzen als Urformen entstanden und der Mensch sich im noch nicht physischen Zustand befand, sondern erst im wässrig-ätherischen.

Diese Mitteilungen eines Eingeweihten können von uns »Normalsterblichen« kaum geprüft werden. Doch kann man sich diese Schilderungen ein Leben lang verinnerlichen und sie in verschiedensten Zusammenhängen wiedererkennen. Sie werden zu Arbeitshypothesen im eigenen erweiterten Erkenntnisstreben. Die planetarische Astrosophie sollte möglichst nicht als »angelerntes Wissen« aufgenommen werden, dann wäre sie ja nur eine mentale Übung. Sondern so, wie wir auch das Wissen heutiger Astrophysiker über das Weltall, etwa die Theorie der Schwarzen Löcher, zur Kenntnis nehmen, ohne es selbst nachvollziehen zu können.

Wichtig ist, dass wir in jeder Hinsicht zum Beispiel den Mond immer wieder direkt mit den eigenen Sinnen magisch in unseren »Bauch« aufnehmen, die astrologischen Qualitäten in unsere Seele mit einbeziehen und denkend all seine astrophysischen und rhythmischen Gesetze studieren.

Die Dreiheit der Himmelserscheinungen und ihre Beobachtung

»Ich schaue zum Stern.
Ich weiß, wann die Regenzeit kommt.
Kenne auch die Zeit der Trockenperiode.
Ich weiß es vom Stern.«

Aus der Überlieferung der Aborigines

Fixsterne (Sternbilder)

Ich liege nachts warm gekleidet auf dem Rücken im Gras oder im Winter im Schnee, möglichst oben in den Bergen mit guter Rundsicht. Ich schaue hinauf ins All und nehme die funkelnde Sternenwelt in mir auf, nehme sie wahr. Da gibt es hellere und weniger helle Sterne in verschiedenen Farben – vom weißlichen über das kühle blaue und das matte gelbe bis zum kräftig rötlichen Licht. Da stehen Sterngruppen zusammen, oft verdichtet, dann wieder vereinzelt, die Milchstraße als feiner Schleier kleinsten Sternenstaubs, dann wieder dunkle Stellen: eine Sternenlandschaft, die bei wiederholter Beobachtung immer vertrauter wird.

Nehme ich dann eine Sternenkarte zur Hand, kann ich die einzelnen Figurationen benennen, sie namentlich zuordnen. Jeden Stern kann ich so in eine uralte Bilderwelt integrieren. Diese Bilder haben

Der Schwan fliegt zwischen der Wega (rechts oben) und dem Atair.

**Das Sternbild Orion am Nord-
himmel, benannt nach dem
griechischen Helden, der die
tödliche Medusa besiegte.**

**Der Kleine Bär: Die »Schwanz-
spitze« ist der Polarstern.**

die Menschheit seit jeher fasziniert, jedenfalls sind sie seit der ba-
bylonisch-chaldäischen Zeit schon in vorchristlicher Zeit schriftlich
festgehalten worden. Die Sternbilder sind keineswegs zufällig ver-
einbart, sondern aus einem spirituellen imaginativen Wissen heraus gestaltet worden. Die Tradition der Zuordnung der Himmelskörper zu bestimmten Sternbildern wurde zwar im Laufe der Zeit
modifiziert, doch das Grundkonzept war seit jeher festgelegt.

Hinter diesen Sternbildern webt die Mythologie. Ganze Sagen-
komplexe bevölkern den Sternenhimmel, der stets nicht »nur« eine
Weltwahrnehmung war, sondern mit der mythischen Innenwelt der
Menschen korrespondierte: »Wie außen, so innen.« Da steht zum
Beispiel Orion, der Große Jäger, im Winter am abendlichen Sternenhimmel mit den hellen Sternen, dem roten Beteigeuze und dem
weißen Riegel, den drei Gürtelsternen und dem Schwert, dem berühmten Orionnebel. Der Gürtel gibt zugleich die Himmelshöhe
der Sonne bei den Frühlings- und Herbstwenden an: Er wandert
ziemlich exakt auf dem Himmelsäquator. Und wenn ich gut beobachte, dann bemerke ich, dass sich dieses Sternbild zum Beispiel gegenüber dem Großen und Kleinen Bären in der Nähe des
Polarsterns viel schneller bewegt.

Etwas rechts von Orion leuchtet der hellste Fixstern, der weiße
Sirius im Kleinen Hund, er ist ein ständiger Begleiter des Großen
Jägers. Hoch oben links von Orion leuchten die Zwillingssterne Cas-
tor und Pollux. Etwas rechts oben von Orion sieht man den rötlichen
Stern Aldebaran, das Auge des Stiers. Die Stierhörner ragen weit
hinauf bis zum hellen Stern Capella im Sternbild des Fuhrmanns.

So viel nur als Beispiel dieser wunderbaren Welt der Sternbilder, die darum als »fix« betrachtet werden, weil sie untereinan-
der immer etwa den gleichen Abstand wahren. Die Bilder bewegen
sich – von einem Standpunkt der Erde aus betrachtet – während
der Nacht und des Tages von Osten nach Westen. Die mehr nord-
östlich aufgehenden bleiben lange über dem Horizont wie die Sonne im Sommer; die mehr südöstlich aufgehenden bleiben tief am
Südhorizont und gehen bald im Südwesten wieder unter. Sie sind
aber wie »festgemacht« am immer ruhenden Polarstern.

Tagsüber sehen wir die Sterne nicht, weil sie aus Sicht der Erde
vom Sonnenlicht überblendet werden. Es sei denn, dass gerade
eine totale Sonnenfinsternis stattfindet wie etwa am 11. August
1999 über Zentraleuropa. Da sah ich neben der verdunkelten Sonne den Regulus, den Löwenstern, und die danebenstehende Venus
hell aufleuchten. Die Sterne brauchen das »Eingebettetsein« in die
Dunkelheit, damit wir sie wahrnehmen können.

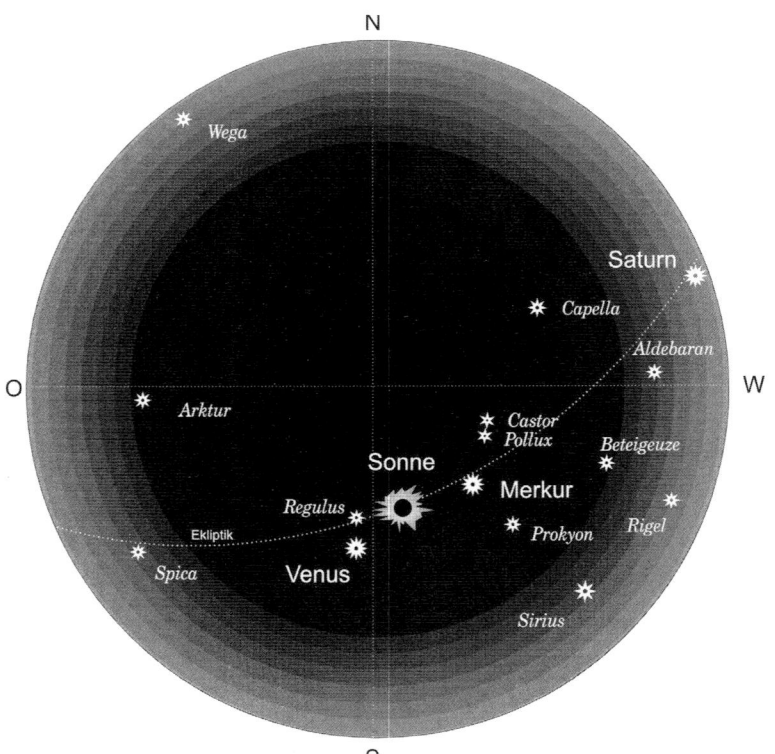

Die Sonnenfinsternis vom 11. August 1999.

Die Fixsternwelt bildet gewissermaßen den »Teppich«, auf beziehungsweise vor dem nun andere Gestirne wandeln, tanzen, Schleifen bilden, Begegnungen inszenieren, sich wieder verabschieden und sich distanzieren, sich in exakten Winkelverhältnissen zueinander und zu den Fixsternen arrangieren, sich in die Opposition stellen – und dergleichen mehr.

Die wichtigsten Winkelverhältnisse (Aspekte)	
Aspekte sind, von der Erde aus gesehen, die Winkel zwischen zwei Planeten (einschließlich Sonne und Mond), zwischen Planeten und Fixsternen beziehungsweise auf- und absteigenden Mondknoten (den Schnittpunkten des Erdtrabanten mit der Grundlinie).	
Aspekt	*Grad*
Konjunktion	0 oder 360
Semiquadrat	45 oder 315
Sextil	60 oder 300
Quadrat	90 oder 270
Trigon	120 oder 240
Opposition	180

Planeten (Wandelsterne)

All die folgend beschriebenen Wandelgestirne unseres Sonnensystems habe ich von meinem Fenster in der Casa di Cura aus in nur einer Nacht beobachten können, und zwar vom 13. zum 14. März 2006. Die Casa di Cura liegt in Ascona (Tessin). Ich sah hinunter auf den Lago Maggiore, längs in den Südwesten nach Italien. Eingerahmt war dieser See von noch verschneiten Bergen. Die Sonne versank (zu jener Zeit war sie gerade in das Sternbild Fische eingetreten), noch hell leuchtend, etwa um 17.00 Uhr im Westen hinter den Bergen. Die gegenüberliegenden Berge im Südosten wurden hell vom Sonnenschein beleuchtet. Nun konnte ich sehen, wie schnell der Schatten vom See her die Sonne verfolgte, bis das reflektierte Sonnenlicht auf der schneebedeckten Spitze wie auf einer Pyramide in den Himmel hinaufeilte. Die Sonne »entschwindet« in die geistige Welt wie in den Vorstellungen der alten Ägypter, so dachte ich. Dies geschah um zirka 18.00 Uhr. Wunderbar, die Verwandlung der Farben im See und am Himmel!

Etwa um 19.30 Uhr waren schon Sirius und Orion sichtbar, rechts daneben der Stier. Und leicht irritiert entdeckte ich über dem Aldebaran, dem rötlichen Auge des Stiers, ein ebenfalls rötliches Gestirn. Ein Blick in den Dornacher Sternkalender bestätigte meine Vermutung – es war Mars. Ihn hatte ich früher noch im Zeichen Widder beobachtet, damals viel kräftiger, weil er in der Opposition zur Sonne stand. Später begegnete Mars den Plejaden und jetzt dem Aldebaran. Er wird nun schnell exakt zwischen den Stierhörnern hindurch in das Zeichen Zwillinge wandern.

Unterhalb links der Zwillingssterne Castor und Pollux glänzte ein weißgelber Stern. Es war Saturn. Dieser Schicksalsstern, der die Schwelle für die Anderswelt bildet, ist seit Herbst 2005 im fast nicht sichtbaren Krebs beim Sternhaufen Praesepe. Dieser wird seit vielen Zeitaltern als »Krippe« bezeichnet, als Tor, wo die sich inkarnierende Seele den irdischen Plan betritt. Diesen Ort besucht Saturn etwa alle dreißig Jahre.

Im Osten leuchtete um 22.00 Uhr hell der Fastvollmond im Zeichen Löwe. Man konnte dahinter noch den kräftigen Löwen erahnen. Um 3.00 Uhr früh war der Mond schon im Nordwesthimmel. Orion, Stier, Zwillinge, Mars und Saturn waren bereits längst untergegangen, aber im Südwesten glänzte in voller Pracht Jupiter, darüber links die Waagesterne. Links davon die Spica, die Ähre der Jungfrau, die der Jupiter im Oktober 2005 passierte. Und auch links, tief am Horizont, sah ich Antares, den »Gegenmars«, im Zeichen Skorpion.

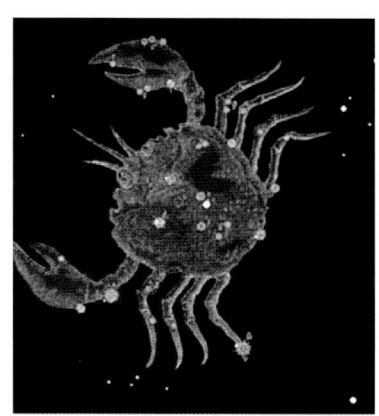

Saturn im Zeichen Krebs, 46° N, 9° E, 13. März 2006 (Ascona).

Der Mond im Zeichen Löwe,
46° N, 9° E, 13. März 2006
(Ascona).

Venus im Zeichen Steinbock
(der Himmel hier allerdings
ohne Sonnenlicht), 46° N, 9° E,
13. März 2006 (Ascona).

Frühmorgens, die Dämmerung war schon recht fortgeschritten, sah ich Jupiter noch am Westhimmel. Dann blickte ich gegen Südosten auf die Gipfel und sah am Bergrand einen Feuerschein. Im Moment war ich nicht sicher, ob es ein Gipfellicht war, aber zunehmend erhob es sich vom Horizont – es war das funkelnde Licht der wunderbaren Venus. Schnell löste sie sich von den Bergen. Vom Sternkalender her wusste ich, dass sie gerade im Zeichen Steinbock verweilte. Das zunehmende Licht der Morgendämmerung ließ sie verblassen. Doch noch um 6.45 Uhr sah ich sie schwach am nun schon hellen Himmel glänzen. Ihre Aufgabe, als Morgenstern den Tag zu verkünden, war abgeschlossen.

Bald sah ich den Sonnenwiderschein von den Westbergen her immer mehr hinuntersteigen. Die Nacht ergab sich dem Tag, der irdischen Welt – so hatte ich in einer Nacht alle klassischen Planeten, außer Merkur, mit eigenen Augen beobachten können. Ein wunderbares Geschenk!

Zu den Planeten zählen in der Astrologie zunächst sieben. Die Sonne gehört ebenso dazu, weil sie, geozentrisch gesehen, auch auf dem Sternhintergrund wandelt. Traditionellerweise bilden sie die Siebenheit, die wir auch in den Wochentagen wiederfinden. Seit 1608, als das Fernrohr erfunden wurde, konnte man nach und nach Himmelsobjekte finden, die mit bloßem Auge nicht zu sehen sind. 1781 wurde Uranus, 1846 Neptun und 1930 Pluto entdeckt. Der kleine Himmelskörper Pluto mit seiner sehr exzentrischen Bahn wird heute von den Astronomen nicht mehr zu den Planeten gezählt. Die sogenannten transsaturnischen Planeten werden mittlerweile auch in der Astrologie in fast klassischer Weise als charakteristische Phänomene mit einbezogen. Dazu kommen die Asteroiden Ceves, Pallas, Juno, Vesta, Chiron und weitere mehr, die die Sonne überwiegend zwischen Mars und Jupiter umkreisen.

Der Fixsternwelt begegne ich nachts stets sofort, wenn sich uns ein wolkenloser Himmel präsentiert, und ich erkenne den Großen sowie den Kleinen Wagen und den Polarstern. Um die Planeten zu sehen, brauche ich unter Umständen einen Sternkalender. Doch ich habe mir über die Jahre die Sternbilder eingeprägt, so sehe ich sofort, wenn ein Gestirn im Sternbild nur »Gast« ist, der oft mit einem ruhigeren Licht leuchtet.

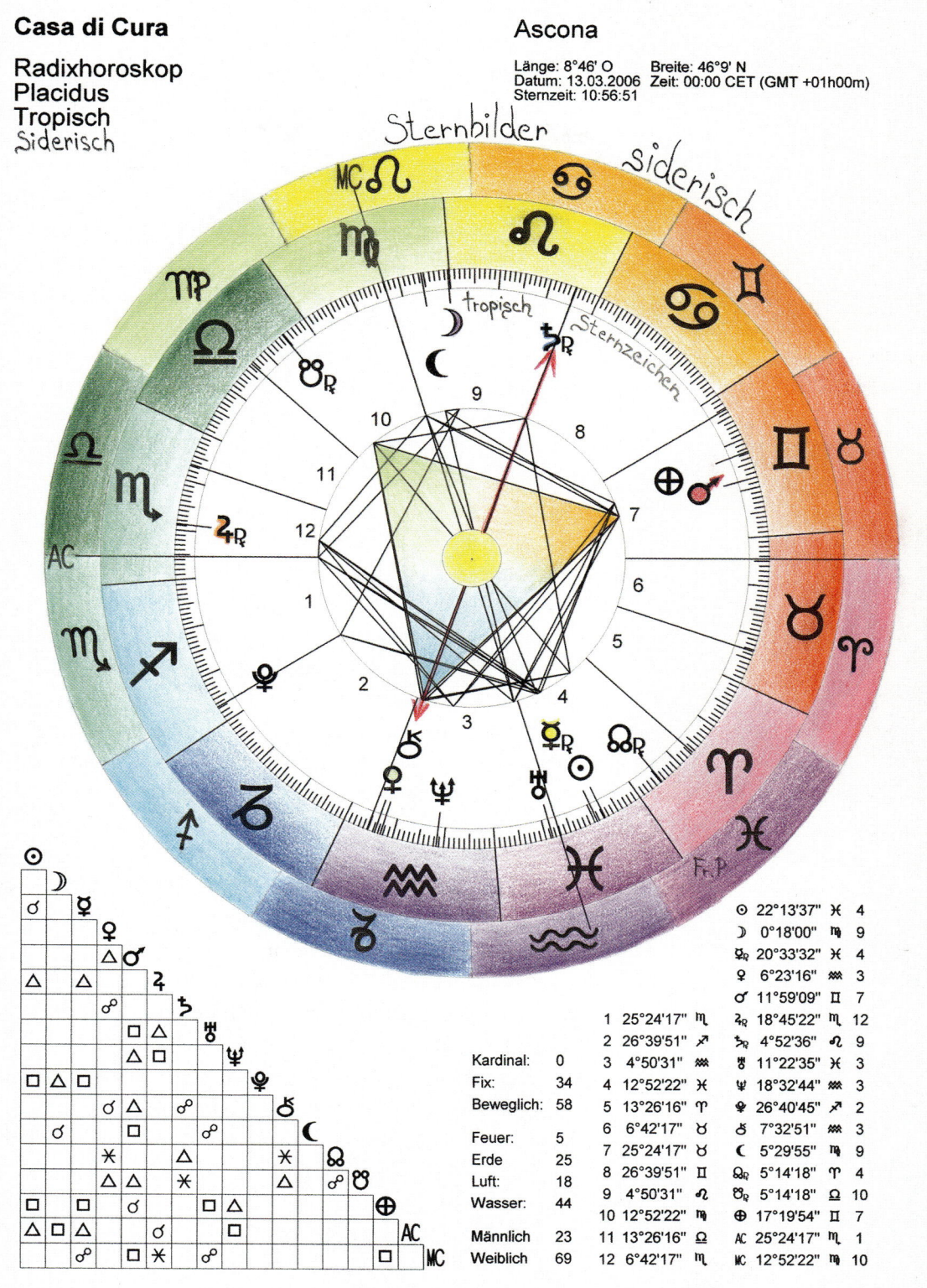

Casa di Cura

Radixhoroskop
Placidus
Tropisch
Siderisch

Ascona

Länge: 8°46' O   Breite: 46°9' N
Datum: 13.03.2006   Zeit: 00:00 CET (GMT +01h00m)
Sternzeit: 10:56:51

☉	22°13'37"	♓ 4
☽	0°18'00"	♍ 9
☿	20°33'32"	♓ 4
♀	6°23'16"	♒ 3
♂	11°59'09"	♊ 7

1	25°24'17" ♏	♃R	18°45'22" ♏	12
2	26°39'51" ♐	♄	4°52'36" ♌	9
3	4°50'31" ♒	♅	11°22'35" ♓	3
4	12°52'22" ♓	♆	18°32'44" ♒	3
5	13°26'16" ♈	♇	26°40'45" ♐	2
6	6°42'17" ♉	♂	7°32'51" ♒	3
7	25°24'17" ♉	☾	5°29'55" ♍	9
8	26°39'51" ♊	☋R	5°14'18" ♈	4
9	4°50'31" ♌	☋R	5°14'18" ♎	10
10	12°52'22" ♍	⊕	17°19'54" ♊	7
11	13°26'16" ♎	AC	25°24'17" ♏	1
12	6°42'17" ♏	MC	12°52'22" ♍	10

Kardinal: 0
Fix: 34
Beweglich: 58

Feuer: 5
Erde: 25
Luft: 18
Wasser: 44

Männlich 23
Weiblich 69

© 2000 AstroWorld Int. - Tel. +49 6421 13827 - Fax +49 6421 162969 - E-Mail Info@astroworld.net

Diese Gestirne habe ich in der Nacht vom 13. auf den 14. März 2006 in Ascona beobachtet. Der äußere siderische Tierkreis zeigt die Positionen der Planeten.

Meteoriten: Geschenke, die vom Himmel fallen.

Kometen umkreisen die Sonne, den Schweif von ihr abgekehrt.

Kometen und Sternschnuppen

Habe ich viel Zeit und Geduld in der Nacht, dann können mir unvermutet und plötzlich Geschenke vom Himmel fallen: Es sind die Sternschnuppen oder eben die in die Erdatmosphäre eintretenden Meteoriten. Oft nur als feine Streiflichter über den Himmel gleitend, manchmal markant den Sternenhimmel umpflügende, starke, feurige Einritzungen oder zuweilen ganze Explosionen wie Feuerwerke.

Diese plötzlichen Himmelserscheinungen kommen – oder auch nicht. Wenn ich sie sehen will, brauche ich oft stundenlang höchste Geistesgegenwart und muss immer den ganzen Himmel überblicken. Denn kaum tauchen sie auf, sind sie schon wieder verschwunden. Wenn ich dann gerade einen Wunsch im Herzen habe, ihn aber niemandem verrate, soll er in Erfüllung gehen. Diese Sternschnuppen sind völlig unvermittelt, kommen von irgendwo her und stürzen auf die Erde, werden aber im Jahresverlauf etwa als »Leoniden«, »Persiden« oder »Capricorniden« bezeichnet, weil sie vor dem Hintergrund eines bestimmten Sternbilds in die Erdatmosphäre eintreten.

Kometen sind noch seltener, vor allem die, welche mit bloßem Auge sichtbar sind. Auch sie kommen manchmal ganz unvermutet und erstmalig, aber auch in bestimmten Jahresabständen wieder erscheinend – wie etwa der berühmte Halley'sche Komet. Man weiß immer noch nicht, woher sie stammen. Sie umkreisen aber die Sonne, den Schweif stets von ihr abgekehrt.

Die Trinität und ihre Bedeutung

So kennen wir grundsätzlich drei verschiedene Himmelserscheinungen: die Fixsternbilder, die Planeten und die Sternschnuppen beziehungsweise Kometen. Die Fixsterne bilden den uralten perfekten Leib des Himmels. Die Planetenwelt ist die Seele der Sternenwelt in ständig veränderten Konstellationen. Die Sternschnuppen und Kometen geben dem Himmel und der Erde geistige Impulse. Leib, Seele und Geist ist die trinäre Gestaltung des Sternenhimmels. Wobei man dem Fixsternhimmel das Vergangene, den Planeten das Gegenwärtige und den Sternschnuppen und Kometen das Zukünftige zuschreiben kann.

Den Kometen wird seit dem Altertum eine gewisse Prophetie zugeordnet. Dass wir beim Beobachten einer Sternschnuppe einen Wunsch äußern können, der in Erfüllung gehen soll, zeigt ja schon das Wesen des Zukünftigen.

Paracelsus (1493–1541) gliederte alle Prozesse in die Dreiheit des *Sal–Merkur–Sulphur*. Diese Trinität ist uralt und geht auf die Lehren des Hermes Trismegistos zurück. Aber auch die Geistsucher Agrippa von Nettesheim (1486–1535), Trithem von Sponheim (1462–1516) und Jakob Böhme (1575–1624) bedienten sich dieses alchemistischen Prozesses. Dabei bildet Merkur die Mitte zwischen den Polen Sal und Sulphur und ist verantwortlich dafür, dass die Trinität zusammenhält.

Paracelsus verglich diese Dreiheit mit dem brennenden Holzscheit: Das Feuer ist Sulphur, der Rauch Merkur und die Asche Sal. Das Sulphurige ist flüchtig, das Salige verfestigt, und Merkur bringt beides in einen Prozess: das Feste im Sal, das Wässrige und Luftige im Merkur, das Warme und Feurige im Sulphur. »Sulphur« heißt eigentlich »Sonnenträger« (von den lateinischen Wörtern *sol* [»Sonne«] und *ferre* [»tragen«]), aber auch »Schwefel«. Im Sulphurigen haben wir darüber hinaus den Phosphor, den »Licht- und Sonnenträger«.

Im Sal ist das Salz, das »Zum-Bild-Geronnene«, das Kristalline. In der Pflanze ist das Salzprinzip in den Wurzeln, das Sulphurige in den Blüten und Früchten, das Vermittelnde Merkurs in den Stängeln und Blättern. Im Menschen ist das Zentrum des kalten Sals im Kopf, im Nerven- und Sinnessystem, Sulphur im Bauch und in den Gliedmaßen. Herz und Lunge wiederum verbinden die Pole mit dem vermittelnden Merkur.

So auch die Sternenwelt: Der Fixsternhimmel ist das Feste, fix in das Bild Geronnene. Die Kometen und Sternschnuppen sind das Sulphurige, das Impulse in die Sternenwelt und sie aus der Erstarrung bringt. Aber die Planeten bilden dauernd das Vermittelnde zwischen dem erstarrten Fixsternhimmel und den flüchtigen Kometenhaufen und Sternschnuppen.

Die Trinität des Kosmos und des Menschen	
Fixsterne, Sternbilder: ewige Ordnung	*Sal:* Leib, Vergangenheit, Gedanken
Planeten: gegenwärtige Beweglichkeit	*Merkur:* Seele, Gegenwart, Gefühle
Kometen, Sternschnuppen: stete Erneuerung	*Sulphur:* Geist, Zukunft, Wille

Diese wunderbare Dreiheit gibt uns ein Bild des Kosmos, wie es auch in unserem Leib, unserer Seele und unserem Geist aussehen soll. Darum befassen wir uns mit den drei Welten: Der Fixsternhimmel vermittelt uns die Sicherheit der ewigen Ordnung, die Planeten geben uns unsere gegenwärtige Beweglichkeit, die Kometen und Sternschnuppen die Gewissheit, dass wir immer wieder des lichthaften Sulphurs und Phosphors bedürfen. Denn das Sonnenlicht ist das Zentrum des Universums, das zwar selbst unsichtbar ist, aber alles sichtbar macht; es ist ein geronnener Geist. Den Sulphur-Geist brauchen wir für die stete Erneuerung unseres Universums.

Dieses Paracelsus-Bild von 1566 wird als »Rosenkreuzer-Bildnis« beschrieben. Paracelsus wurde, schon bevor der Orden an die Öffentlichkeit getreten war, als »Rosenkreuzer« bezeichnet.

Paracelsus sah auch die ganze Sternenwelt als das Sulphurige: Das Feuer gehöre zum Himmel und Oben, das Wasser und die Erde zum Unten. Zwischen ihnen walte Luft-Chaos. Die Lunge lebe von diesen Sternen, Planeten und Sonnenluft.

Den Sternenhimmel erkennen

»Sonne, Mond und Sterne schenke ich dir gerne.
Erde, Frieden, Lachen musst du selber machen.«

Peter Maiwald

Die wichtigsten Sternbilder am Süd- und Nordhimmel

Wenn man während des Jahres regelmäßig die Sterne betrachtet, sieht man im Osten immer neue Sternbilder erscheinen. Die der vergangenen Monate sind nun mehr im Süden zu sehen, und die noch davor beobachteten entschwinden nach und nach am Horizont in Richtung Westen.

Zentraler Orientierungspunkt ist der Polarstern, der jahrein, jahraus am selben Ort steht. Er ist genau im Norden und so viel Grade über dem Horizont wie der Breitengrad, auf dem man sich befindet. Also in der Schweiz ist es zum Beispiel der 47. Hat man nun den Polarstern im Rücken und schaut gegen Süden, so befindet sich zur linken Hand der Osten und zur rechten der Westen.

Ich werde nun für jeden Monat (immer Mitte des Monats) die wichtigsten Sternbilder beschreiben, die um 22.00 Uhr zu sehen sind.

Sternenhimmel mit den Sternbildern Orion, Stier, Zwillinge, Kleiner und Großer Hund sowie dem Planeten Mars (nach einem Aquarell von H. K. Bauer, Leipzig).

März

15. März, 22.00 Uhr, Südhimmel

Im Osten erblickt man im Südhimmel die aufsteigende Jungfrau mit der am Rande des Horizonts zu sehenden Spica. Der Löwe ist darüber, rechts sind der Krebs und die Zwillingssterne Castor und Pollux, unter ihnen der Prokyon im Kleinen Hund und noch tiefer der hellste Fixstern Sirius im Großen Hund. Rechts von ihm befindet sich das wohl eindrücklichste Sternbild: Orion. Seine Gürtelsterne laufen auf dem Himmelsäquator, also gerade so hoch wie die Sonne bei der Tagundnachtgleiche. Rechts von Orion gegen Westen ist das Sternbild Stier mit dem roten Augenstern Aldebaran zu erkennen, noch weiter gegen den Westhorizont das Siebengestirn, die Plejaden. Über dem Stier befindet sich der helle Stern Capella im Fuhrmann. Im Osten geht Arcturus vom Sternbild Bootes auf, der den ganzen Sommer über zu sehen ist.

15. März, 22.00 Uhr, Nordhimmel

Ist im Nordhimmel der Polarstern im Blick, so sind oben der Große und rechts der Kleine Wagen. Links vom Polarstern ist Perseus mit dem Kopf nach unten zu sehen, darüber die helle Capella im Sternbild Fuhrmann. Etwas rechts von Perseus ist Kassiopeia, das »Himmels-W«.

Capella

BOOTES

Arkturus

Prokyon

Sirius

ORION

Plejaden

Capella

SO   Süden   SW

O   W

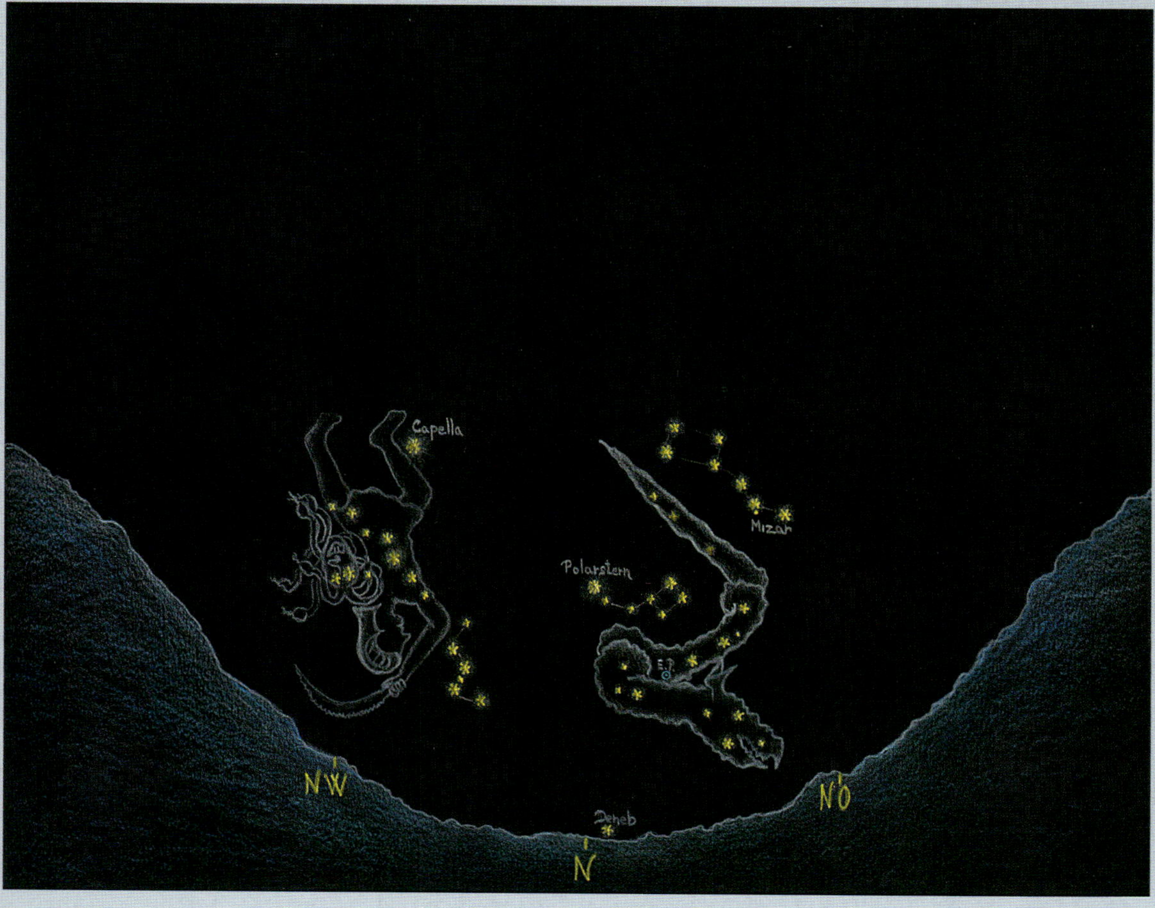

Capella

Mizar

Polarstern

E.?

NW   NO

Deneb

N

April

15. April, 22.00 Uhr, Südhimmel

Die im März erkannten Sternbilder sind noch zu sehen, aber nach rechts gegen Westen verrückt. Der Löwe stolziert am Südhimmel hoch über dem Süden. Der Stier ist gerade dabei, im Westen unterzugehen. Doch im Osten ist schon die ganze Jungfrau mit der hellen Spica zu erkennen. Die Waagesterne sind gerade aufgegangen. Links neben Arcturus im Sternbild Bootes im Osten ist die Krone als Gralsschale zu erkennen.

15. April, 22.00 Uhr, Nordhimmel

Unter dem Polarstern rechts ist nun Kassiopeia schon weit zum Nordhorizont gesunken. Rechts im Osten ist die helle Wega in der Leier aufgegangen.

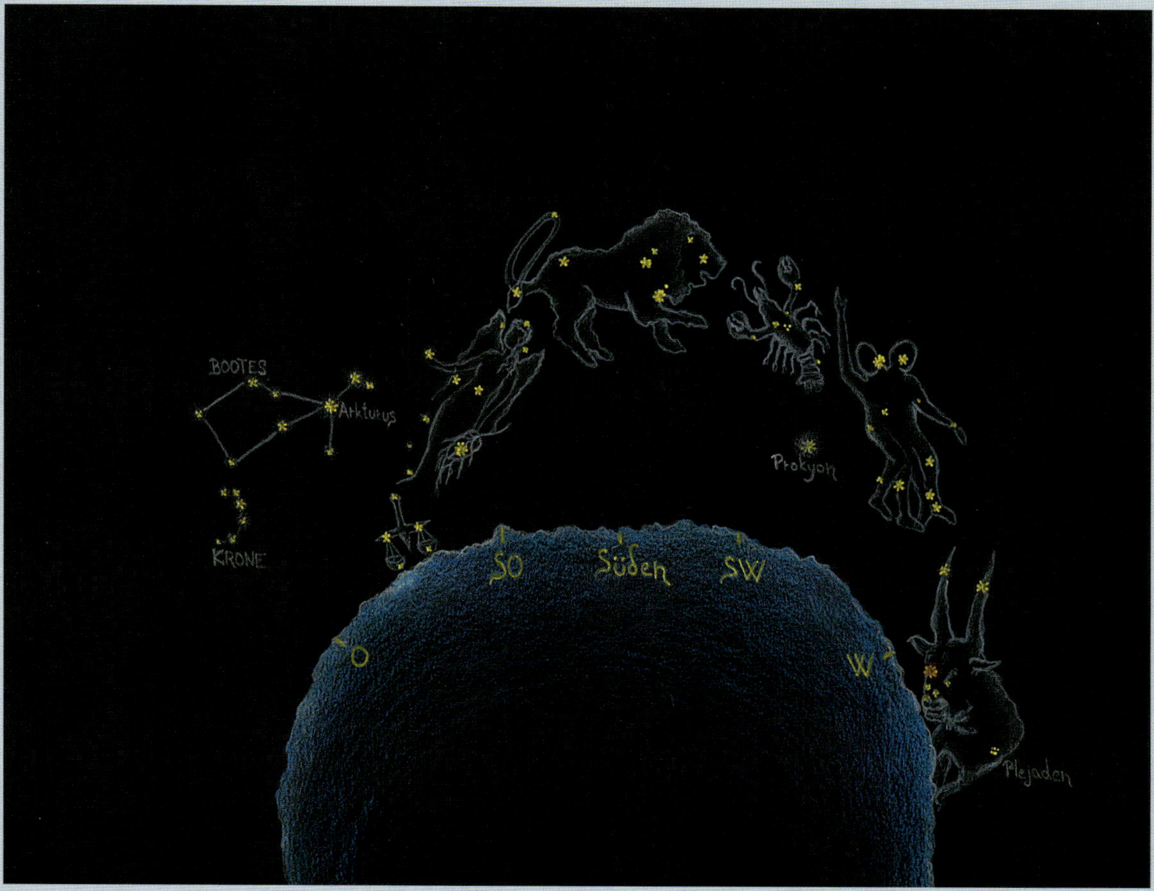

BOOTES

Arktutus

KRONE

SO　Süden　SW

O

W

Prokyon

Plejaden

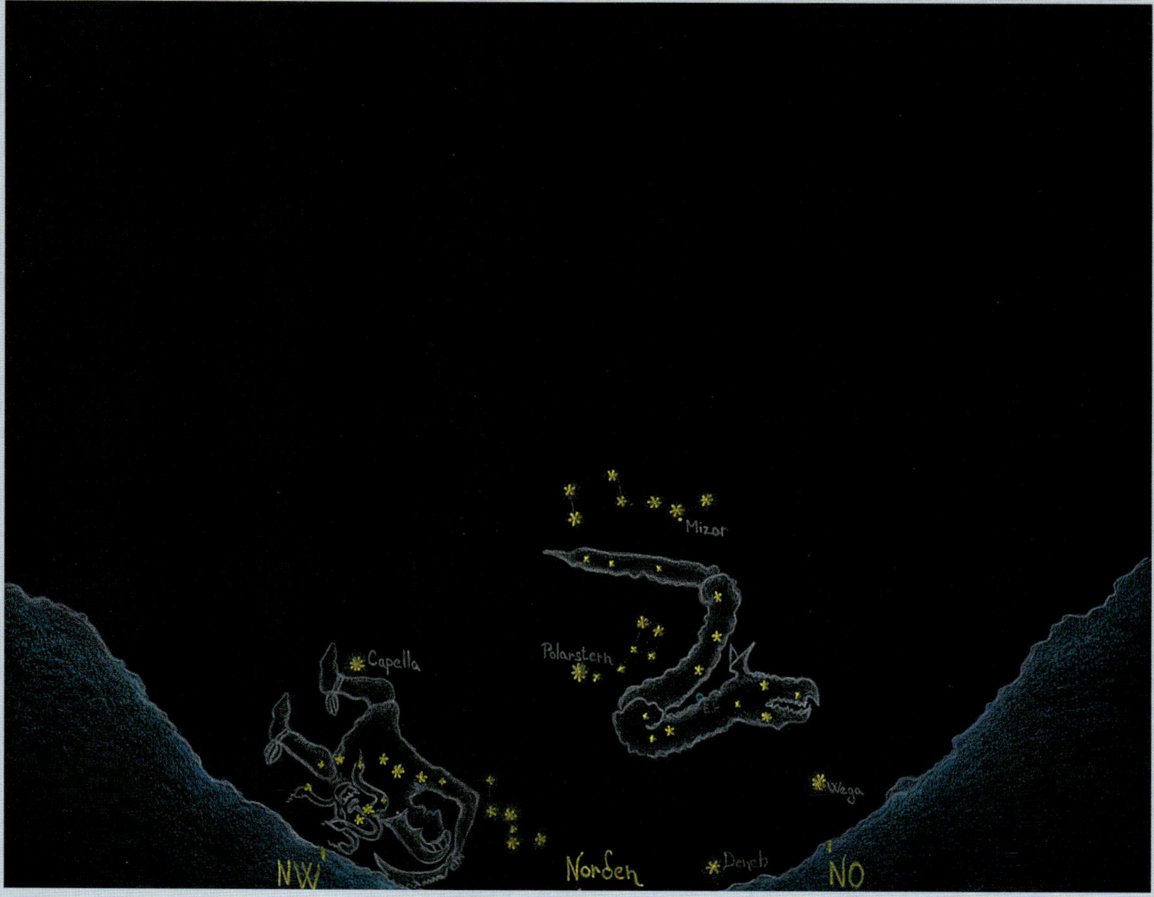

Mizar

Capella

Polarstern

Wega

Deneb

NW　Norden　NO

Mai

15. Mai, 22.00 Uhr, Südhimmel

Ganz neu geht gerade der Hauptstern des Skorpions, Antares, im Südosten auf, über ihm die Waage. Ihr eilen voraus die Jungfrau, der Löwe, der fast unsichtbare Krebs und die Zwillinge am Westhorizont. Arcturus und Krone sind über dem Südosten zu sehen.

15. Mai, 22.00 Uhr, Nordhimmel

Die helle Wega in der Leier ist am Nordhimmel im Osten nun schon höhergerückt. Unter der Leier befindet sich der Schwan mit dem hellen Schwanzstern Deneb. Kassiopeia ist nun ganz am Nordhorizont. Links von ihr senkt sich Capella im Fuhrmann gegen den Horizont. Der Große und der Kleine Wagen sind über dem Polarstern zu sehen.

BOOTES
Arktuvus
KRONE
Spica
Antares
SO
Süden
SW
Prokyon
O
W

Mizar
Polarstern
Wega
Deneb
Capella
NW
NO
Norden

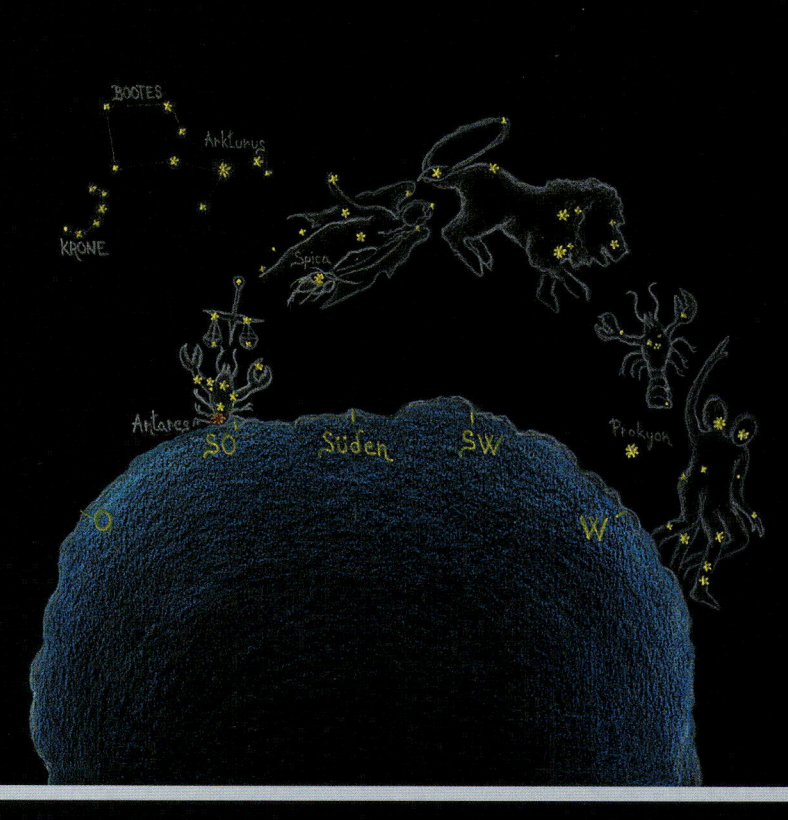

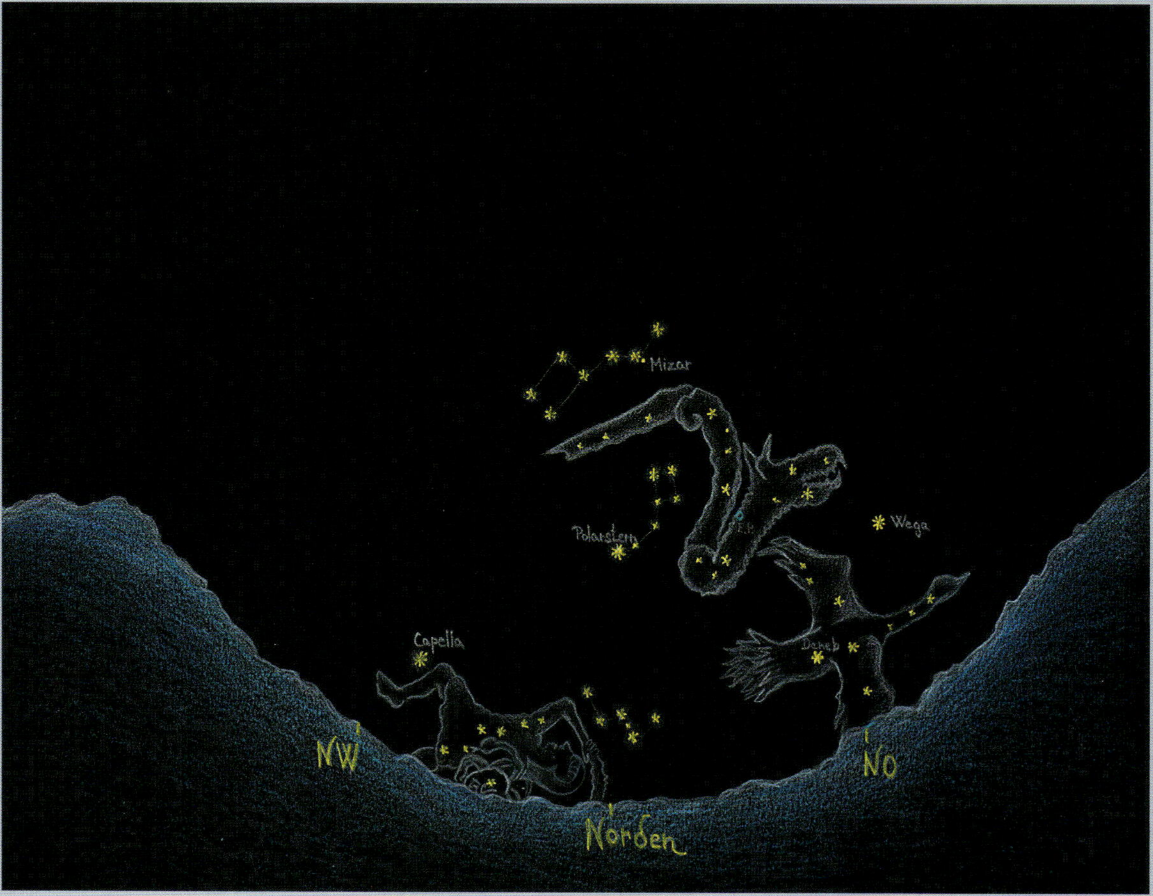

Juni

15. Juni, 22.00 Uhr, Südhimmel

Skorpion ist im Südosten voll aufgegangen. Sein roter Hauptstern Antares ist gut zu sehen. Voran eilen gegen Westen die Waage und die Jungfrau mit Spica. Der Löwe schreitet majestätsvoll dem Westhorizont zu. Hoch über dem Südpunkt glänzt Arcturus und neben ihm die Krone. Im Osten beginnt nun das Sommerdreieck seinen Reigen. Die drei Sterne Deneb, Wega und Atair bilden diese Dreieinigkeit. Über dem Skorpion etwas links kann man den großen Schlangenträger sehen: Asklepios, den griechischen Heiler. Über Asklepios, links neben der Krone, zeigt sich Herakles.

15. Juni, 22.00 Uhr, Nordhimmel

Der Große Wagen hat seinen Höhepunkt verlassen und senkt sich in Gegenrichtung des Uhrzeigers langsam, aber stetig dem Nordhorizont zu. Capella hat schon fast den Nordhorizont erreicht. Der Kleine Wagen ist jetzt senkrecht über dem Polarstern. Um ihn schlängelt sich der Drache, um dann seinen Hals und Kopf links neben der Wega zu platzieren.

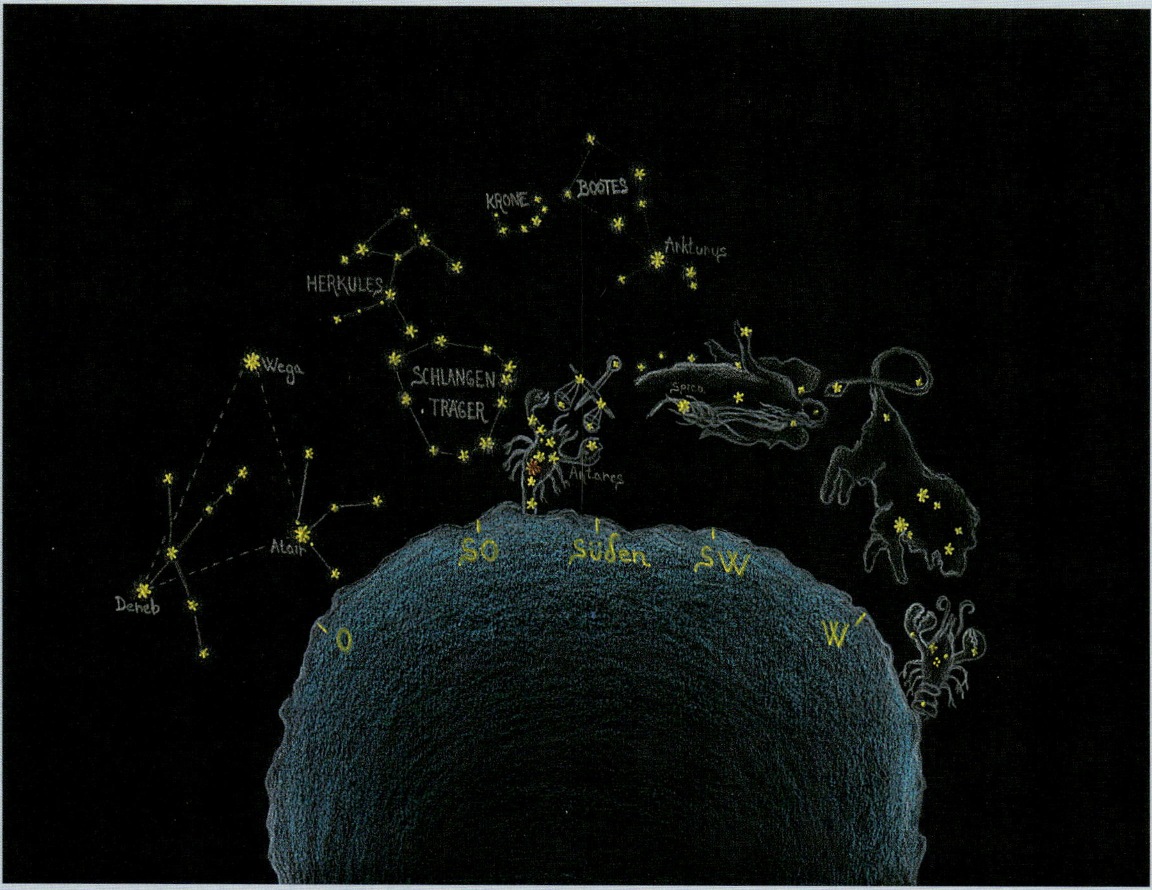

KRONE BOOTES

HERKULES

Arkturus

Wega

SCHLANGEN
TRÄGER

Spica

Atair

SO Süden SW

Deneb

O

W

Antares

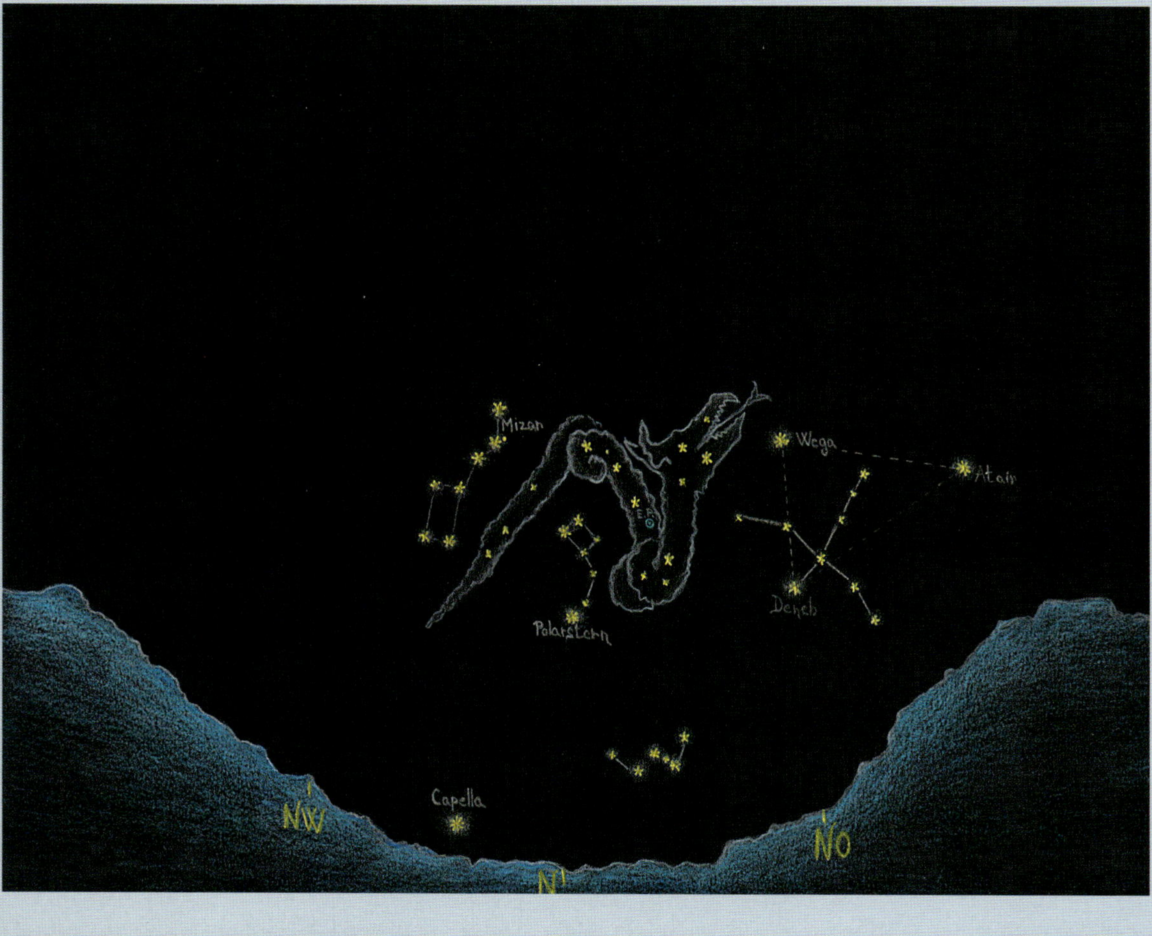

Mizar

Wega

Atair

Polarstern

Deneb

NW

Capella

NO

N

Juli

15. Juli, 22.00 Uhr, Südhimmel

Im Südosten sieht man das am tiefsten erscheinende Tierkreisbild, den Schützen. Ihm folgt, schon fast über dem Horizont, der Steinbock. Der Skorpion ist im Süden gut zu sehen, auch die vorausgehende Waage. Die Jungfrau senkt sich in ihrer vollen Größe dem Westhorizont zu. Der Löwe ist im Westen schon fast untergegangen. Hoch über dem Südosten ist jetzt das Sommerdreieck gut zu erkennen und auch, wie der Schwan versucht, zwischen Wega und Atair hindurchzufliegen. Links neben Atair ist der wunderbare Kleine Delfin zu sehen.

15. Juli, 22.00 Uhr, Nordhimmel

Kassiopeia steigt in Nordosten auf. Der Große Wagen streckt seine Achsensterne senkrecht in den Himmel hinauf. Auf dem mittleren Achsenstern können gute Augen einen kleinen Reiter beziehungsweise Mizar bemerken. Perseus hebt sich im Nordosten wieder langsam über den Horizont.

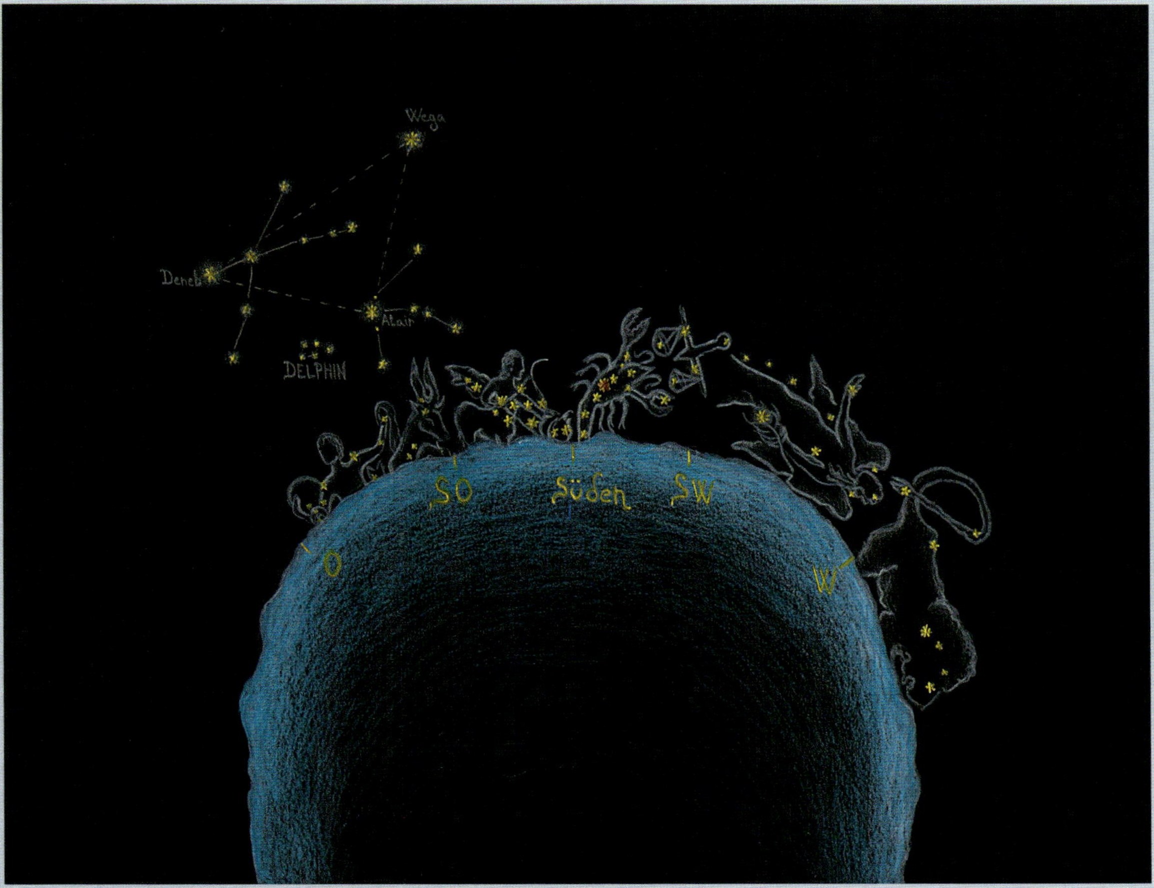

Wega

Deneb

Atair

DELPHIN

SO   Süden   SW

O   W

NW   N   NO

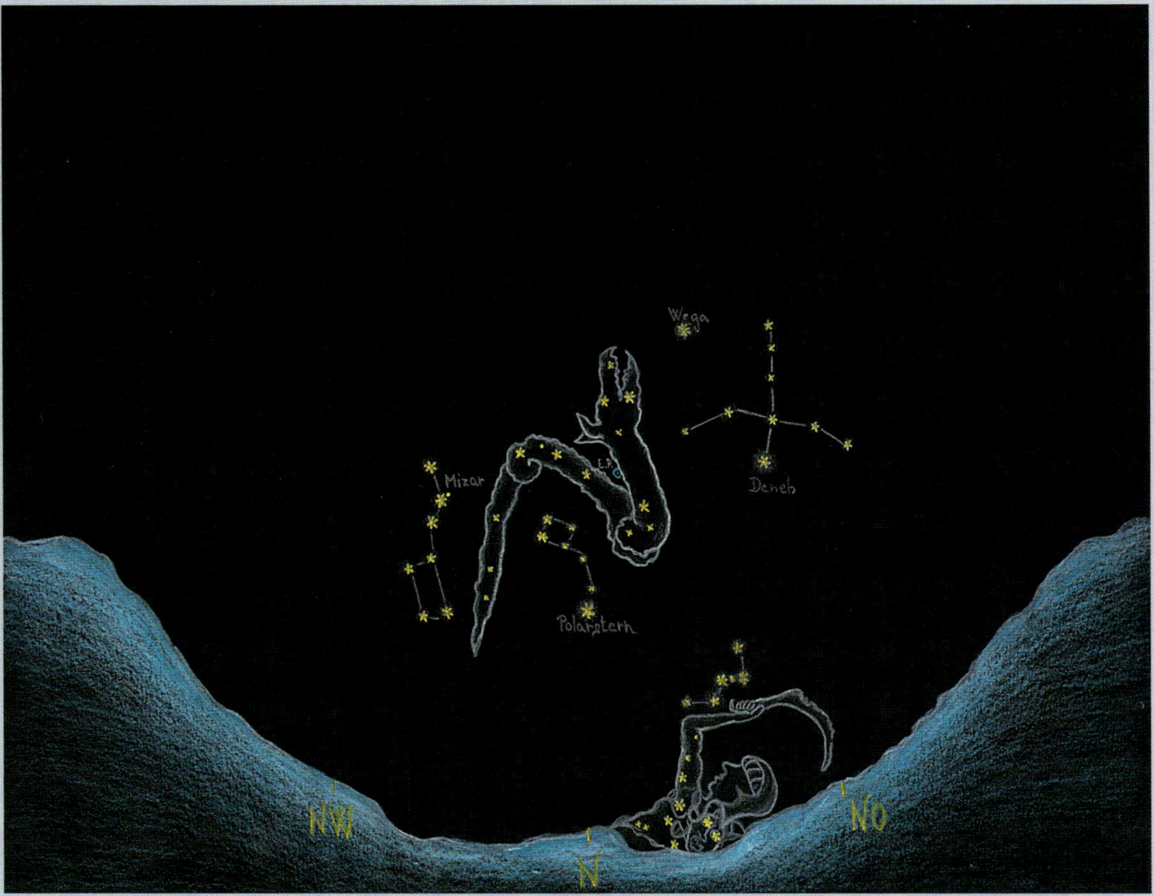

Wega

Mizar

Deneb

Polarstern

August

15. August, 22.00 Uhr, Südhimmel

Nun ist im Osten das markante Viereck des Pegasus zu sehen, links und unter dem Viereck dann die feinen Sterne der Fische. Ihnen eilt der Wassermann voraus, und rechts von ihm ist nun gut der Steinbock zu erkennen. Schütze, Skorpion und Waage bewegen sich langsam knapp über dem Südwesthorizont. Arcturus und Krone sind jetzt immer mehr am Westhimmel zu sehen.

15. August, 22.00 Uhr, Nordhimmel

Der Große Wagen ist nun eindeutig gegen den Nordhorizont gewandert. Capella steigt wieder im Nordosten über den Horizont. Perseus mit dem Wechselstern Algol (dem Auge der Medusa) in der Hand erhebt sich in voller Größe über dem Nordosthorizont. Hoch über dem Polarstern umschlingt der Drache den Kleinen Wagen und dazu in einer Kehrtwendung auch den Ekliptikpol, auf den die Nord-Erdachse gerichtet ist.

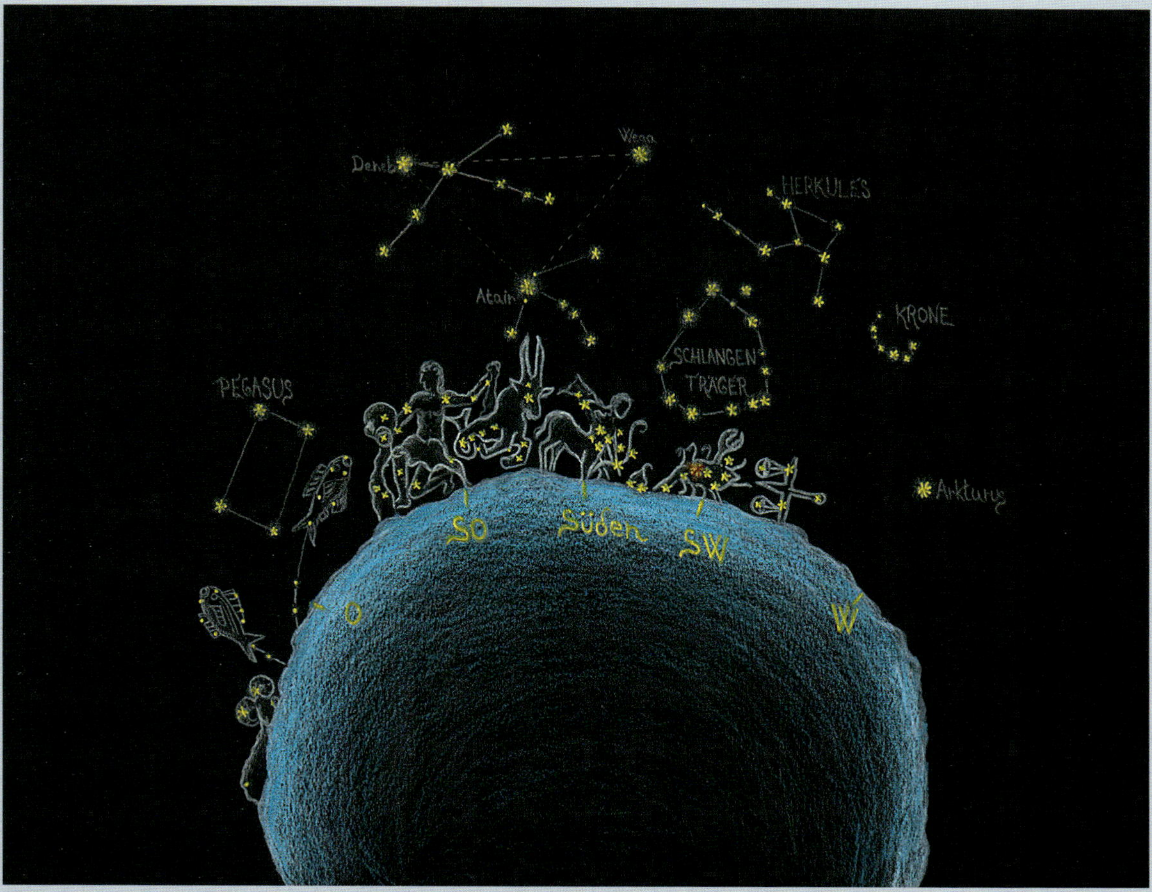

Wega
Deneb
HERKULES
KRONE
Atair
PEGASUS
SCHLANGEN TRÄGER
Arktur
SO
Süden
SW
O
W

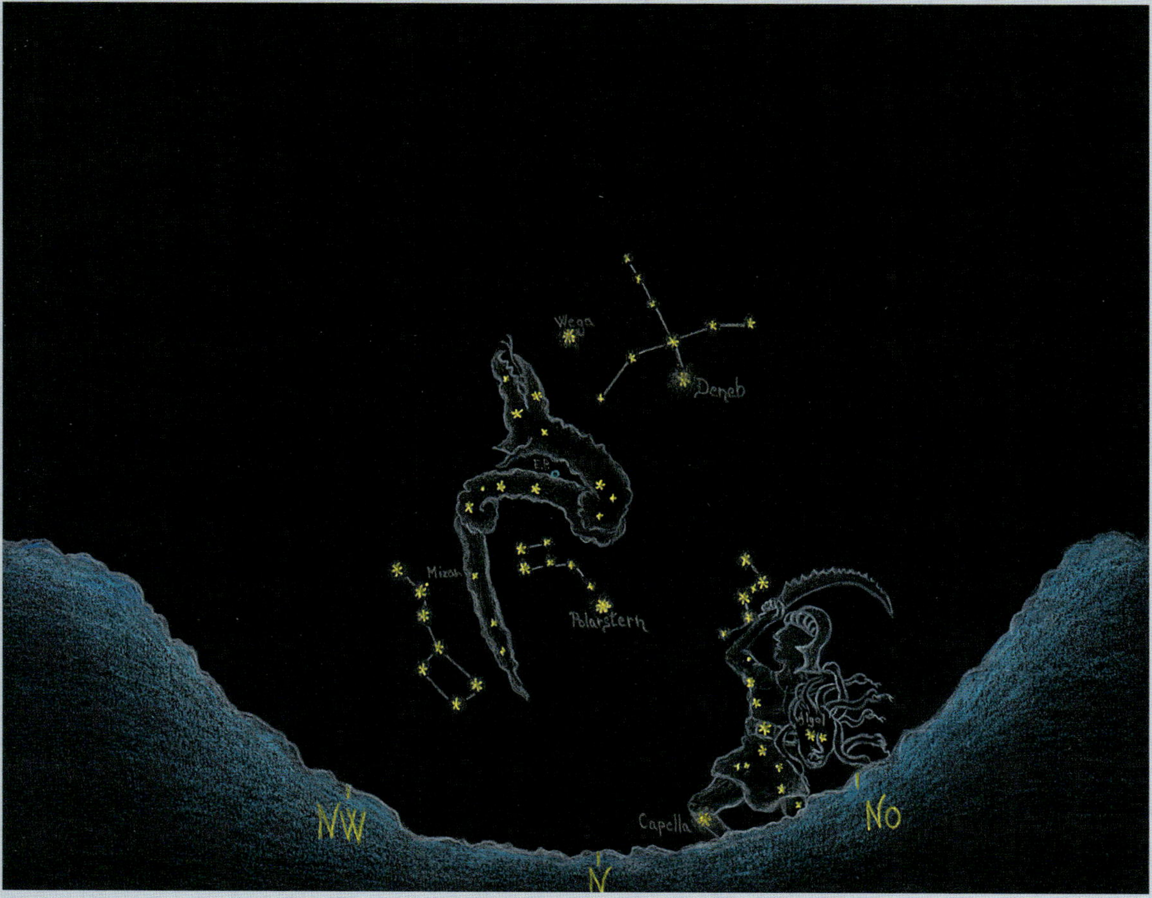

Wega
Deneb
Mizar
Polarstern
Algol
Capella
NW
NO
N

September

15. September, 22.00 Uhr, Südhimmel

Nun ist der zurückschauende Widder über dem Südosthimmel. Die feinen Fische – unter und neben dem starken Pegasus-Viereck – sind nur schwach zu sehen. Die Sterne des Wassermanns, des Steinbocks und des Schützen scheinen in ihrer fast undefinierbaren Gestalt am Südhimmel. Das Sommerdreieck gehört schon dem Westhimmel an. Arcturus verschwindet für einige Zeit unter dem Horizont.

15. September, 22.00 Uhr, Nordhimmel

Kassiopeia ist nun schon hoch oben rechts vom Polarstern. Unter ihr befindet sich der auffallende Perseus und noch weiter unter diesem die Capella im Fuhrmann. Der Kleine Wagen steht links vom Polarstern, unter ihm läuft der Große Wagen.

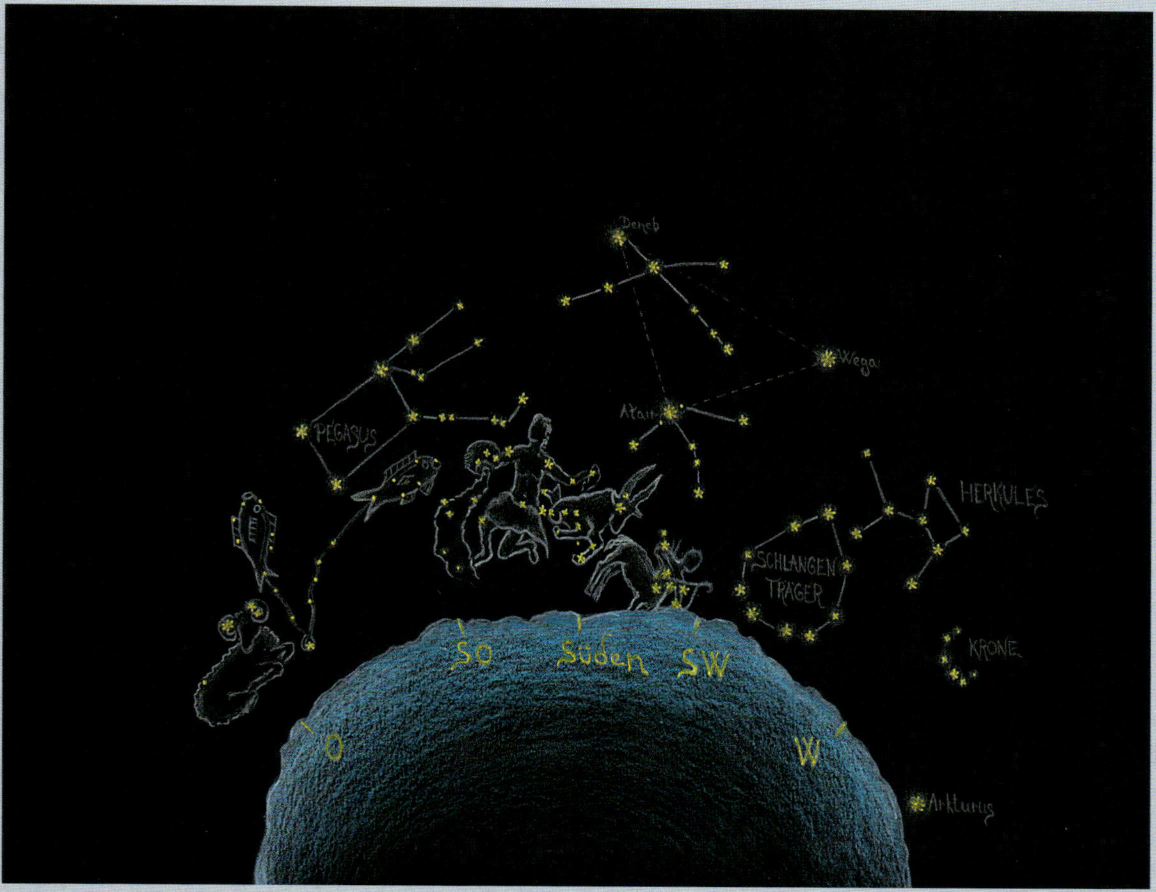

Deneb
Wega
Atair
PEGASUS
HERKULES
SCHLANGEN TRÄGER
KRONE
Arkturus
SO
Süden
SW
O
W

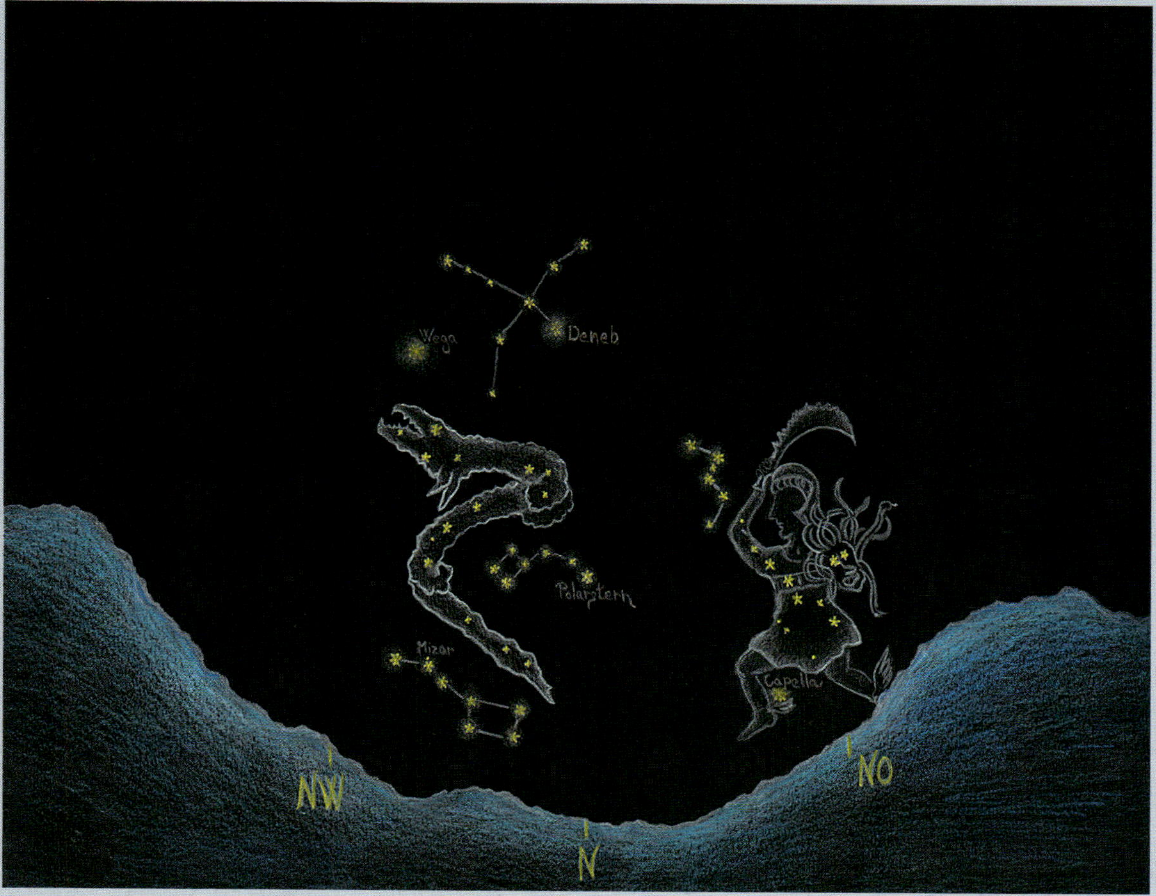

Wega
Deneb
Polarstern
Mizar
Capella
NW
N
NO

Oktober

15. Oktober, 22.00 Uhr, Südhimmel

Im Osten steigt der Stier mit seinem markanten Auge auf, dem roten Aldebaran. Rechts über Aldebaran ist das Siebengestirn, die Plejaden. Der Widder und die Fische mit Pegasus steigen steil über den Horizont. Wassermann und Steinbock senken sich gegen den Südwesthorizont. Unter dem Wassermann sieht man den hellen Stern Fomalhaut im südlichen Fischezeichen. Das Sommerdreieck senkt sich dem Westhorizont zu. Es ist endgültig Herbst geworden.

15. Oktober, 22.00 Uhr, Nordhimmel

Der Große Wagen ist nun unter dem Polarstern. Auch der Kleine Wagen steht schon tiefer als der Polarstern. Im Gegensatz dazu erhebt sich der Reigen von Capella (zuunterst), Perseus und Kassiopeia, rechts vom Polarstern, in die Himmelshöhe.

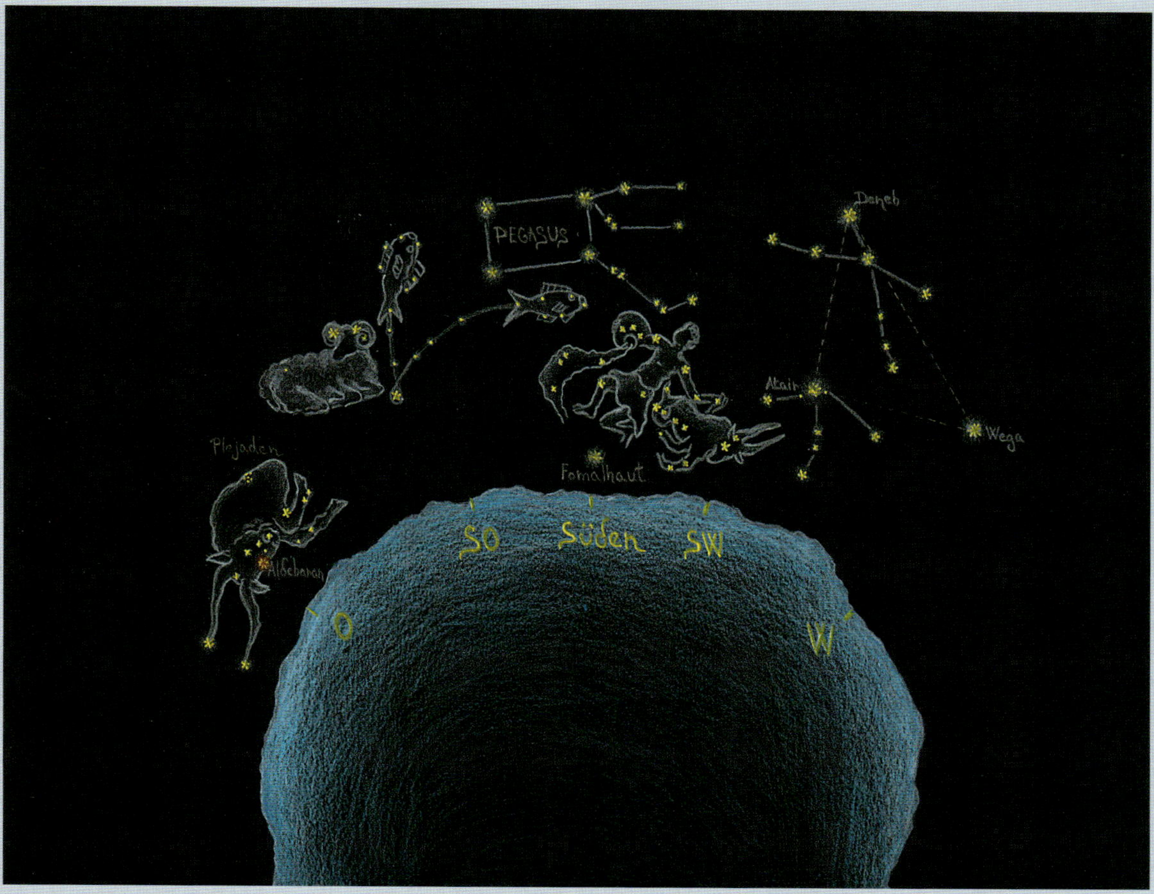
PEGASUS
Deneb
Atair
Wega
Plejaden
Fomalhaut
Aldebaran
SO
Süden
SW
O
W

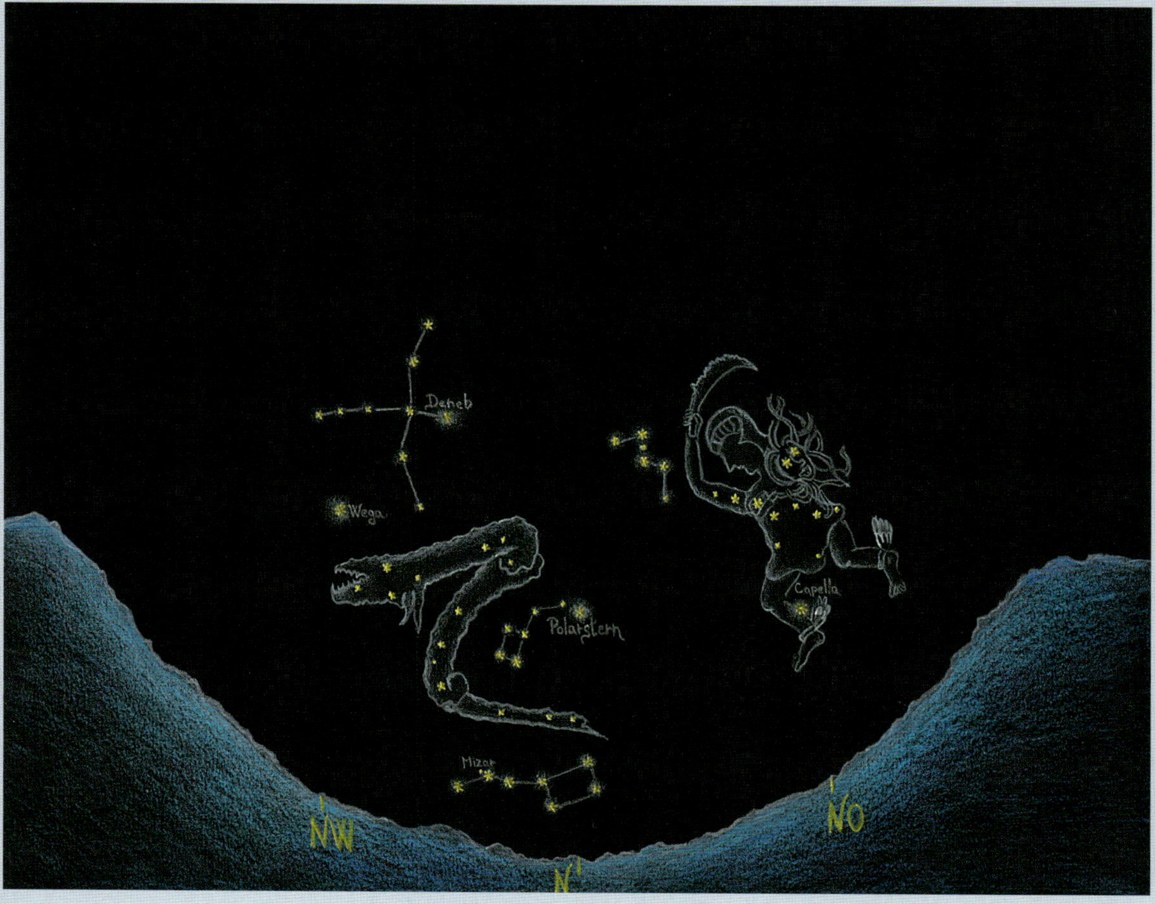
Deneb
Wega
Polarstern
Capella
Mizar
NW
N
NO

November

15. November, 22.00 Uhr, Südhimmel

Jetzt ist südlich der prächtigste Teil des Sternenhimmels im Osten aufgegangen: der Stier und über ihm der Fuhrmann mit Capella. Unter dem Stier befindet sich der wunderschöne Orion mit seinen drei Gürtelsternen und über dem Osthorizont Castor und Pollux im Zeichen der Zwillinge. Pegasus mit den Fischen gehört nun auch schon dem Westhimmel an. Der Wassermann neigt sich dem Westhorizont zu.

15. November, 22.00 Uhr, Nordhimmel

Schon steigt der Große Wagen wieder langsam auf. Weit rechts vom Polarstern ist die Wega im Westen zu sehen und dazwischen der umschlängelnde Drache. Kassiopeia hat ihren Kulminationspunkt erreicht.

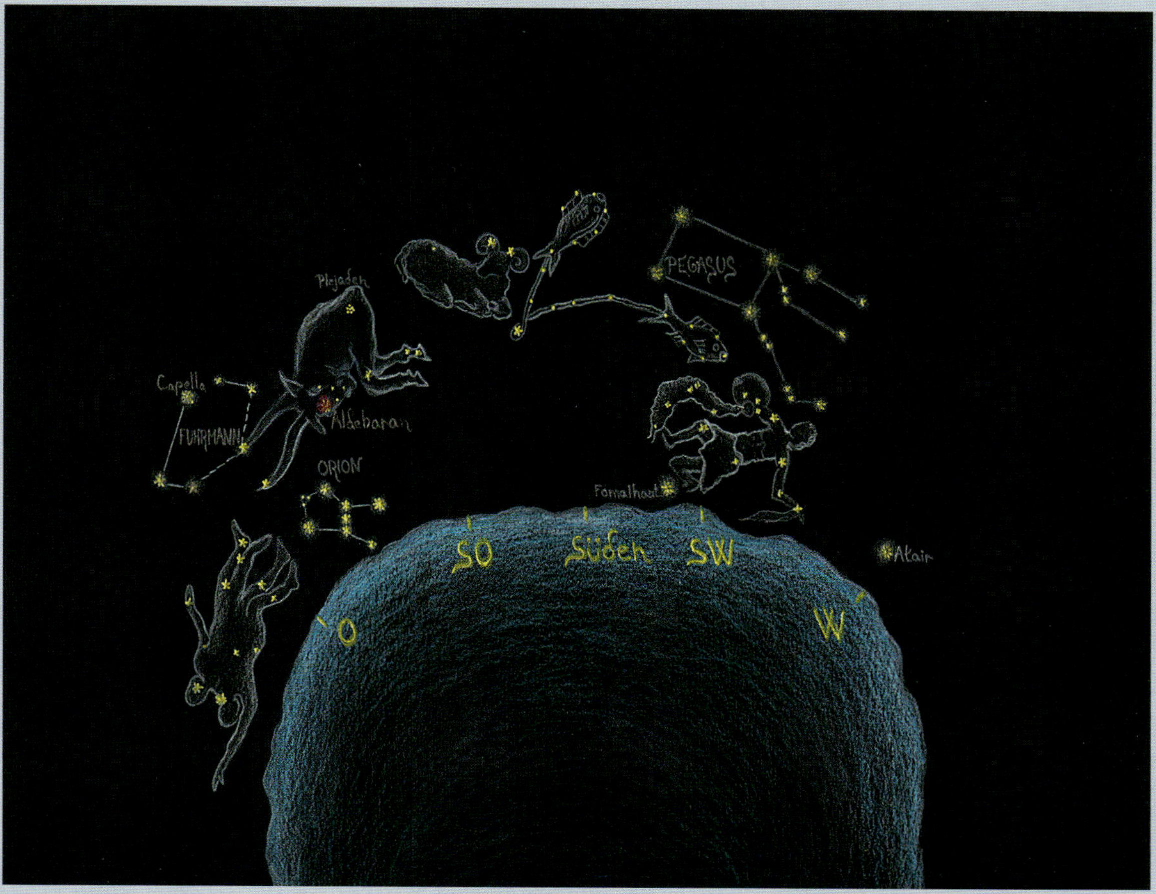

Top panel labels: Plejaden, Capella, FUHRMANN, Alebaran, ORION, PEGASUS, Fomalhaut, Atair, SO, Süden, SW, O, W

Bottom panel labels: Deneb, Wega, Capella, Polarstern, Mizar, NW, N, NO

Dezember

15. Dezember, 22.00 Uhr, Südhimmel

Krebs ist nun am Osthorizont aufgetaucht. Die Zwillinge haben sich schon weit vom Horizont entfernt. Unter ihnen erscheinen der helle Prokyon und Sirius, die schon im März zu sehen waren. Orion als beliebtestes Sternbild steigt gegen den Südpunkt empor. Hoch oben der Stier, dann steil gegen den Westen abfallend Widder und Fische.

15. Dezember, 22.00 Uhr, Nordhimmel

Der Kleine Wagen ist jetzt unter dem Polarstern, der Große Wagen aufsteigend im Nordosten, Perseus und Kassiopeia liegen über dem Polarstern.

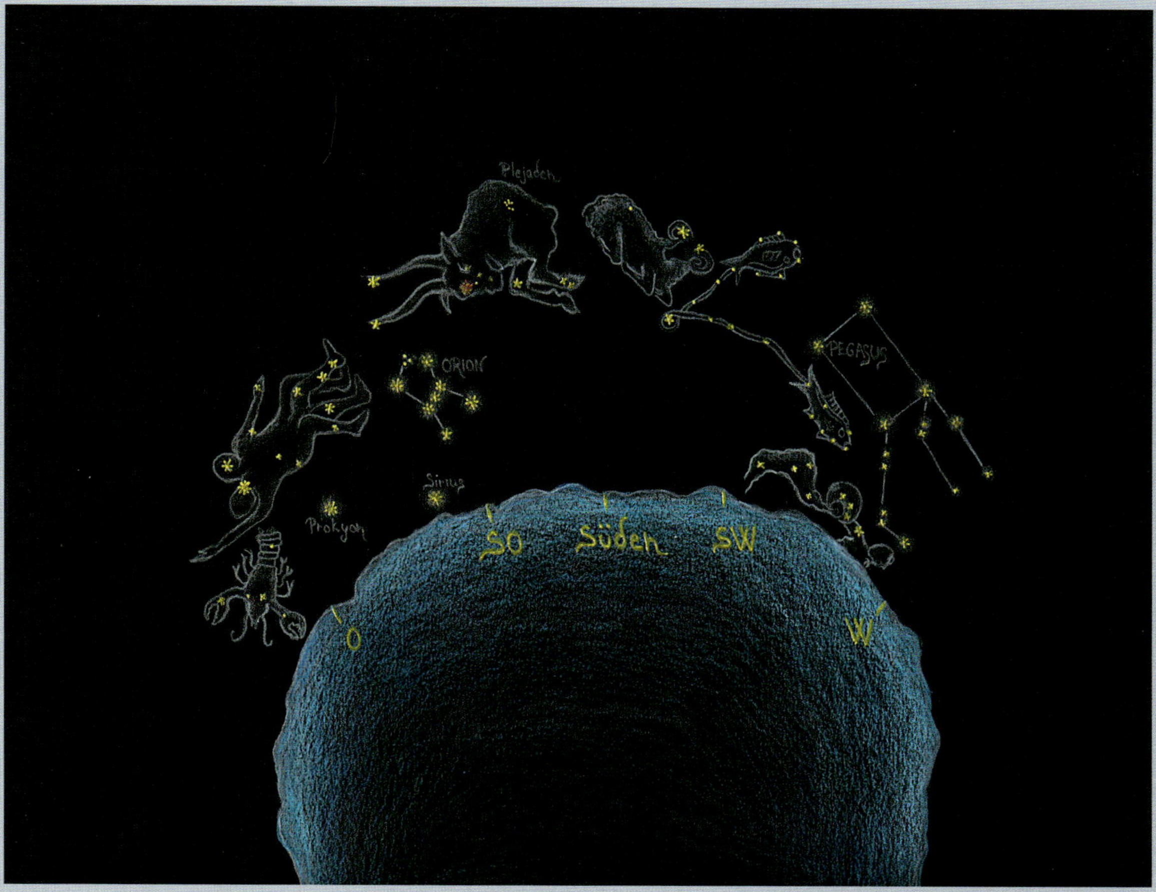
Plejaden
ORION
PEGASUS
Sirius
Prokyon
SO
Süden
SW
O
W

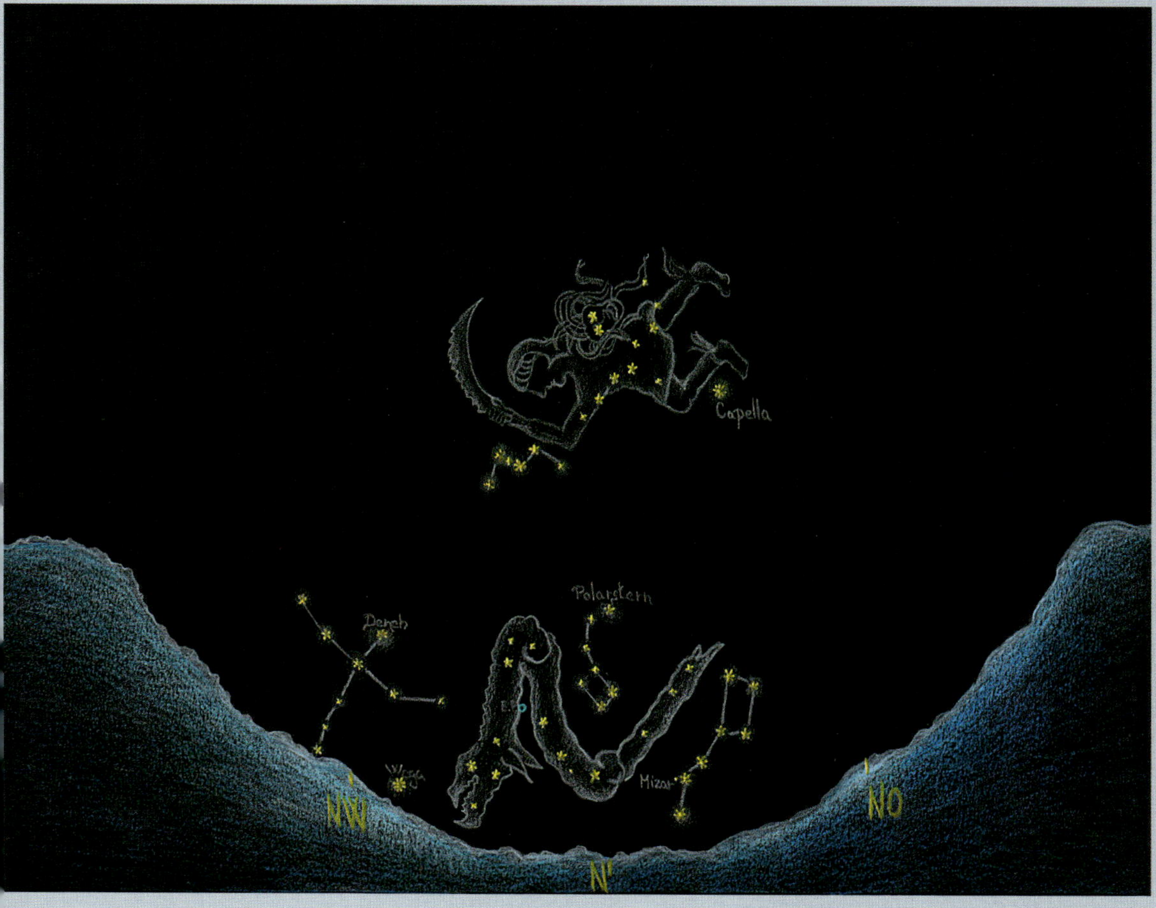
Capella
Polarstern
Deneb
Wega
Mizar
NW
NO
N

Januar

15. Januar, 22.00 Uhr, Südhimmel

Nun ist auch der Löwe schon im Osten aufgegangen. Vor ihm bewegt sich der Reigen von Krebs, Zwillinge, Stier, Widder und Fische. Pegasus verabschiedet sich wieder für eine Weile im Westen. Orion mit den zwei Hunden, dem Kleinen Hund mit Prokyon und dem Großen Hund mit Sirius, begleiten ihn am Südhimmel.

15. Januar, 22.00 Uhr, Nordhimmel

Kassiopeia senkt sich wieder links oberhalb des Polarsterns. Der Große Wagen erreicht nun auch wieder an Höhe. Hoch über dem Polarstern thront Capella.

Plejaden
ORION
Prokyon
Sirius
SO
Süden
SW
PEGASUS
O
W

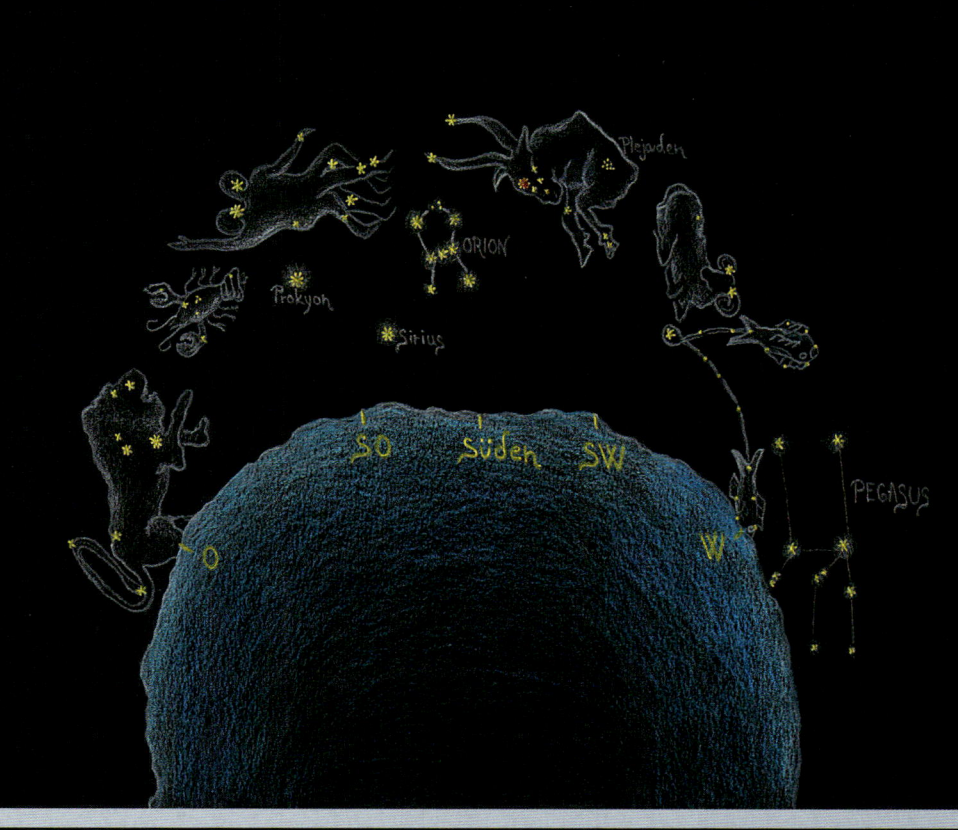

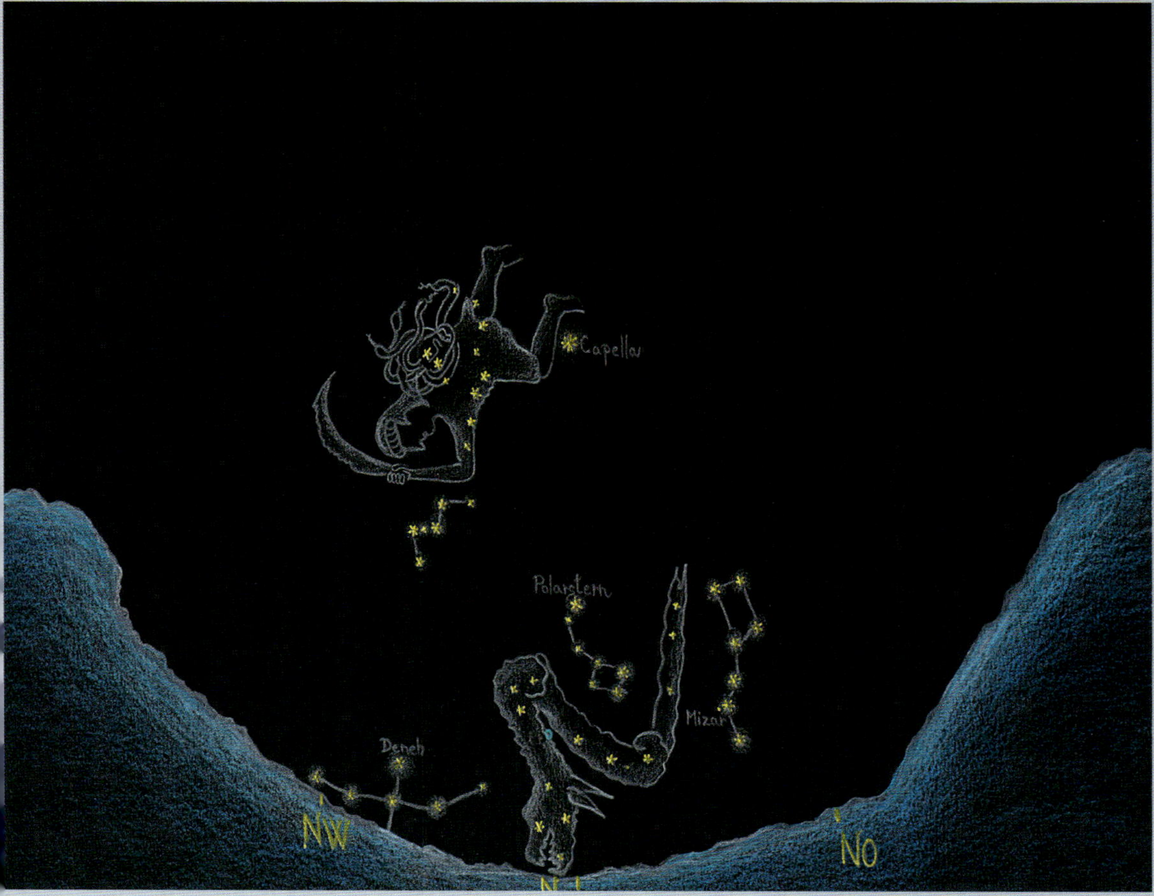
Capella
Polarstern
Mizar
Deneb
NW
NO
N

Februar

15. Februar, 22.00 Uhr, Südhimmel

Schon streckt die Jungfrau ihren Kopf exakt über den Ostpunkt heraus. Der Löwe erhebt sich vom Osthorizont und zeigt sich prächtig zum Südpunkt aufsteigend. Vor ihm sind: der feingliedrige Krebs, die mit dem Doppelgestirn Castor und Pollux geschmückten Zwillinge, der eindrückliche Stier mit Aldebaran und den Plejaden und der zurückschauende Widder im Westen. Unter dem Reigen sind nach wie vor Orion mit Prokyon und Sirius zu sehen.

15. Februar, 22.00 Uhr, Nordhimmel

Perseus hat jetzt eindeutig den Abstieg in den Nordwesthimmel geschafft, vor ihm bewegt sich Kassiopeia. Der Große Wagen steigt schon über die Höhe des links stehenden Polarsterns.

Damit ist der Sternenhimmel im Laufe eines Jahres beschrieben, und ein neuer Zyklus kann beginnen.

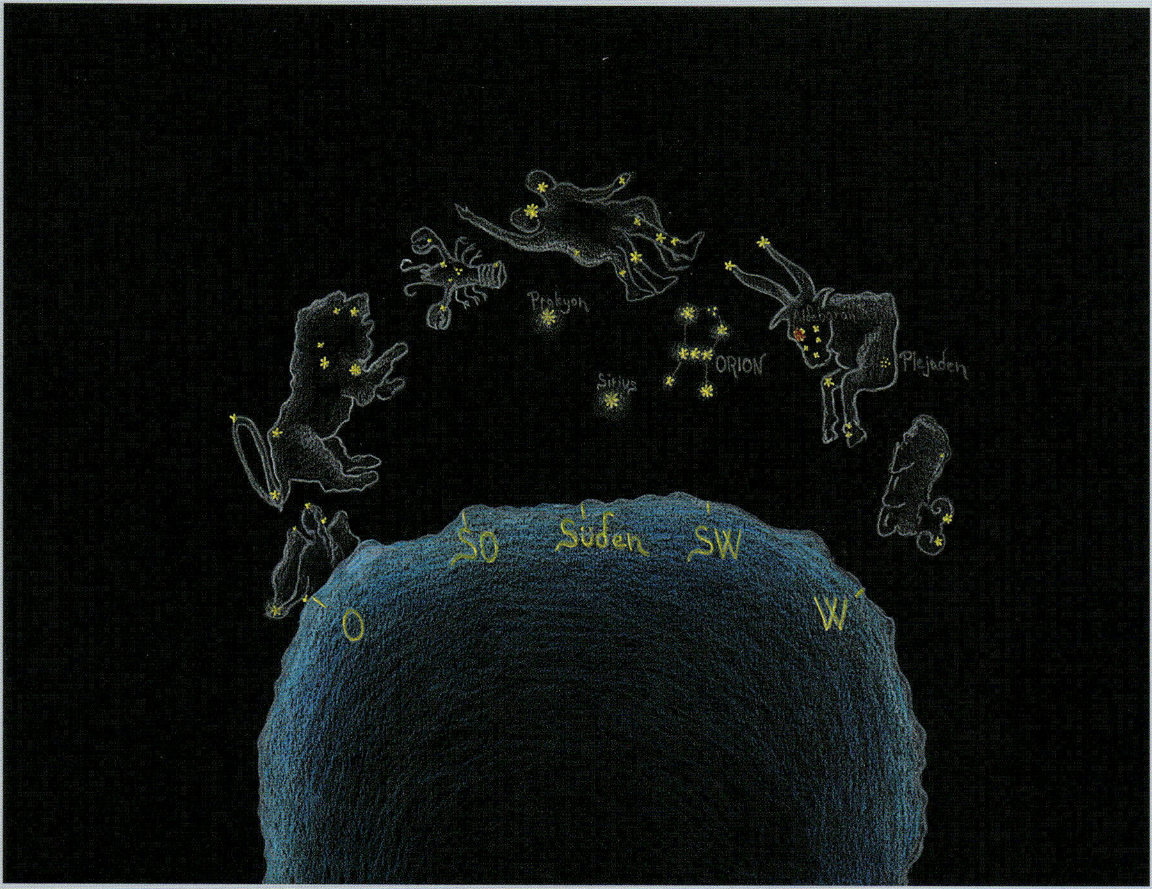

Die zwölf Tierkreisbilder mit den Planeten

Von den bisher gezeigten Sternbildern unterscheiden sich die Sternzeichen beziehungsweise Tierkreisbilder oder -zeichen, die im Laufe der Jahre von den Planeten besucht werden. Sie sind etwas Besonderes, weil sich alle Gestirne − Sonne, Mond, Merkur, Venus, Mars, Jupiter, Saturn, Uranus, Neptun und Pluto − nur auf dem Tierkreis (Zodiak) bewegen.

Die zwölf Tierkreisbilder. Sie werden im Laufe der Jahre von allen Planeten besucht.

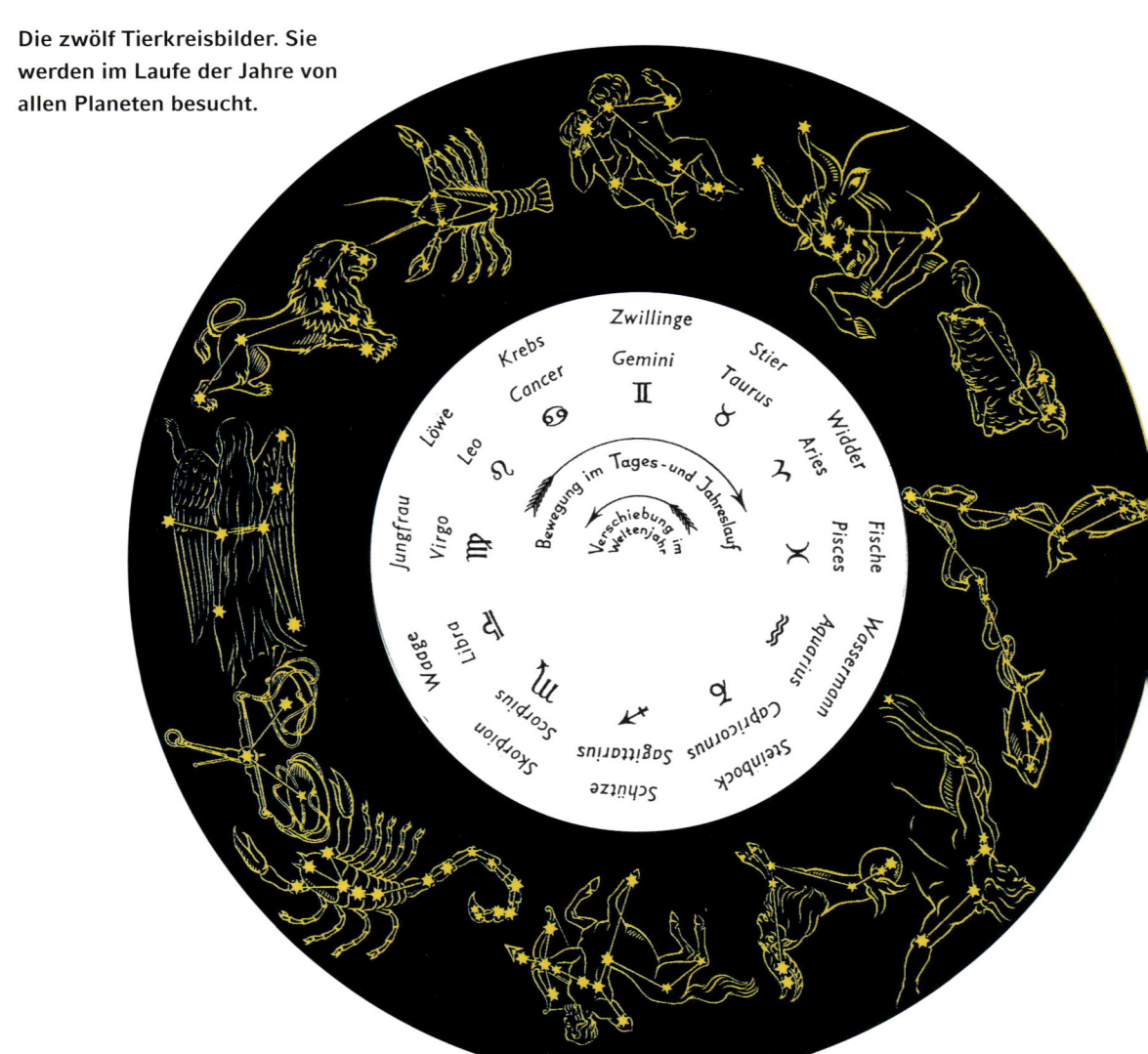

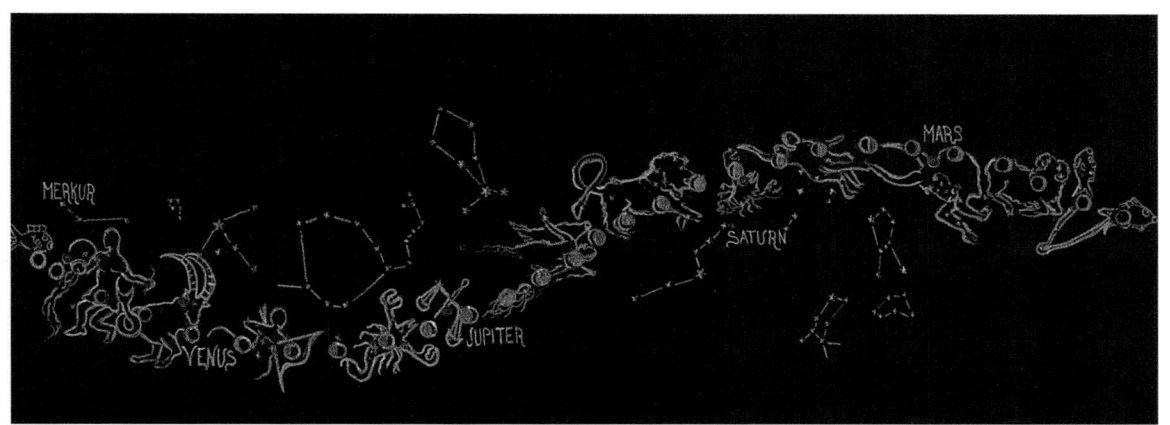

Die Mondphasen im Gang durch den Zodiak während des Monats Februar im Jahr 2006.

Der Zodiak gliedert den Verlauf der Sonne innerhalb eines Jahres in zwölf Abschnitte. Der Mond braucht nur knapp einen Monat (27 Tage), um ihn zu durchlaufen. Dabei wechselt er sein Erscheinungsbild wie folgt: Nachdem er als Neumond bei der Sonne zu Besuch war (ist selbst nur bei der Sonnenfinsternis zu sehen), wird er dann als zunehmende Mondsichel am Abend am Westhorizont sichtbar. Eine Woche später ist Halbmond, und er steht am Abend im Süden. Dann, eine Woche später, ist schon Vollmond: Der Mond geht gerade bei Sonnenuntergang auf. Der abnehmende Halbmond ist nach Mitternacht zu sehen, die abnehmende Mondsichel vor Sonnenaufgang am Osthimmel. Diese Phasen kann man jeden Tag beobachten, und zugleich ist zu sehen, in welchem Sternbild sich der Mond gerade befindet.

Auf diese Weise bewegen sich auf dem Sternenteppich des Tierkreises auch die anderen Planeten. Für solche Beobachtungen ist ein aktueller Sternkalender sehr hilfreich (wird jedes Jahr neu herausgegeben). Sehr empfehlenswert ist der im Verlag am Goetheanum von Wolfgang Held publizierte. Er ist nämlich so konzipiert, dass sich der Interessierte immer mehr in die Komplexität der Phänomene der Sternenwelt vertieft.

Auch die anderen Planeten haben beim Lauf durch den Tierkreis ihre eigene Bewegungscharakteristik:

- Merkur bleibt immer in der Nähe der Sonne in einem Winkelabstand (Elongation) von 27 Grad. Er ist nur selten gut zu sehen, weil ihn das Sonnenlicht überscheint.
- Venus befindet sich auch immer in Sonnennähe, deshalb ist sie nur als Abend- und Morgenstern zu sehen. Sie kann niemals in Opposition zur Sonne stehen: zum Beispiel um Mitternacht. Die Abend- und Morgensternperioden der Venus wechseln etwa alle zehn Monate. Dazwischen, wenn sie zu nahe bei der Sonne

ist, kann man sie nicht sehen. Bei ihrem größten Glanz am Abend und am Morgen ist sie der hellste Stern am Himmel überhaupt.

- Mars, Jupiter und Saturn kann man die ganze Nacht beobachten. Sie können in Opposition (180 Grad) zur Sonne stehen, im Gegensatz etwa zur Venus, die sich höchstens um 47 Grad von der Sonne entfernen kann.
- Mars bewegt sich – außer der Sonne – am zweitschnellsten durch den Tierkreis (noch schneller ist nur der Mond). Er braucht etwa 24 Monate, um den Zodiak zu durchwandern, und er bleibt durchschnittlich je zwei Monate in jedem Sternzeichen. Allerdings kann das sehr schwanken, wenn er rückläufig seine Schleifen bildet. Befindet er sich in der schnellen Phase, kann seine Fortbewegung fast täglich beobachtet werden.
- Viel geruhsamer ist Jupiter: Er hält sich ein ganzes Jahr in einem Tierkreiszeichen auf.
- Saturn verbleibt über zwei Jahre in einem Sternzeichen.
- Die transsaturnischen Planeten halten sich viel länger in einem Tierkreiszeichen auf: Uranus sieben, Neptun 13,75 und Pluto 20,75 Jahre.

Durch die Beobachtung der Planeten können zugleich auch die zwölf Tierkreisbilder betrachtet werden. Beispiele der Planetenbesuche in den Tierkreisbildern sind in den Abbildungen exemplarisch dargestellt.

Widder: Diese Konstellation war im März 2004 jeweils um 20.00 Uhr im Westen zu sehen. Man sieht den zunehmenden Mond, die Planeten Merkur, Venus und Mars im Tierkreiszeichen Widder.

Stier: Diese Konstellation folgt der obigen im Zeichen Widder im gleichen Monat etwas später, aber jetzt im Zeichen Stier. Man sieht Mars neben den Plejaden, links davon Aldebaran, das Auge des Stiers. Der Halbmond zwischen den Hörnern des Stiers.

Zwillinge: Mond und Saturn im Zeichen Zwillinge (2005).

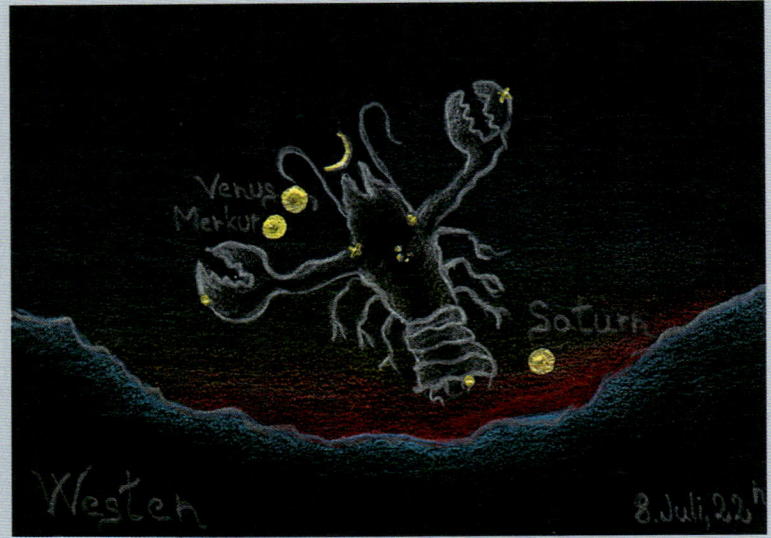

Krebs: Eine wunderbare Konjunktion von Merkur, Venus und Mond im Jahr 2005.

Löwe: Konjunktion von Vollmond und Jupiter im Zeichen Löwe (Januar 2004).

Jungfrau: Der Mond begegnet Venus und dann ein paar Tage später dem Fixstern Spica und Mars im August 1997.

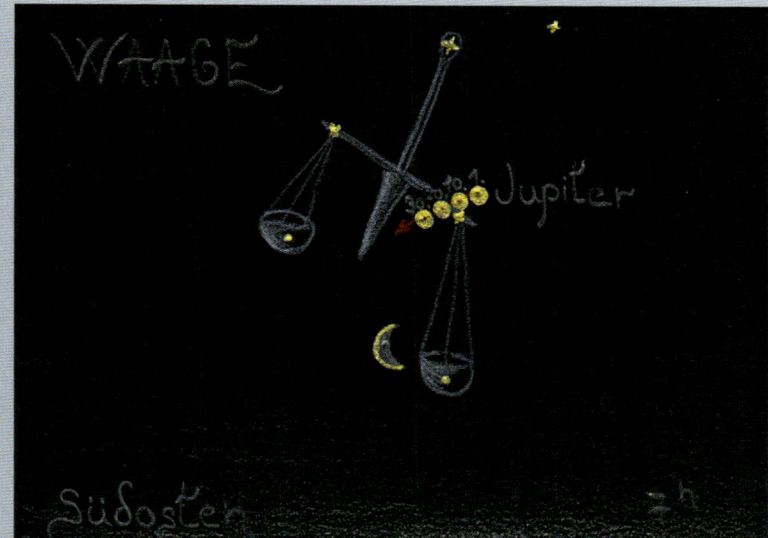

Waage: Jupiter bewegt sich in der Waage (2006). Auch der Mond ist gerade zu Besuch.

Skorpion: Venus ist im Oktober 2005 bei Antares, der auch »Gegenmars« heißt.

Schütze: Venus und die zunehmende Mondsichel begegnen sich im November 2005 beim Schützen.

Steinbock: Mars bewegt sich im Zeichen Steinbock, wo auch gerade Neptun weilt (2005).

Wassermann: Mars wird im Zeichen Wassermann rückläufig (2003).

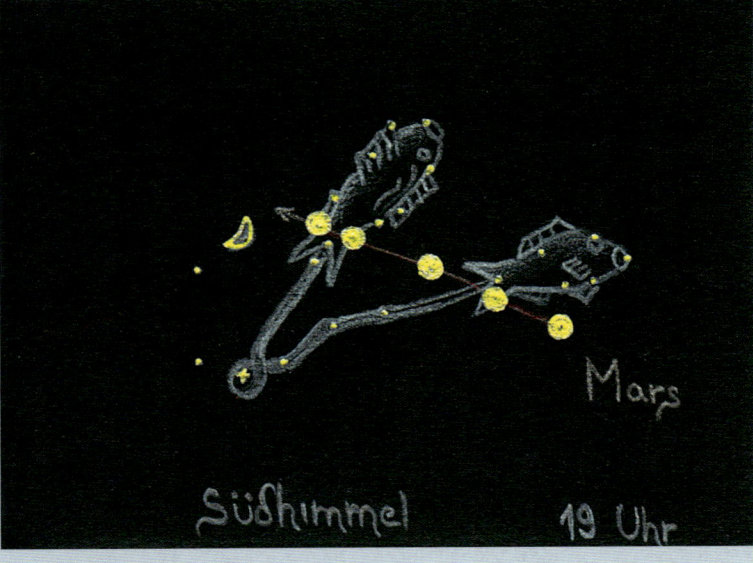

Fische: Mars durchschreitet mit eiligen Schritten das Fischezeichen und begegnet dort dem Mond (2004).

Das Tycho-Brahe-Astrolabium

»Kosmos

Ob sich in Klängen wie zu freier Wahl,
im Kepler'schen Gesetz ihr Sinn enthüllt,
es muss wohl sein, dass diese Welt erfüllt
geheimnisvolle Harmonie der Zahl.

In Strahl und Schwingung zu gemessnem Spiel
umwebt sich aller Stoff und löst sich wieder,
und alle Formen sind gewollte Glieder
in einem Weltgesetz, vor einem Ziel. –

Wer je den großen Bau der Welt bedacht
und fühlte nicht, wie Gottes hoher Geist
noch über den Gesetzen wacht und kreist –
wie blind erscheint, wer Schöpfertum verlacht!
Wir kennen kaum den kleinsten Teil davon:
Gesetz ist Wunder, Zahl ist Weltenton.«

Albrecht Haushofer

Tycho Brahe.

Zum 400. Todestag Tycho Brahes am 24. Oktober 2001, einem der größten Astronomen aller Zeiten, entstand im seeländischen Ins im Rosenhofpark der Bildungsstätte Schlössli Ins (Schweiz) ein Himmelsbeobachtungsgerät, »Astrolabium« genannt. Tycho Brahe ist, wie schon dargestellt, deshalb ein wichtiger Astronom, weil in seinem tychonischen Himmelssystem sowohl die Erde als auch die Sonne im Zentrum ist: Um die Erde als Zentrum kreisen die Sonne und der Mond, um die Sonne wiederum die restlichen Planeten. Zudem lieferten Brahes durch jahrelange Himmelsbeobachtungen gesammelten Daten der Planetenbewegungen Johannes Kepler wichtiges Ausgangsmaterial, mit dessen Hilfe es ihm gelang, das moderne astronomische Weltbild (dass die Erde sich in einer Ellipse um die Sonne bewegt) zu berechnen und zu gestalten.

Das Astrolabium (fünf Meter Durchmesser) steht auf einem vier Meter hohen achteckigen Podest. Es ist Teil eines kugelförmigen Netzes mit Längen- und Breitengraden, wie wir sie von der Erdkugel kennen. Die Netzkugel ist so gerichtet, dass der »Nordpol«, das heißt die Erdachsenrichtung, genau in die Richtung des Polarsterns zeigt. Exakt von der Mitte der Kugel aus können Sonne, Mond und Sterne beobachtet werden. Sie bewegen sich täglich entlang der Breitengrade. Der Abstand der Längengrade auf dem »Äquator« ist 7,5 Grad. So ergeben sich 48 Längengrade. Ein Gestirn braucht dreißig Minuten von einem Längengrad zum anderen. Ebenso viele

Breitengrade fallen auf den Meridian. Die Breitengrade zeigen die Deklination (Himmelshöhe) der Gestirne. Auch sie haben einen Abstand von 7,5 Grad.

Auf dem nördlichen und südlichen 23. Breitengrad läuft der Ekliptikring, der Größtkreis der »Himmelskugel«. Auf ihm ist der Zodiak mit 30-Grad-Einteilungen markiert. So können anhand der Ephemeriden, der Vorausberechnungen aufgrund der Bahnbestimmung, die Planetensymbole auf dem Ekliptikring in ihrer Länge und Breite befestigt werden. Auf diesem Ekliptikring ist auch der Bilderkreis aufgemalt. Somit werden hier Astrologie und Astronomie, wie

Das Tycho-Brahe-Astrolabium.

Astrolabium gegen den Polarstern gerichtet (rechts).

Astrolabium von innen gegen den Polarstern gerichtet.

Das Tycho-Brahe-Astrolabium:
Hier der bewegliche Ekliptikring
mit den zwei Systemen: unten
der tropische feurige Löwe, oben
der siderische, sinnliche, blatt-
hafte Krebs.

dies schon Tycho Brahe und Johannes Kepler getan hatten, im »Sowohl-als-auch« versöhnt.

An diesem Instrument kann mit bloßem Auge die Himmelsme-
chanik nachvollzogen werden – während des Tages der Lauf von
Sonne und Mond, während der Nacht der anderen Planeten und
Fixsterne.

Da die Planeten auf der Ekliptik »aufgehängt« sind, kann der
momentane Stand über und unter dem Horizont festgestellt werden. Dazu können künftige Stellungen schnell eingestellt werden.
So können die Bewegungen der Ekliptik vom Hochstand in den
Rechtsstand, dann in den Tiefstand und zuletzt in den Linksstand
vordemonstriert werden.

Die Fixsternbahnen gleiten konstant entlang der Breitengrade.
Ihre Höhe, Geschwindigkeit und Bewegungsrichtung kann genau
festgestellt, die tägliche Verfrühung der Fixsterne um vier Minuten
exakt beobachtet werden. Ganze Sternbildgruppen kann man vom
Astrolabium auf vorbereitete Koordinationsblätter abbilden und
Probleme der Abbildung von sphärischer zur planen Geometrie so
ersichtlich machen.

Das tägliche Steigen der Sonne gegen den längsten Tag, das Sinken gegen den kürzesten und ihr Verzögern und Beschleunigen
kann mit einer Lemniskate abgelesen werden, die am Meridian befestigt ist.

Das Astrolabium kann so dazu verhelfen, eine Beziehung zu den
Bewegungen der Himmelskörper während einer Nacht, eines Tages, einer Woche, eines Monats oder eines Jahres zu bekommen.

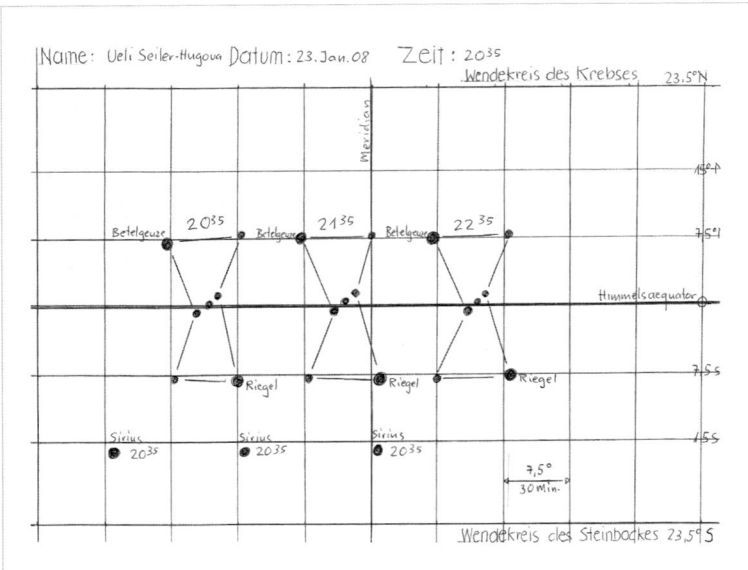

Hier ist das Sternbild Orion und der links unten zu sehende Sirius im Astrolabium im Stundentakt festgehalten. Man erkennt, dass die drei Gürtelsterne des Orion auf dem Äquator laufen.

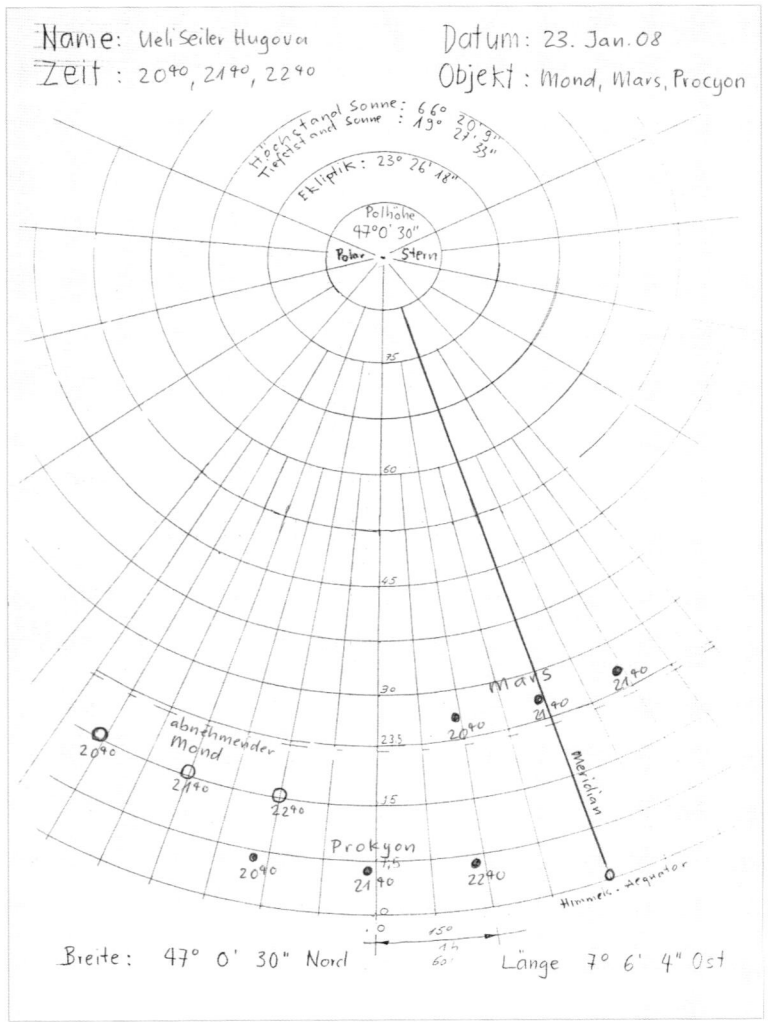

Die Beobachtung von Mond, Mars und dem Fixstern Prokyon.

Das Gerät ist technisch in der Lage, exakte Beobachtungen zu machen. Es ist ein Bild des Kosmos. Das beobachtende Auge ist der Mittelpunkt des Systems: die Erde als Zentrum, doch in dem Wissen, dass auch die Sonne gedanklich im Zentrum sein kann. So kann das moderne tychonische Prinzip des »Sowohl-als-auch« zu einem allgemeinen Lebensprinzip werden.

Sofern Geburtstag, -ort und -zeit bekannt sind, kann auch das persönliche Geburtshoroskop auf diesem Ekliptikring eingestellt werden. So kann dieser Sternen- und Planetenstand dreidimensional erfasst werden. Es ist eine einzigartige Gelegenheit, das eigene Geburtshoroskop sphärisch zu erleben.

Unten im achteckigen Bau kann im Dunkeln ein Sonnenstrahl um die Mittagszeit beobachtet werden, der auf einer Hohlkugelfläche die Tages- und Jahreszeitenbewegungen abbildet. Die Verzögerung und Beschleunigung der Sonne kann anhand der eingezeichneten Lemniskate festgestellt werden und ergibt das Resultat der elliptischen Erdbewegung um die Sonne.

Von Norden her tritt man durch eine Tür in diesen dunklen Raum in Uhrzeigerrichtung und verlässt ihn weiter wieder im Norden. Dieser Weg ist der Lebensweg des Menschen, vom nördlichen Himmel kommend, hinein in die Mitte des Lebens im Süden und wieder hinaus.

Das Astrolabium ermöglicht darüber hinaus, die Qualitäten der Himmelserscheinungen wahrzunehmen – im Osten das Geborenwerden der Gestirne, das frühlingssprießende Wachsen; im Süden das sonnenhafte Blühen und Entfalten des Lichts; im Westen das herbstgoldene Aufglühen der Sonne und der Sterne; im Norden das winterliche Verschwinden der Gestirne, die »samenhafte«, geistige Ruhe in der Sonne um Mitternacht.

So vermittelt das Tycho-Brahe-Astrolabium ganz im Sinne des großen Astronomen die Goethe'sche Qualität des Sinnlich-Sittlichen. Das so verstanden Sinnenhafte, das heute stark durch die virtuelle Welt der Mattscheibe verdrängt wird, bekommt hier einen realen Ort, wo der Mensch den Herz-Mittelpunkt im technischen und existenziellen Sinne zurückbekommt. Der Makrokosmos erhält einen Mittelpunkt (Mikrokosmos), der optisch das Auge und moralisch das Herz ist. Das objektiv-subjektive Auge muss vereint werden mit dem wärmenden, begeisternden Herz. So entsteht Intuition, so entsteht moralische Fantasie, wie sie Rudolf Steiner in seiner *Philosophie der Freiheit* beschrieben hat.

Der Fixsternhimmel

»Du, Hermes bist der erste Begründer dieser großen und heiligen Wissenschaft. Durch dich hat der Mensch tiefere Kenntnis des Himmels erworben – der Konstellationen, der Namen und Umläufe der Zeichen, ihrer Bedeutung und ihres Einflusses, dass die Aspekte des Himmels sich in Exaltation befinden können (...) Der Gott des Himmels brachte seinen Dienern die Kenntnis des Himmels und erschloss ihnen seine Geheimnisse. Dies waren die Männer, die unsere edle Wissenschaft begründeten und die zuerst die Schicksale unter-scheiden lernten, die mit den wandernden Gestirnen zusammenhängen.«

Manilius

Die Bewegungen – die Himmelsmechanik

Der Mensch hat heutzutage Mühe, sich Zeit für Naturbeobachtungen zu nehmen. Die Gestirne zeigen vor allem ihr inneres Wesen durch ihre Bewegung; und Bewegung ist zugleich auch Zeit. Durch das Tycho-Brahe-Astrolabium können diese Bewegungen exakt erforscht und sofort in die Himmelsmechanik eingegliedert werden. Man kann zwar auch in der freien Natur beobachten, wie die Sternbewegung im Osten aufsteigend ist, im Süden ein Tor

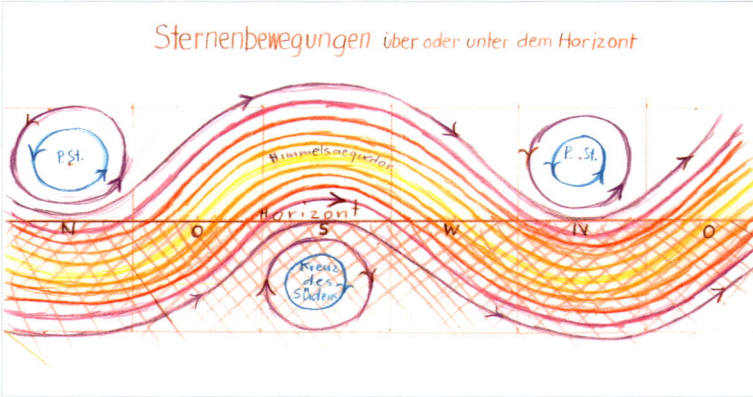

Diese Zeichnung zeigt die Bewegung der Gestirne in gemäßigten Zonen (45 Grad nördlich). Man sieht Bewegungslinien (violett), die stets über dem Horizont bleiben, also zirkumpolar sind (Großer und Kleiner Wagen, Kassiopeia, Dragon usw.), solche, die immer unter dem Horizont bleiben (Kreuz des Südens, Indianer, Fliegender Fisch) und wieder andere, die über den Horizont steigen und dann wieder unter den Horizont versinken (zum Beispiel Orion, Tierkreisbilder oder Schwan). Die gelbe Linie ist wie eine Leitlinie, der Himmelsäquator, der exakt im Ostpunkt aufgeht und genau im Westpunkt untergeht. Die eine Hälfte der Gestirne ist stets unter dem Horizont, die andere darüber. Interessant ist es, diese Bewegungslinien auf verschiedenen Breitengraden zu beobachten.

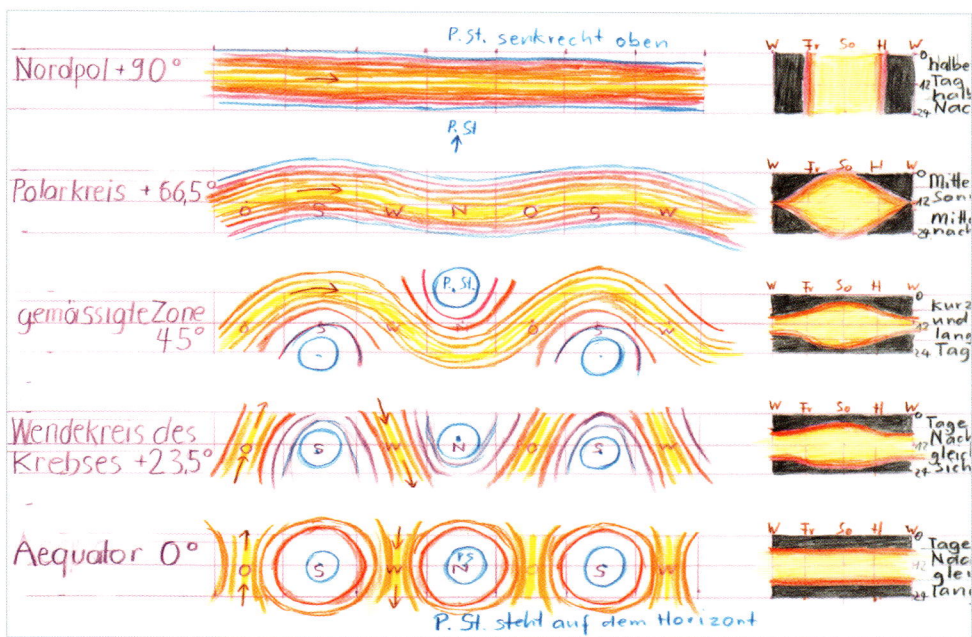

Die gezeichneten Bewegungslinien der Sterne auf verschiedenen Breitengraden zeigen gegen den Äquator hin eine Dramatik in die Senkrechte, gegen die Pole flachen sie sich in die Horizontale ab.

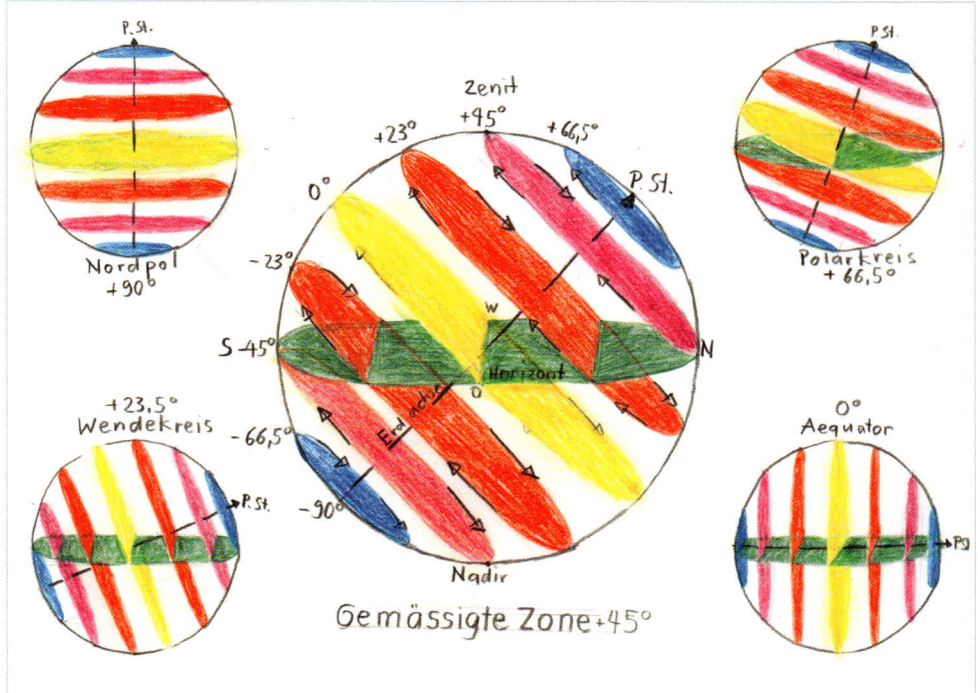

Die Bewegungslinien sind jetzt als sphärische Linien auf einer Kugel abgebildet, das heißt konkret auf dem Astrolabium.

bildet, im Westen unter dem Horizont verschwindet und im Norden unter dem Polarstern eine Schale bildet. Doch jetzt kann man die einzelnen Bewegungsrichtungen der Sterne (auch der Sonne, des Mondes und der Planeten) als fortlaufende, nie aufhörende (Sinus-) Linie ebenso unterhalb des Horizonts betrachten.

Das Astrolabium in Ins ist auf dem 47. Breitengrad gebaut worden. Somit ist der Winkelabstand zwischen dem Nordhorizontpunkt und dem Polarstern 47 Grad. Gingen wir gegen Norden, so müsste sich das Astrolabium immer mehr aufrichten und wäre auf dem Nordpol senkrecht, das heißt, der Polarstern befände sich senkrecht über uns; der Himmelsäquator ist identisch mit der idealen Horizontlinie.

Umgekehrt natürlich gegen Süden: Der Polarstern nähert sich immer mehr dem Nordhorizontpunkt und ist auf dem Erdäquator identisch mit der Nordhorizontlinie. Der Himmelsäquator steigt senkrecht im Ostpunkt empor, verläuft über den Zenit und stürzt sich senkrecht auf den Westpunkt.

Wenn das Astrolabium auf der südlichen Erdhalbkugel stünde, wäre der südliche Himmelspol nahe dem Kreuz des Südens. Diese sphärischen Darstellungen der Sternbewegungen sind einfacher zu begreifen, da sie ein genaues Abbild des Sternenhimmels sind. Doch sie sind alle wie von außen gedacht. Die Sinusbewegungen sind insofern realer, da sich der Betrachter im Mittelpunkt des Geschehens befindet, was das Astrolabium sehr gut vermitteln kann.

Die zwölf Tierkreishäuser

Die bekanntesten Sternbilder, so sagten wir bereits, sind zirkumpolar, sie stehen immer über dem Nordhorizont, allerdings durchs Jahr hindurch immer in einer etwas anderen Stellung. Es sind hier der Kleine und Große Wagen oder der Kleine und Große Bär. Dazu kommen die Königin Kassiopeia und ihr Mann Kepheus, die Eltern Andromedas.

Gut sichtbar ist der Drache, der den Kleinen Bären umlagert und, seinen Kopf herumwerfend, gegen Süden richtet. Ganz feine Sterne bilden die Giraffe, den Luchs und die Eidechse.

Die Bären, die eigentlich das Weibliche schlechthin bedeuten, kreisen um den Polarstern, wobei der äußerste Schwanzstern des Kleinen Bären den Polarstern selbst bildet. Die langen Schwänze der beiden Bären entsprechen natürlich nicht den anatomischen Gegebenheiten im Tierreich: Bären haben Stummelschwänze. Der Polarstern als einziger Stern, der jahrein, jahraus immer am selben

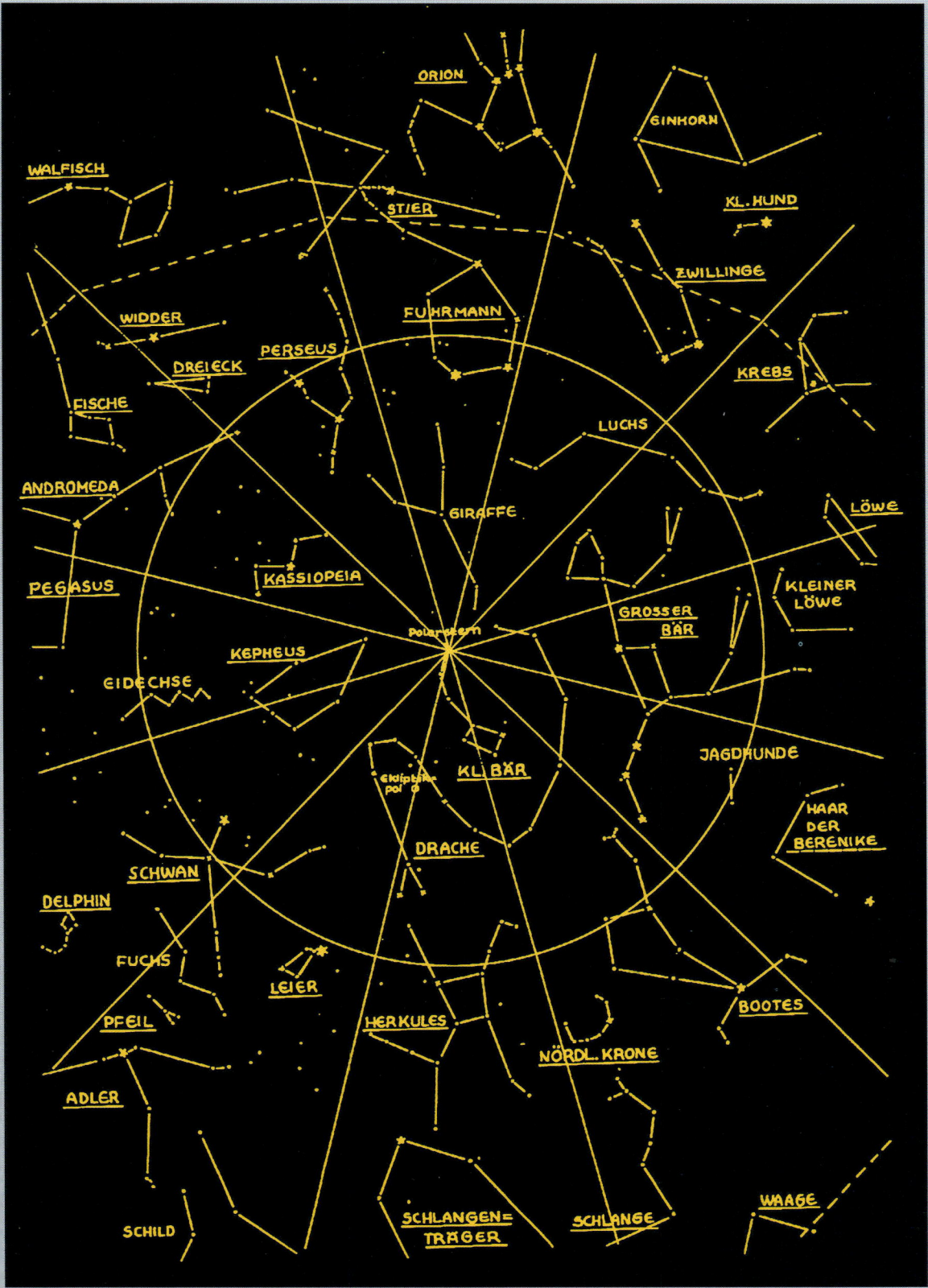

Der nördliche Sternenhimmel.

Ort als ruhender Punkt den ganzen Himmel beherrscht, war früher der Orientierungsstern der auf der nördlichen Erdhalbkugel fahrenden Seeleute. Doch auch der Polarstern ist nicht exakt in der Richtung der Erdachse (90 Grad), sondern zurzeit etwa 45 Minutengrade entfernt. Im Jahr 2100 wird er sich bis auf 28 Minutengrade dem Himmelspol nähern, dann wieder entfernen. Dies geschieht durch die Erdachsenbewegung (Präzession).

Die Bären sind verwandelte oder verzauberte Menschen. Der Bär als Sohlengänger ist sehr menschenähnlich und doch eben ein Tier. Der Mensch mit einem Bärenfell zeigt seine Tierhaftigkeit, in die er gefallen ist, aus der er sich aber auch wieder lösen kann, wie es die Mythen und Märchen erzählen. In den *Bärwolf-Geschichten* von Robert H. Seiler (genannt »Aetti«), dem Gründer der Bildungsstätte Schlössli Ins, wird das Wesen des Bären mythisch dargestellt. Die Bären sind aber ebenso die Gebärenden, die Tragenden, was ja auch für den Großen und den Kleinen Wagen zutrifft. Dieses Verborgene hinter den Bärenhäuten gilt es zu erkennen. Der schlangenartige Drache – der, herumgelegt, sich in den Schwanz beißen könnte, wie es die Urschlange Uroboros tat – geifert gegen Süden, wo ihn Herakles in Schach hält. Es ist die germanische Midgardschlange, die durch den Egoismus der Menschen genährt wird, oder der bewachende Drache des Hesperidengartens, aus dem Herakles die Äpfel holte.

Dieses Weiblich-Gebärende der Bärinnen ist bedroht durch den Drachen. Südlich wiederholt sich dieses Motiv durch das Seeungeheuer, das die angekettete Andromeda angreift. Diese uralte Polarität zeigt den Kampf zwischen Gut und Böse, zwischen Licht und Finsternis. Das Licht der Sterne ist aber eben nur mit der sie umhüllenden Dunkelheit sichtbar.

Die Bewegungsrichtung des Sternenhimmels verläuft aus unserer Sicht bekanntermaßen im Uhrzeigersinn von Osten nach Westen. So laufen auch der Große und Kleine Bär; und auch Sonne, Mond und Planeten kreisen täglich so mit den Sternen.

Wenn man aber verfolgt, wie die Wandelgestirne während Wochen, Monaten und Jahren in Bezug auf die Fixsterne kreisen, so ist das gegenläufig, also gegen den Uhrzeigersinn, von Westen nach Osten. Wenn man wiederum beobachtet, wie der Frühlingspunkt, das heißt der Ort der Sonne bei der Frühlings-Tagundnachtgleiche, wegen der Erdachsendrehung wandert, so ist das wiederum wie die tägliche Bewegung in Uhrzeigerrichtung der Sternbilder, also etwa vom gegenwärtigen Sternbild der Fische hin zum Wassermann. Dieser Frühlingspunkt braucht 2100 Jahre, um ein Sternbild zu durchschreiten. Während eines Menschenlebens von angenommen 72 Jahren bewegt er sich um ein Grad. In 26500 Jahren, einem platonischen Weltenjahr, durchkreist der Frühlingspunkt alle zwölf Sternbilder.

Die Sternbilder unterscheiden sich qualitativ dadurch, dass entweder davor die Gestirne wandeln, das sind die zwölf Tierkreisbilder, oder eben alle anderen Sternbilder nördlich und südlich der Ekliptik. Die Ekliptik (Tierkreis) hängt sozusagen schräg im Sternengewölbe. Die Himmelsäquatorebene mit der senkrecht darauf stehenden Erdachse zeigt gegen den Polarstern. Die senkrechte Achse auf der Tierkreis-Ebene zeigt auf den Ekliptik-Pol innerhalb der sich umwendenden Schlange. Polarstern und Ekliptikpol sind 23,5 Grad gegeneinander geneigt. Diese zwei Achsen sind wie zwei Himmelsbäume aus dem Paradies: der Baum des Lebens als Polarstern-Achse, der Baum der Erkenntnis als Ekliptik-Pol-Achse.

Dort, wo der Nordpol ist, kann man einen sinnvollen geometrischen Punkt finden, um das Sternengewölbe in zwölf »Schnitze« einzuteilen. Das heißt, es gibt Linien vom Polarstern bis zum südlichsten Punkt des Sternenhimmels (nahe dem Kreuz des Südens). Der Ekliptikpunkt wird Bezugspunkt zu den zwölf Sternbildbereichen, worin sich jeweils eines der zwölf Tierkreisbilder des Zodiak befindet. Diese zwölf Bereiche hat Elke Blattmann in ihrem Buch *Geheimnisvolle Sternenwelt* wunderbar beschrieben. Ich übernehme hier ihre Einteilung, weil sich dadurch tiefe Geheimnisse des Sternenhimmels offenbaren. Jedoch beschreibe ich diese zwölf Sternenräume so, dass ich beim Widder anfange und bei den Fischen ende. Ich beginne im Haus des Widders deshalb, weil die Linie zwischen Widder und Fisch symptomatisch für einen Weltenanfang ist.

Wir sehen die Grenzlinie vom Polarsten kommend, die hilferufende Kassiopeia streifend, einen Teil Andromedas durchquerend und das Dreieck als Monogramm des Göttervaters Zeus berührend, als göttliches Zeichen (Delta symbolisiert das Göttliche) an den Ort gesetzt, wo für alle Zeiten der Anfang des Himmels bekundet wurde. Dann berührt die Grenzlinie den Punkt, an dem zwei Fische paradoxerweise angebunden sind, durchtrennt den zweiteiligen Wal nahe Archenar, des Mündungsbereichs des Himmelsflusses Eridanus, und durchquert zuletzt die kleine Wasserschlange.

Zwischen dem göttlichen Dreieck und dem Fixpunkt der Fische berührt die Linie den Widderkopf. Dieser Widderkopf, wie so oft in christlichen Darstellungen, wendet sich rückwärts oder eben in die Richtung des beginnenden Tierkreises.

Die zwölf Tierkreishäuser, zu je 30 Grad Länge gemessen, können konkret im Astrolabium, zumindest vom Polarstern bis zum südlichen Wendekreis des Steinbocks (−23,5 Grad), beobachtet werden. Immer je vier Häuschen zusammengenommen ergeben dann den »(Orangen-)Schnitz« der Tierkreishäuser.

Das Widderhaus

Das Sternbild Widder zeigt vor allem die zwei hellen Sterne Hamal und Sheratan, die die Widderhörner bilden. Der Widder liegt da und schaut zurück. Die ganze Widderkraft, die mit dem »Kopf durch die Wand« will, ist wie gebannt. Der Widder wird zum Lamm Christi. Und doch ist diese Initiativ- und Tatkraft des Widders vorhanden, und zwar in der Gestalt des Sternbilds Perseus. In der Mythologie wird Perseus als ein Sonnenheld beschrieben, der durch viele Wirrnisse des Lebens die schwierigste Aufgabe sich selbst auferlegt: Er will der magischen schlangenköpfigen Medusa – in deren Gesicht geschaut, erstarrt man zu Stein – den Kopf abschlagen. Er tut dies durch den reflektierenden Schild (Denkkraft) und das Sichelschwert. Mit Flügelschuhen bewehrt, fliegt er übers Meer, sieht die schöne Andromeda an den Klippen der Küste festgekettet und befreit sie von dem Ungeheuer.

Diese Tat ist die Befreiung des Menschen vom magisch-mythischen Bewusstsein in das mental-philosophische des Griechentums. Das zeigt sich im geflügelten Pferd Pegasus, der freien künstlerischen Fantasie, das aus dem Rumpf der Medusa fliegt und ebenfalls (in den Fischen) am Himmel zu sehen ist.

Außer der schon erwähnten Sternbilder, die auf der Grenze zu den Fischen sind, ist noch der Chemische Ofen im Süden zu sehen. Darin sind in Feuerprozessen alchemistische Verwandlungen möglich. Doch zum Ausgleich fließt der Himmelsfluss Eridanus durch das Widderhaus. Diese Vitalkraft ist die Lebensgrundlage des Menschen. Hier vermischen sich Feuer und Wasser zu Lebensenergie.

Aber der Kampf mit retardierenden magischen Kräften zeigt sich auch im Algol-Stern des Perseus, der ein Wechselstern (wechselnde Lichtstärke des Sterns) ist und als das Auge der Medusa gilt. So haben wir im Widderhaus die Initiativkraft, das in die Welt hineintretende »Ich bin, ich will«. Dieses Beginnen des Tierkreises braucht jene Aufbruchstimmung, die Zukunftsorientiertheit. Es ist die Neugeburt, eine marshafte Pioniertat, bei der Erstmaliges, Prototypisches entsteht. Es ist das Haus des Starts zu neuen Horizonten. In diesem Haus stand der Frühlingspunkt auch zur Zeit der Geburt Jesu Christi.

Das Stierhaus

Hier soll der Widderimpuls geerdet, der Besitzstand konsolidiert werden; hier kommt die bewegende Triebkraft zur Ruhe im Labyrinth des Minotauros. Der Minotauros ist ein mythisches Wesen

Das Tierkreishaus des Zeichens Widder.

mit Menschenleib und Stierkopf, hervorgegangen aus einer Verbindung zwischen Pasiphaë, der Gattin des kretischen Königs Minos, und einem Stier Poseidons. Dieses Stierwesen sieht man als eines der eindrücklichsten Sternbilder am Himmel: Eigentlich ist es nur der Kopf und der Brustteil des Stieres. Der rot leuchtende Aldebaran bildet das Auge des Stiers. Die Hörner reichen hinauf bis zum Fuhrmann, dem Wagenlenker Phaethon, der den Sonnenwagen führen wollte und schrecklich vom Himmel fiel und in der Quelle des Himmelsflusses, des im gleichen Haus stehenden Eridanus, gewaschen wurde.

Dann innerhalb dieses Feldes das wohl prächtigste Sternbild des Himmels, der Orion. Seine Geschichte ist verwunderlich genug: Der griechische König Hyrieus war kinderlos. Da bewirtete er einmal Zeus, Poseidon und Hermes. Als Göttergeschenk zeugten ihm alle drei mit der erdenhaften Göttin Gaia einen Sohn, indem die drei Götter in eine Stierhaut hinein urinierten und diese Haut dann in der Erde vergruben. Nach zehn Mondmonaten entwuchs der Erde (Gaia) der Knabe Orion. Der starke, schöne Mann, bekannt als Jäger von Tieren und schönen Frauen, stellte auch Artemis nach, der Göttin der Natur. Diese verletzte Orion tödlich mit einem giftigen Skorpionstich am Fuß, dort, wo sich heute der helle Stern Riegel befindet. Doch die Götter erhoben Orion an den Himmel, wo er als markantes Sternbild herunterglänzt.

Eindrücklich sind die drei Gürtelsterne. Gerade auf dem Äquator wandernd, hängt daran das Schwert (Orionnebel). Dieser Sterngürtel wird von vier hellen Sternen umschlossen, zwei davon in der Diagonale – Riegel und Beteigeuze. So wird der Stier von zwei Helden umgeben, dem Fuhrmann mit der Ziege Capella auf der Schulter und dem Orion, dessen durch den Skorpionstich tödlich verletztem Fuß (Riegel) der Himmelsfluss Eridanus entspringt. Dieser Himmelsfluss wurde immer wieder mit dem Nil verglichen. Das verweist darauf, wie die Kultur des Stiers einen Zusammenhang mit dem Isis-Horus-Osiris-Kult im alten Ägypten und mit dem babylonischen Mythos des Gilgamesch und Enkidu hat.

So zeigt das faszinierende Stierhaus in die Welt der Realisierung der materiellen Existenz des Menschen, manifestiert in der Zeugung des Gaia-Göttersohns Orion und dessen tödlicher Verletzlichkeit. Dieses Motiv offenbarte sich auch in der Mumifizierung der Toten im alten Ägypten. Hier ist der Wille zur Materialisierung des Menschen zu sehen und gleichzeitig die höchste mythologische Spiritualität. In dieser Kultur wurde der Leichnam des Osiris von Seth zerstückelt, aber dann heilend von Isis wieder zusammengefügt.

Das Tierkreishaus des Zeichens Stier.

Das Zwillingehaus

Das Zwillingebild reicht am weitesten in den Norden hinauf, es ist dem Polarstern am nächsten. Doch gerade zwischen diesem Zeichen und dem Polarstern haben wir die wenigsten Sterne und deshalb die größte Dunkelheit. Aber gegen Süden haben wir die hellsten Sterne wie zum Beispiel Castor und Pollux in den Zwillingen, Prokyon im Kleinen und Sirius im Großen Hund, dann weit gegen den Südpol Canopus im Schiffskiel (bei uns nicht sichtbar).

Die Polarität zwischen großer Finsternis (im Norden) und hellsten Sternen (im Süden) zeigt das polare Wesen dieses Sternenhauses: Castor, der nördliche schwächere Zwillingsstern, ist der sterbliche Bruder des unsterblichen und helleren Zwillingssterns Pollux. Dieses Urthema der Menschheit, was eigentlich sterblich und was unsterblich am Menschen ist, zeigt das Zwillingehaus.

Als der Frühlingspunkt sechstausend Jahre vor Christi Geburt im Zwillingebild wanderte, entwickelte sich die persische Kultur mit der Licht-Finsternis-Religion des Zarathustra (Goldstern). Ahura Mazda, das Sonnenwesen, stand dem Angra Manju, auch »Ahriman« genannt, entgegen. Das, was dann später in der nachchristlichen Zeit im Manichäismus, im Bogomilentum, in der Katharerbewegung, im Parzival-Epos des Wolfram von Eschenbach lebte, dass der Mensch nämlich ein geflecktes Wesen ist wie die Elster, schwarz und weiß, gehört zu einem spannenden Thema der Geistesgeschichte.

Beim schwach schimmernden Einhorn zeigt eine mythische Gestalt – wie etwa beim »tapferen Schneiderlein«, das ja die Klugheit über die Dummheit (des Riesen) stellt –, dass ein zerstörerisches Wesen durch die Klugheit des Menschen gezähmt werden kann. Nördlich und südlich des Einhorns befinden sich der Kleine und der Große Hund mit den hellen Sternen Prokyon und Sirius.

Sirius ist der hellste Fixstern. Er wurde im alten Ägypten als Beobachtungsstern eingesetzt, um durch Schächte in die finstersten Tiefen der Pyramiden zu leuchten. Die Hunde wurden das erste Mal in der urpersischen Kultur erwähnt, als die Menschen unter Zarathustras Wirken sesshaft wurden und Pflanzen und Tiere züchteten, unsere treuen Begleiter. Diese praktische Intelligenz entspricht der Zwillingenatur, zu der auch der Götterbote Hermes respektive Merkur gehört. Die Urpolarität eines Zarathustra wurde später zur Dualität, zum dialektischen Denken, der Grundlage jedes Philosophierens seit Sokrates. Die Grundaussage der Zwillinge lautet: »Ich denke.«

Das Tierkreishaus des Zeichens Zwillinge.

Das Krebshaus

Das kaum sichtbare Krebsbild mit den feinen Sternen ist Leitbild dieses Hauses. Als Schalentier ist er Kopffüßler. Dieses Motiv zeigt sich durch die in das Sternenhaus hineinragenden Köpfe: ganz im Norden der Kopf des Bären, dann des Luchses, des Löwen und der vielköpfigen, von Herakles bezwungenen Hydraschlange, hier »Wasserschlange« genannt. Die südlichsten Sternbilder gehören wie der Krebs der Wasserwelt an: Schiffssegel, -kiel, Fliegender Fisch, Kompass, Sextant.

Die Schiffsbilder deuten auf die griechische Argonautensage hin, auf das Schiff Argo, das sowohl im Wasser als auch auf dem Land fahren konnte. Auch der Krebs ist so ein Wesen, das aus dem Wasser aufs Land kommt. Dieses Motiv zeigt ja die Arche Noah, die nach dem großen Wasser der Sintflut endlich den Berg Ararat erreichte.

Tatsache ist, dass der Frühlingspunkt achttausend Jahre vor Christi Geburt in diesem Krebshaus wanderte. Die damalige ur-indische Kulturepoche ist nach Rudolf Steiner die erste nachatlantische Kultur. Diese Zeit deutet auf die charakteristische Krebskultur: Auch der Krebsmensch träumt vom vergangenen großen Wasser im Mutterbauch. Seine mutterbezogene Welt ist dem neugeborenen Kind eigen. Noch ganz Kopf, lebt es in den Ahnungen der vorgeburtlichen kosmischen Welt. Später zeigt das Kind in seinen Zeichnungen erste Darstellungen des Menschen als Kopffüßler.

Das kleine Kind ist bei seinen Nachahmungen noch ganz beeindruckbar. Am Rockzipfel seiner Mutter (oder an der Hand des Vaters) ist es schutzbedürftig. So verwundert es nicht, dass zu diesem Wesen der Mond gehört, der eben die Große Mutter versinnbildlicht.

In der Mythologie gibt es verschiedene Aspekte der Mutter: Dieses Mondwesen mit seinen fruchtbaren zyklischen Veränderungen – des Zunehmens, des Vollwerdens und Wiederabnehmens – zeigt sich in der Urmutter Gaia, dann in ihrer Tochter Selene und in ihren mit Endymron gezeugten fünfzig Töchtern, in der Göttin der Natur Artemis. Sie zeigt sich ebenso in Persephone, die einen Teil des Jahres bei Hades wohnen muss, aber dann von Frühling bis Herbst an die Oberwelt kommen kann. In ihrer Mutter Demeter, der Göttin der Ackerfurche, in die der Same gelegt wird, dann wieder in der häuslichen Hera, der eifersüchtigen Göttin der Ehe. Aber auch in den eher dunklen Mondwesen wie der schrecklichen Hekate, der Göttin der Nacht, oder in der jüdischen Todesgöttin Lilith. Sie alle zeigen unterschiedliche Aspekte des Krebshauses.

Kindliche Darstellung des Menschen als Kopffüßler.

Das Tierkreishaus des Zeichens Krebs.

In diesem völlig nach innen gerichteten Krebsbild ist, wie schon gesagt, noch ein Sternenhaufen zu sehen mit dem Namen »Praesepe«, »die Krippe«: der Himmelsort, das Himmelstor, woraus die Kinder geboren werden. Die Mondwelt des Krebses umhüllt noch ganz das kleine Kind, aber eben auch den Krebsmenschen, der in dieser Mutterwelt zu Hause ist, der sensibel, verinnerlicht, kreativ, künstlerisch, musikalisch und intuitiv die Welt »träumt«. Die Hauptbotschaft des Krebshauses lautet: »Ich fühle.«

Das Löwehaus

Das Sternbild des Löwen ist eines der eindrücklichsten. Mit seinem hellen Stern Regulus leuchtet es weit über den Nachthimmel, nicht zu hoch und nicht zu tief. Hoch oben im Norden zeigt sich der mittlere Teil des Großen Bären im Löwenhaus, während Schwanz und Kopf in den anderen Häusern zu sehen sind. Die riesige Wasserschlange, die Hydra, zeigt auch hier den mittleren Teil.

Diese Mittelstücke verweisen auf das Hauptmotiv im Haus des Löwen: Er ist stark im Atmungs- und Herzbereich verankert, das Herz ist hier wie sonst nirgendwo das Zentrum. Zwischen dem Adler (Sinnesnerven-) und dem Stier (Stoffwechselsystem) gehört der Löwe zum rhythmischen System. Das Herz ist nicht nur unermüdlich gebendes und nehmendes Zentrum des Organismus, sondern auch im Seelisch-Geistigen der Ort der Persönlichkeit, des Ichs. Dieses Herzzentrum, gleichwohl als »innere Sonne des Universums« bezeichnet, gibt dem Menschen die Möglichkeit, sich in die Welt zu integrieren, sich aber auch zu individualisieren. Sich selbst als Mittelpunkt zu sehen bedeutet jedoch zugleich, auch das Gleichgewicht zwischen Über- und Unterschätzung zu finden. Der Kampf mit dem triebhaften Teil des Löwen zeigt Herakles mit seiner ersten Tat: den Nemeischen Löwen, der mit einem unversehrbaren Fell ausgestattet war, zu besiegen. Die Persönlichkeit darf nicht verletzt werden, aber sie muss ihre eigene wunderbare Ausstrahlung und Sinnlichkeit selbst beherrschen.

Ein Löwemensch muss nach außen und nach innen herrschen können. Jede Tat, jeder Gedanke soll in Herzblut getränkt werden. »Man sieht nur mit dem Herzen gut«, heißt es im *Kleinen Prinzen* von Antoine de Saint-Exupéry. Und im Orakel des Sonnengottes Apollon hieß es: »Erkenne dich selbst.«

Das Tierkreishaus des Zeichens Löwe.

Das Jungfrauhaus

Das größte Tierkreisbild ist die Jungfrau. Sie stößt mit ihrem Kopf an den Löwen, und unter ihren Füßen hängt die Waage. Ihr hellster Stern ist Spica, was auf Latein »Kornähre« heißt. Sie trägt in der einen Hand diese Kornähre und in der anderen eine Weintraube; mit Brot und Wein deutet sie auf die christlichen Sakramente. Als einzige Gestalt am Himmel ist sie bekleidet. Sie gehört mythologisch zur Fruchtbarkeitsgöttin Demeter oder zur Persephone. Das Zeichen Jungfrau deutet auch auf die unbefleckte Maria. Diese idealisierte reine, triebbefreite und doch fruchtbare Gestalt ist aber von lauter Tierschwänzen umgeben: hoch im Norden dem des Kleinen Bären und des kreisenden Drachen, dann dem Schwanz des Großen Bären, unter ihr dem Schwanz der sich über drei Sternenhäuser ausbreitenden Hydra und tief unten dem des Kentauren mit dem Kreuz des Südens. Auch hier wird wieder der noch bis zum Bauchnabel in der (Pferde-)Tierheit gefangene Mensch symbolisiert. Gleichzeitig verweist der Kentaur auf die sagenhafte Gestalt des Chiron (Lehrer und Heiler des antiken Griechenlands).

Diese Ambivalenz der nüchternen, verstandesmäßigen Jungfrau, die alle Triebkräfte von sich weist, sie in Wirklichkeit aber nur verdrängt, wird so zur praktischen, mit großer Beobachtungsgabe planenden Gestalt. Sie ist die große Anpasserin und strebt nach Reinheit und Ordnung. Sind diese Tierschwänze am Himmel ihre nichtgelebte Natur, die sie natürlich auch aus Angst und mit emotionaler Unterdrückung von sich weist? Nach dem persönlichkeitsintegrierenden Löwen und der sich mit dem Partner verbindenden Waage bleibt die Jungfrau sich selbst treu. Sie will von männlicher Ergänzung nichts wissen. Sie ist sich selbst genug. Ihr Pflichtbewusstsein ruft sie zur Arbeit. Ihre Devise heißt: »Ich arbeite.«

Das Waagehaus

Das feine, aber klare Sternbild der Waage – zwischen der unbefleckten, reinen Jungfrau und dem stechenden, triebhaften Skorpion – ist Sinnbild des Ausgleichs und der Begegnung zugleich. Sie ist das einzige Sternbild, das ein Instrument darstellt, eben eine Waage. Die Mythologie führt unter anderem zur altägyptischen Göttin Maat, die bei den Verstorbenen das Herz wägt und als Gegengewicht ihre Feder verwendet. Dieses wägende Herz, der Sitz jeglicher Beziehungen, zeigt sich hier eindrücklich.

Das Tierkreishaus des Zeichens Jungfrau.

Das ägyptische Totengericht.
Aus dem Papyrus Hunefer,
um 1290 v. Chr.

Über dem Sternbild Waage befindet sich der Bootes mit dem hellen Stern Arkturus. Bootes gilt als Bärenhüter oder Treiber des Großen Bären. Der Mann im Bärenfell verbindet sich mit der Bärin, der Gebärenden. Ein weiteres Motiv der Waage: Sie sucht nach der Geschlechterverbindung und will im Manne das Weibliche, in der Frau das Männliche zur Ganzheit entwickeln.

Doch in der Waage haben wir noch eine andere Polarität: Tief im Süden des Zeichens spielt der Wolf sein Verwirrspiel. In seiner Gestalt kaum zu erkennen, versucht der Fenriswolf der Germanen, das Menschlich-Sonnenhafte aufzufressen, wie er das mit der Sonne bei der Sonnenfinsternis tut. Er wird durch die Lügenhaftigkeit der Menschen genährt.

Die Schlange ist auch nicht weit von der Waage und über ihr die gefallene Krone der schönen Königin Kassiopeia. So vermittelt die Waage gerecht und objektiv zwischen Gut und Böse, zwischen Schön und Hässlich, zwischen Weiblich und Männlich. Ihr Anliegen ist Ausgleich und Ästhetik, die sie im Morgen- und Abendstern Venus findet, der bei ihr zu Hause ist. Ihr Motiv ist die Harmonie.

Das Skorpionhaus

Das Sternbild Skorpion ist, obwohl in nördlichen Breitengraden tief am Horizont, sehr eindrücklich zu sehen. Mit dem rot funkelnden Antares (ebenjenem »Gegenmars«) mit den Greifzangen und dem weit in den Süden ragenden Giftstachel ist es ein sehr realistisches Bild des Skorpions. Antares war, mit dem ihm exakt gegenüberliegenden Aldebaran im Zeichen Stier, der Leitstern des babylonischen Tierkreises.

Auch andere Giftwesen bevölkern dieses Haus – der Drachenkopf ganz im Norden und die vom Schlangenträger unschädlich gemachte Schlange.

Eindrücklich ist der auf den Kopf gestellte Herakles, der in seiner elften Aufgabe die Äpfel aus dem Garten der Hesperiden holen soll, der von einem Drachen bewacht wird. Dieses Motiv des ersten

Das Tierkreishaus des Zeichens Waage.

Sündenfalls, hier aber durch Herakles verwandeltes Geschehen, spiegelt wieder die Auseinandersetzung mit dem Bösen (Schlange und Apfel). Auch bei dem Schlangenträger zeigt sich die Mythologie Äskulaps, der aus dem Schlangengift heilende Medizin macht. Die zwei sich um den Äskulapstab windenden Schlangen zeigen das Ursymbol der Heilung. Am Fuße des Schlangenträgers fand im Jahr 1604 die bisher eindrücklichste Konjunktion der Menschheitsgeschichte statt, die auch Johannes Kepler beobachtete. Sie wird später noch beschrieben.

Unterhalb des todbringenden, aber zugleich auch zur Neugeburt verwandelnden Skorpions ist das Sternbild des Altars zugesellt. Dieser Ort der heiligen Handlung zwischen Menschen und Göttern zeigt wieder Heilung (»Ganz-Machung«) im spirituellen Sinne.

Nimmt man die zwei Kronen, die sich außerhalb des Skorpionhauses im Norden und im Süden befinden, so zeigt sich in ihnen das Motiv des gefallenen Steins aus der Krone Luzifers, aus dem die Gralsschale gemacht wurde. Die heiligsten aller religiösen Symbole, der Gral und der Altar in der Nähe des Skorpions, zeigen die Ambivalenz dieses faszinierenden Sternbilds: Das »Stirb und werde«, das Leidenschaftliche und Triebhafte, zugleich aber auch Idealistische und Dogmatische, dieses Opferbereite wie Machtausübende, Verschwiegene und Verbergende und ebenso Konfrontative wie Verletzende ist die stärkste Spannung im Tierkreis.

Es bedurfte eines skorpionhaften Verräters Judas, damit Christus auferstehen konnte. So zeigt sich also am Himmel ein Sternbild, von dem man sich lieber abwendet, das einen aber wie kein anderes fasziniert.

Dem Skorpion zugeordnet ist der erst 1930 entdeckte Pluto. Diese moderne, neue Kraft zeigt sich einerseits im zeitgleich eskalierenden Fanatismus, etwa des Nationalsozialismus und Bolschewismus, in der atomaren Kraft, aber andererseits auch in dem Aufbruch des Unbewussten, wie es die moderne Psychoanalyse entdeckte. Pluto beziehungsweise Hades als Herrscher der Unterwelt ist unerbittlich gegenüber dem definitiven Verbleiben der Toten im Reich der Schatten. Trotz deren zahlreicher Versuche lässt er sie nicht mehr frei, analog etwa, wie im modernen Weltbild die Schwarzen Löcher beschrieben werden, die das Licht aufsaugen und es nicht mehr zurückgeben. Die plutonische und damit skorpionische Kraft bringt den Menschen zu existenziellen Grenzerlebnissen, wie er sie im 20. Jahrhundert oft tragisch erlebt hat. Diese Kraft lässt uns aber auch aufwachen und uns, durch die Katharsis zu neuem Bewusstsein erheben. »Stirb und werde« ist hier das Hauptmotiv.

Das Tierkreishaus des Zeichens Skorpion.

Das Schützehaus

Das Sternbild Schütze ist optisch mit all seinen Sternen schwierig zu identifizieren. Es ist das tiefste Tierkreisbild in den nördlichen Breitengraden. Mit den vielen Sternen wirkt es dennoch bedeutungsvoll. In dieser Figuration hat man stets einen Kentauren gesehen, der mit Pfeil und Bogen in den Himmel zielt. Jenes griechische Menschenbild zeigt den Menschen bis zum Bauchnabel ganz in die tierische Triebnatur eingebunden. In der ägyptischen Mythologie sah man noch Wesen, bei denen sich nur der Kopf menschlich zeigt, wie zum Beispiel die Sphinx. Der Kentaur bedeutet nun eine bereits höhere Entwicklung, und das ist auch das Thema dieser Schützengestalt. Der Mensch strebt zur Idealität, zur Religiosität, zur Philosophie der Sinnhaftigkeit.

Man hat dem Schütze-Kentauren den Göttervater Zeus (Jupiter) zugeordnet. Er ist derjenige, der die Tagwelt regiert, die Übersicht hat, sich aber stets auch mit der Welt verbindet. Etwa dargestellt wie Zeus, der scheinbar ehebrüchig mit Göttinnen, Halbgöttinnen und Menschen Kinder zeugte. Dieses Lustvolle, mit der Autorität des Götterhimmels Verbundene, gab Zeus zugleich Bodenständigkeit wie aber auch die Allwissenheit des Universums. Seine Stärke ist Synthese, Hoffnung, Expansion, Sehnsucht nach der idealen und realen Ferne. Er ist der Problemlöser wie auch der gerechte und weise Lehrer.

Über dem Schützen fliegen zwei Vögel, der Schwan und der Adler. Mit ihren Sternen Deneb (Schwan) und Atair (Adler) bilden sie mit einem dritten Stern, Wega in der Leier, das sogenannte Sommerdreieck: der Schwan als Geburtsvogel, der Adler als Vogel des Zeus, der alles sieht, und die Leier als das Instrument, das den Himmel zum Klingen bringt. Das einst vom geschickten Hermes aus einem Schildkrötenpanzer erschaffene Instrument gehörte dem Sonnengott Apollo, der es dann Orpheus übergab. Das orphische Prinzip, das durch Musik die Welt verzaubert, also die Weltharmonie, wie sie Kepler beschrieb, gehört als sinnstiftende Harmonik zum Schützegeist.

Das Sternbild Schütze kann nur im Prozess des Hinuntersteigens in den Hades begriffen werden, wie es im Sternbild Skorpion gelebt wird, und des sich aus den Niederungen erhebenden Kentaur-Prinzips: Das Pferd als Weltenintelligenz führt den Menschen zu kosmischen Einsichten und ethischen Handlungen.

Das Tierkreishaus des Zeichens Schütze.

Das Steinbockhaus

Das mit feinen Sternen umgrenzte Bild des Steinbocks ist klar struk-
turiert: ein Dreieck. Zwischen den schöpferischen Sternbildern des
Schützen und des Wassermanns wirkt es karg. Hier geht es um
Grenzen, Struktur, gesellschaftliche Norm, Pflichtbewusstsein, Tradition, Disziplin. Es sind die Qualitäten des alten, des saturnischen
Menschen. Die Gefahr der Erstarrung und Verhärtung, des Selbst-
zweifels, der Angst und des Todes liegt vor. Im Memento mori, das
an den Tod gemahnt, wird abgerechnet. Der Sensemann, der den
Menschen über die Todesgrenze bringt, klopft unerbittlich an.

Nun ist es erstaunlich, dass diese Eigenschaften zwar gut zu dem
in der kargen Felsenlandschaft lebenden Steinbock passen. Doch
mythologisch ist es unklar, wo dieses Wesen seinen Ursprung hat,
wohl weit in archaischen Zeiten, in der vorbabylonischen Kultur.

Der Steinbock ist ursprünglich hinten ein Fisch, ein Mischwesen,
das dem ihm gegenüberliegenden Krebsbild ähnlich ist, nämlich
ein Wassertier, das an Land geht. Eine Grenze wird überschritten.
In der Periode des Steinbocks liegt ja auch die Wintersonnenwende. Die Sonne hat ihren tiefsten Punkt erreicht und steigt nun wieder auf. Das Weltenkindheits-Geburtsfest geschieht im saturnischen, kalten, strukturierten Steinbock. Das zu härtestem Stein
gewordene Prinzip bietet die Wiege der Menschheit. Wenn man
sich in diesem Haus umschaut, entdeckt man aber schnell die kindlichen Kräfte im Fohlen. Es wurde aus dem fantasiebegabten Pegasus als Zukunftskeim heraus geboren. Darüber das wunderbare
Sternbild des Delfins, des spielerischen und kontaktfreudigen Was-
serwesens, das zwischen den Elementen Wasser und Luft spielt.
Der Sonnengott Apollo hat sich selbst einmal in einen Delfin verwandelt, um an die Küste zu kommen und seinen heiligen Orakel-
ort »Delphi« zu nennen. Es ist ja eigentlich der Sonnengott Apollo,
der zu Weihnachten geboren wird.

Über dem Delfin liegt der Schwan, der die Kinderseelen zur Geburt bringt. Dann ist noch ganz im Süden der Indianer zu sehen.
Auch hier wieder das Mischwesen einer alten saturnischen, mit der
Erde verbundenen Gestalt und zugleich einer zukünftigen spirituell
verpflichtenden Ökologie. Das Steinbockhaus lebt also von diesen
Polaritäten: Das alte Saturnische muss zerbrechen, damit grenz-
überschreitend etwas Neues entsteht. Dies kommt dann erst so
richtig im Zeichen Wassermann zur Geltung.

Das Tierkreishaus des Zeichens Steinbock.

Das Wassermannhaus

Das Sternbild Wassermann ist als Bild schwierig zu erkennen. Dennoch ist es in der Qualität und Bedeutung von besonderer Art. Der Wassermann lässt aus seinem Krug unerschöpflich das Wasser des Lebens fließen. Es fließt zum südlichen Fisch mit dem hellen Stern Fomalhaut. Vom Fischebild her schmiegt sich der westliche Fisch an den Wassermann, als wolle er auch noch vom Wasser profitieren. Darüber der auf dem Kopf stehende Pegasus, das geflügelte Pferd der Fantasie, das dem Rumpf der Medusa entsprungen ist – wie die anderen Gestalten am Himmel nur als Vorderkörper zu sehen. Das Pferd gehört mythologisch dem intuitiven Denken an. Es ist das aus der Herzregion inspirierende Denken.

Ganz oben im Norden steht auf dem Kopf der König Kepheus. Er ist der mitleidende König, der sich um seine Gattin Kassiopeia und seine Tochter Andromeda sorgt. Dieser gebende König gehört ins Wassermannhaus, weil er ebenfalls der Schenkende ist. Ihm gegenüber am Himmel befindet sich der König der Tiere, der Löwe. Unten neben dem südlichen Fisch ist der Bildhauer, ein ebenfalls kreatives Bild.

In diesem Haus herrscht Uranus. Er ist an der Schwelle der Französischen Revolution, der amerikanischen Unabhängigkeit und der industriellen Revolution entdeckt worden (1781). Freiheit, Gleichheit, Brüderlichkeit – die Worte, die später Rudolf Steiner in seiner Sozialehre neu aufgriff, sind ja eigentlich noch zukünftige Ideale. Sie gehören in das kommende Wassermannzeitalter. Der Frühlingspunkt wird in über dreihundert Jahren ins Sternbild Wassermann eintreten.

Diese uranische geistige Kraft will Ideale verwirklichen, das Alte aufbrechen, die intuitive Kraft verwirklichen, die der Individualisierung dient. Mit der Entdeckung des Uranus trat die Menschheit in die über die sieben klassischen Planetenprinzipien gehende transsaturnische Welt. Das Lebenswasser des Wassermanns gibt die Kraft zur Umwandlung, zur Transformation. Uranus ist die Personifikation des Himmels, und er zeugt mit der Erdenmutter jede Nacht, wenn wir schlafen, neue zukunftsträchtige Fähigkeiten.

Das Fischehaus

Das Sternbild Fische ist zweigeteilt: zwei Fische unter der Andromeda und dem Pegasus. Als würde sich dieses mit feinen Sternen zurückhaltende Bild den kräftigen Sternbildern anschmiegen. Die zwei Fische sind mit einer Schnur am Grenzpunkt zum Widder

Das Tierkreishaus des Zeichens Wassermann.

angebunden. Dieses nicht zu fassende, stets in sensibler Bewegung bleibende Wesen ist gefangen. Gefesselte Fische – es ist ein Rätsel und ein Widerspruch. Doch auch Andromeda ist an die Küste gefesselt und soll dem Meeresungeheuer geopfert werden. Dieser sogenannte Wal»fisch« ist unterhalb der Fische zu sehen, und zwar nur der westliche Teil. Dies bringt uns zur Jonas-Geschichte. Jonas, ungehorsam gegenüber Gott, wird vom Wal geschluckt und dann drei Tage später wieder ausgespuckt.

Dies ist ein Mysterienvorgang, der auf Christus weist: Er taucht bei seinem Tod am Karfreitag in die Unterwelt, um dann am Ostersonntag wiederaufstehen zu können. Ganz im Süden haben wir den sagenhaften Phönix. Auch er fliegt an den Nil nach Heliopolis, um sich auf dem Altar zu verbrennen und dann, schöner an Gestalt, wieder aufzusteigen.

Das Motiv im Fischehaus ist offensichtlich die Gestaltverwandlung wie beim Proteus aus der griechischen Sagenwelt. Dieses Fischwesen ist sensibel und ungreifbar, gefühlsbetont und ohne Abgrenzung: »Ich weiß nicht, wo ich aufhöre und wo der andere anfängt.« Dieses nach Vergeistigung und nach »Sichauflösen« strebende Wesen sucht sein Glück dort, wo es gerade nicht ist.

Neptun und seine Wasserwesen wohnen in diesem Haus. Es ist das Haus des Un- und Überbewussten. Es ist eben auch ein »Frauen-Haus«: Über der gefesselten Andromeda sitzt die trauernde Mutter Kassiopeia. Am Sternenhimmel ihr gegenüber ist die unbefleckte Jungfrau. Sie bildet das rationale Gegenbild zur fischhaften Kassiopeia, die ihre Tochter opfern muss, weil sie vor den Göttern mit ihrer Schönheit geprahlt hat.

Das Fischehaus ist das letzte im Tierkreis und wird oft auch das »Todeshaus« genannt. Allerdings ist hier der Tod mehr als ein mystischer Schlaf oder eben eine Opferung gemeint, um angesichts des Endes den Neuanfang zu finden. Erst wenn er durch dieses Haus geht, vermag der Mensch in dem Haus des Widders eine Neugeburt zu vollziehen. So hat es uns Christus vorgelebt, als die Frühlingssonne gerade an der Grenze zwischen den Fischen und dem Widder schien, dort, wo die Fische angebunden und zum christlichen Zeichen werden. Wo das Lamm Gottes seine Widderhörner nach hinten wendet und so aus der äußeren Kraft eine innere macht. Diese Grenzlinie wurde dann auch zur Zeitenwende für die Menschheit. Als der Frühlingspunkt auf dieser Linie war, waren die Tierkreisbilder und die Tierkreiszeichen noch zusammen.

Das Tierkreishaus des Zeichens Fische.

Doppelsterne, Novae, Sternhaufen, Milchstraßensystem, Andromedanebel und Schwarze Löcher

Schaut man mit einem Fernrohr oder Teleskop in den Sternenhimmel, so entdeckt man nicht nur Gruppen, die Sternbilder darstellen, sondern auch besondere Himmelsobjekte, die uns eine Ahnung von der wunderbaren Welt des Kosmos vermitteln. Nun will ich in diesem Buch keineswegs detaillierte astrophysische Erkenntnisse wiedergeben. Für dieses Gebiet gibt es genügend kompetente Fachliteratur. Der *Brockhaus Astronomie* zum Beispiel dokumentiert in wunderbarer Weise das aktuelle Wissen um die Sternenwelt, illustriert mit eindrucksvollen Bildern. Doch einige Phänomene sollen hier der Ganzheit wegen, die eine integrale Sternenkunde fordert, kurz beschrieben werden.

Der wohl populärste *Doppelstern* ist der mittlere Deichselstern des Großen Wagens, auf dem ein sogenanntes Reiterchen, »Alkor« genannt, zu sehen ist. Ein bekannter Veränderlicher ist Algol im Sternbild Perseus. Er wird auch als »Auge der Medusa« bezeichnet, weil er manchmal ganz hell erscheint und dann wieder unsichtbar wird.

Bei den Novae handelt es sich um Sterne, die – wenn wir sie mit bloßem Auge beobachten – aus dem scheinbaren Nichts entstehen, sehr hell werden können und dann wieder verschwinden. Die drei berühmtesten Supernovae erschienen in den Jahren 1054, 1572 und 1604. Die zwei letzteren wurden von Tycho Brahe (1572) und Johannes Kepler (1604) beschrieben. Diese Supernovae wurden heller als Venus und Jupiter. Überreste jener Sternexplosionen

Die Supernova 1987 A in der Großen Magellan'schen Wolke, links vor der Detonation, rechts danach.

Spiralgalaxien sehen wie Spiralen mit langen Armen aus, die sich zu einem hellen Kern im Zentrum hin winden.

kann man heute mit der Fernrohrtechnik noch als kleine Nebelflecken auffinden. Im Jahr 1987 explodierte eine Supernova in der Großen Magellan'schen Wolke.

Als möglicher Kandidat für eine zukünftige Supernova-Explosion ist Beteigeuze, der obere linke Stern im Orion. Er hat zwanzigfache Sonnenmasse. Doch erreicht uns sein Licht erst nach 430 Jahren! Vielleicht ist er schon explodiert, und die Lichtwelle rast auf uns zu.

Sternhaufen, zum Beispiel im Herakles ziemlich zusammengedrängt oder offener als Plejaden und Hyaden im Sternbild Stier, sind beeindruckende Objekte am Nachthimmel. Bei ihnen stellt sich die Frage, ob sie wirklich räumlich eine Gruppe bilden oder eben nur optisch so erscheinen. Aldebaran etwa ist viel näher als die Hyadensterne.

Eins der schönsten Phänomene ist die *Milchstraße*, die sich durch den ganzen Sternenhimmel zieht. Sie wird darum so genannt, weil sie die verschüttete Milch symbolisiert, die Hera beim Stillen des Herakles verlor. Daher kommt auch die Bezeichnung »Galaxis« (vom griechischen Wort *galaxías* für »Milchstraße«). Das Milchstraßensystem ist unsere kosmische Großheimat. Unser Sonnensystem ist nur ein kleiner Teil dieses Megasystems. Es hat eine wunderbare Spiralstruktur mit einem Zentrum. Die Vorstellung, wie unser Milchstraßensystem von außen aussieht, ist in den Darstellungen dokumentiert.

Außerhalb unseres Sonnensystems gibt es noch andere Galaxien wie zum Beispiel die Nachbargalaxie, den Andromedanebel.

Unsere heutige Vorstellung vom Querschnitt der Milchstraße. Die Sonne steht nicht im Zentrum, sondern etwa auf halbem Weg zum äußeren Rand.

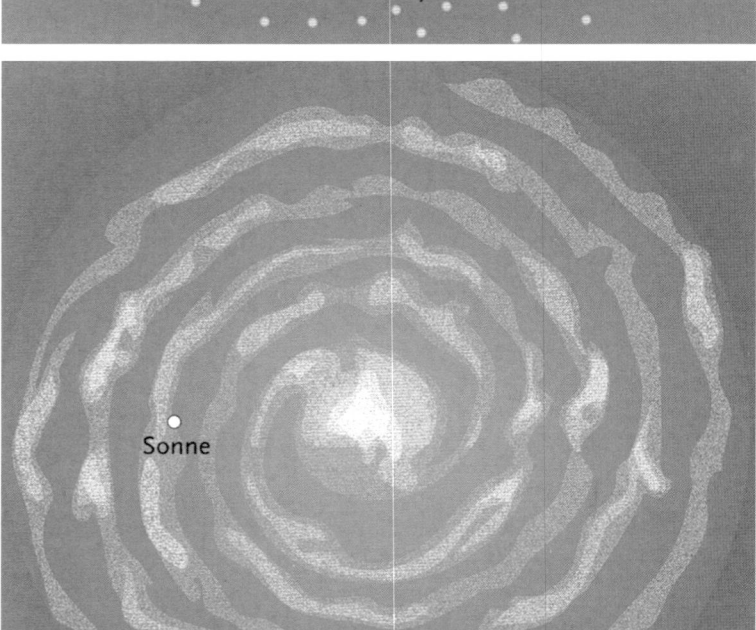

Könnte man senkrecht von weit außerhalb auf die Milchstraße blicken, so sähe man die spiralige Struktur unseres Sternsystems. Man beachte die Lage unserer Sonne in einem Spiralarm. Unser Sonnensystem ist zwischen dem Zentrum und der Peripherie zu orten.

Der Andromedanebel: eine Nachbargalaxie unserer Milchstraße.

Zwischen den Sternenobjekten ist sozusagen ein dunkles Nichts, ein Vakuum. Und doch befindet sich in diesen kosmischen Räumen, wenn auch unsäglich dünn, *Sternenmaterie* von vergangenen Sternen oder Material, aus dem zukünftige Sterne entstehen könnten. Es gibt ganze *Wolken* von feinster Materie als *Dunkelwolken*, die den Hintergrund verdecken oder als farbige Nebel den Himmel verzieren. Der Pferdekopfnebel aus interstellarem Staub, als Dunkelwolke identifiziert, bildet solch eine wunderbare Gestaltung.

Junge Sterne sollen sogar in einem sogenannten *Sternennest* entstehen, zum Beispiel im Orionnebel als Schwert am Gürtel des Orion, mit bloßem Auge sichtbar. Darin sind heiße blaue Sterne zu erkennen.

Der Pferdekopfnebel im Sternbild Orion, aufgenommen am
31. Januar 1998 in der Stern-
warte Welzheim (bei Stuttgart)
von Martin Gertz. Rot leuchten
die Wasserstoffwolken im inter-
stellaren Raum auf, während
der Staub als Dunkelwolke
(Pferdekopf und Umgebung)
sichtbar wird.

Wenn es offensichtlich Orte der Entstehung der Sterne gibt, so postuliert man heute das Ende des Lichts, der Materie, in den Schwarzen Löchern. *Schwarze Löcher*, die bisher nur vermutet werden, sind Materieverdichtungen gigantischen Ausmaßes: Die Sonne zum Beispiel müsste ihre Materie auf drei Kilometer Durchmesser zusammenschrumpfen, dann würde ihre Schwer- beziehungsweise Anziehungskraft so stark, dass sich das Licht nicht mehr ausdehnen und ausstrahlen könnte, sondern in diesen Materieschlund aufgesogen würde. Und dann würde die Sonne unsichtbar werden. Obwohl solche Objekte vorläufig eher gedacht als tatsächlich gefunden wurden, ist die Vorstellung doch bedenklich.

Ist dieses Konstrukt der Schwarzen Löcher nicht auch ein Bild unserer heutigen materialistisch geprägten Zeit, die alles verschlingt – zum Schluss auch noch das Licht, das Geistige? Die Wirkung derartiger Moloche spüren wir längst auch im sozialen Bereich. Es sind die gigantischen Weltkonzerne und die zunehmende Bürokratie, die alles, was geldwerte Materie ist, aber eben auch die ethischen Werte verschlucken.

Die Planeten

»Man muss wiederum dazu kommen, mit Hilfe einer Initiatonswissenschaft auch
in dasjenige einzudringen, was man Durchseelung und Durchgeistigung zunächst,
sagen wir, unseres Planetensystems nennen kann.«

Rudolf Steiner

Die Sonne und die neun Planeten

Die Sonne wird von neun Planeten umkreist, von denen einige selbst wiederum eigene Monde haben. Sie umkreisen die Sonne in immer längeren Zeitspannen ausgedrückt in Tagen (der Zeitdauer, in der die Erde sich einmal um die eigene Achse dreht) oder in Jahren (der Zeitdauer, in der die Erde die Sonne einmal umkreist).

Die Umlaufzeit der Planeten um die Sonne und des Monds um die Erde	
Merkur	87,969 Tage
Venus	224,7 Tage
Mars	1 Jahr und 321,73 Tage
Jupiter	11 Jahre und 314,9 Tage
Saturn	29 Jahre und 167,2 Tage
Uranus	84 Jahre und 4,8 Tage
Neptun	164 Jahre und 290,2 Tage
Pluto	248 Jahre und 157,1 Tage

Der Mond läuft in 27,32 Tagen einmal um die Erde.

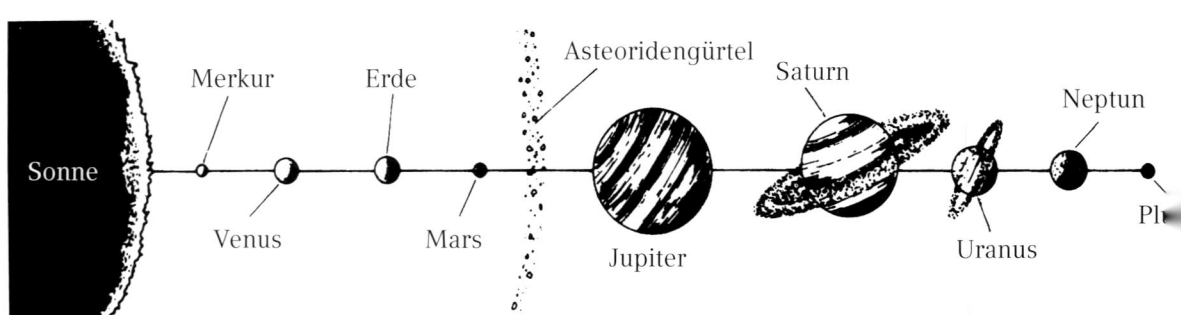

Die Größenverhältnisse der Planeten zueinander.

Die Distanzen zur Sonne sind gesetzmäßig. Schon der ausgezeichnete Mathematiker Johannes Kepler hat versucht, die Planetensphären in den Zusammenhang der platonischen Körper zu bringen. Er sah in der Schöpfung des Planetensystems eine göttliche Sphärenharmonie. Kepler vermutete zwischen Mars und Jupiter einen Asteroidengürtel.

Der deutsche Theologe Johann Daniel Titius (1729–1796) entdeckte 1766 eine mathematische Formel, die zeigt, dass die Planeten keinesfalls in einer zufälligen Distanz um die Sonne kreisen. Sie wurde von dem Astronomen Johann Elert Bode (1747–1826) veröffentlicht: $a = 0,4 + 0,3 \times 2n$. Dabei steht a für den mittleren Abstand, n für die Position des Planeten, zum Beispiel 1 für die Erde, 2 für den Mars und so weiter. In seiner Formel rechnet er mit einer Distanz in astronomischen Einheiten (AE) von zirka 150 Millionen Kilometern. Das ist die mittlere Entfernung der Erde von der Sonne (genauer: 149,6 Millionen Kilometer).

Die Titius-Bode-Reihe			
Planet	*Bode'sche Regel*	*Berechneter mittlerer Abstand a (in AE)*	*Beobachtete Distanz (in AE)*
Merkur	0,4 + 0,0	0,4	0,39
Venus	0,4 + 0,3	0,7	0,72
Erde	0,4 + 0,6	1,0	1,00
Mars	0,4 + 1,2	1,6	1,52
Asteroiden	0,4 + 2,4	2,8	2,1–3,5
Jupiter	0,4 + 4,8	5,2	5,2
Saturn	0,4 + 9,6	10,0	9,54
Uranus	0,4 + 19,2	19,6	19,8
Neptun	0,4 + 38,4	38,8	30,1
Pluto	0,4 + 76,8	77,2	39,5

Nur Pluto hält sich überhaupt nicht an das Gesetz. Schließlich ist er auch ein Gott der Unterwelt, ein Mephistopheles der griechischen Götterwelt, eine Art »Gegen-Zeus«. Auch dieses Element braucht die Schöpfung seit eh und je.

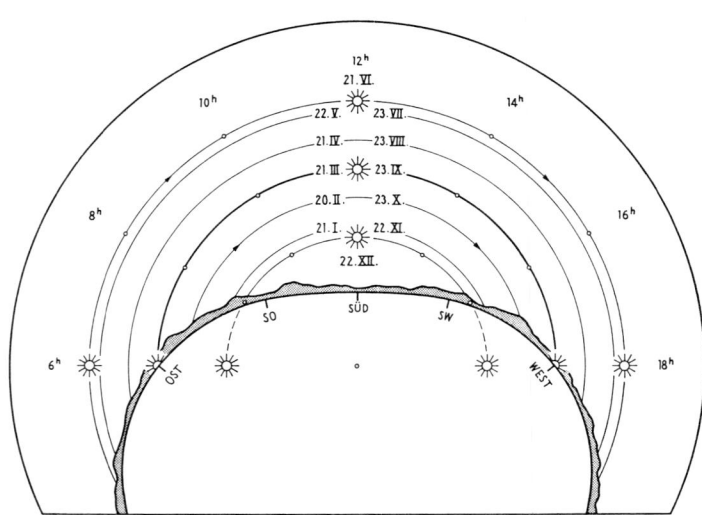

Das Steigen und Fallen:
Der Tagesbogen der Sonne.

Die Sonne

Unser Zentralgestirn ist bekanntermaßen die Grundlage aller Licht-, Wärme- und Lebensprozesse auf der Erde. Sie versammelt alle Planeten ihres Systems um sich – vom nächsten, Merkur, bis zum entferntesten, dem Exzentriker Pluto. Nach astrophysischen Erkenntnissen ist sie Teil einer Galaxie, wiederum Sonne unter Sonnen. Und doch spendet sie aus unserer Sicht vor allem der Erde all das, was wir Menschen benötigen, um Menschen zu sein: Leib, Seele und Geist.

Ihr Durchmesser ist mit rund 1,3 Millionen Kilometern unvorstellbar groß. Die Temperatur an ihrer Oberfläche beträgt über 6000 Grad Celsius. Die Sonnenfleckentätigkeit erreicht alle elf Jahre das Maximum und kann durch ein Fernrohr mit Filter beobachtet werden. Die erhöhte Tätigkeit der Sonnenflecken (Wirbelzonen) verursacht Tage später auf der Erde vermehrte elektromagnetische Aktivitäten, die sich unter anderem als Nordlichter zeigen.

Blutrot kann die Sonne im Osten aufgehen, ganz neu und jung. Die Ägypter nannten diese neue Morgensonne »Horus« (»Falke«). Dann steigt sie immer höher bis exakt auf den Meridian im Süden und erreicht dort ihren Kulminationspunkt. Diese Mittagssonne nannten die Ägypter »Re«. Dann senkt sie sich wieder gen Westen, erneut gelb bis orangerot gefärbt, entschwindet hinter dem Horizont, wobei sie den Himmel oft noch von Rot über Orange, Gelb, Grün, Hell- bis Dunkelblau koloriert.

Um Mitternacht befindet sie sich unter dem Nordhorizont. Die Ägypter nannten die Sonne in dieser Position »Osiris«. So steigt sie jeden Tag erneut im Osten auf, gegen Sommer immer etwas nord-

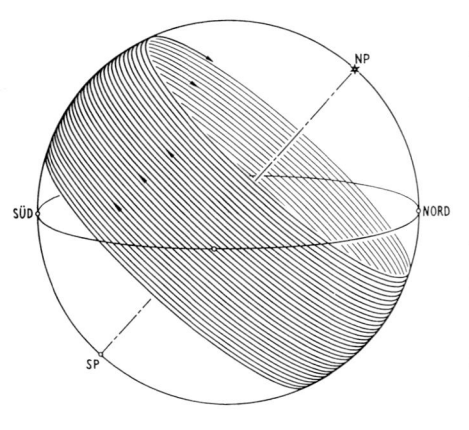

Die Spirale der Sonne im Jahres-
verlauf.

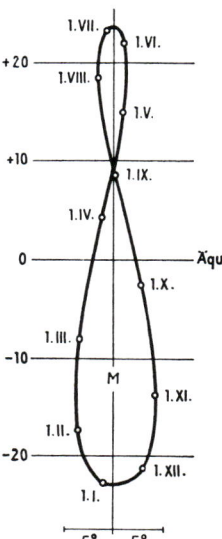

Eine Zeitgleichungskurve. Diese Lemniskate ist am Astrolabium sichtbar.

Fotografische Darstellung der Sonnenlemniskate auf einem einzigen Negativ, jeweils um 8.30 Uhr. Zeitlicher Abstand: ungefähr jede Woche ein Jahr lang.

östlicher, gegen Winter immer mehr südöstlich. Im Astrolabium können wir sehen, wie ihre Deklination zum Sommer hin stetig zunimmt. Sie steigt vom kürzesten Tag an Weihnachten immer höher hinauf, zuerst nur zögernd, dann im Frühling mit Riesenschritten gegen die Sommersonnenwende (21. Juni), dann verlangsamt sie sich wieder, einer steigenden Spirale gleich: etwa 180-mal kreisend, bis auf den Wendepunkt des Krebses, dann wieder sinkend bis zum kürzesten Tag.

Wenn man die Sonne am Meridian jeden Tag zur gleichen Zeit (zum Beispiel um 8.30 Uhr) fotografiert, kann man natürlich ihr Steigen gegen den Sommer und ihr Sinken gegen den Winter bemerken. Man würde aber auch feststellen, dass sie sich Anfang des Jahres jeden Tag verzögert, also sich verlangsamt und zurückbleibt. Dann, im März, aber beschleunigt sie sich wieder und erreicht im April den Meridian, gewinnt weiter an Geschwindigkeit und verlangsamt sich im Juni, aber im August beschleunigt sie sich erneut. Im November verlangsamt sie sich dann wieder. Aus diesen doppelten Bewegungsrichtungen, dem immer höheren Steigen und Sinken der Sonne und dem »Sichbeschleunigen und -verlangsamen«, resultiert die wunderbare Lemniskate, die am Astrolabium

Tycho ist einer der bedeutendsten Mondkrater.

sichtbar ist. Sie ist mathematisch darstellbar und kann auch fotografisch festgehalten werden.

Der Mond

Die erkaltete und erstarrte Oberfläche des Erdtrabanten, die uns nachts das Licht der Sonne reflektiert, zeugt von einer in Jahrmillionen umgestalteten Landschaft: Explosionsartige Einschläge zeitigten zum Beispiel wunderbare Krater, wie etwa den Tycho (benannt nach Tycho Brahe). Sein Durchmesser misst 85 Kilometer, und er ist 4,8 Kilometer tief.

Die Bahnneigung des Mondes ist gegenüber der Sonnenbahn um 5 Grad verschoben, sodass es bei Neumond nicht alle Monate zu einer Sonnenfinsternis kommt, sondern nur zweimal im Jahr, wenn der Neumond zugleich bei den Knotenpunkten ist, das heißt bei den Schnittpunkten beider Bahnen. Diese totale Sonnenfinsternis ist aber zum Beispiel in Europa sehr selten zu sehen. Jedoch die in zwei Wochen vorher oder nachher stattfindenden Mondfinsternisse sind jedes Jahr zu beobachten.

Der Mondrhythmus hat einen Einfluss auf die Flut beziehungsweise Gegenflut der Meere. Die »Gezeitenfahrpläne«, zum Beispiel am Ärmelkanal, laufen parallel zu den Mondrhythmen.

Das Verhältnis des Mondes zur Sonne liegt auch der Osterregel zugrunde: Zuerst muss die Tagundnachtgleiche der Sonne stattfinden, dann muss es Vollmond geben, und der darauf folgende Sonntag ist Ostern. So kann Ostern zuweilen sehr früh sein: Bei Vollmond am Samstag, einem 21. März, nach dem Äquinoktium ist am 22. März schon Ostern. Oder der Vollmond ist gerade am Tag vor der Tagundnachtgleiche, jetzt dauert es 29,5 Tage bis zum nächsten Vollmond. Ostern fällt frühestens auf den 22. März, spätestens auf den 25. April. Man wollte diesen beweglichen Zeitpunkt im Jahresablauf festlegen, doch glücklicherweise herrschen hier noch kosmische Gesetze.

Im Sommer sind die Vollmonde in den kurzen Nächten tief, im Winter hoch. Den während vierzehn Tagen aufsteigenden sowie an vierzehn Tagen absteigenden Mond kann man im Astrolabium gut beobachten.

Er durchwandert monatlich den Tierkreis, der täglichen Bewegungsrichtung der Sterne entgegen, und begegnet während eines siderischen Rhythmus (27 Tage) allen Tierkreisbildern und Planeten. Er verbindet in lebendiger Weise alle Gestirne in einer stets wechselnden Lichtgestalt (Voll-, Halb- und Leermond).

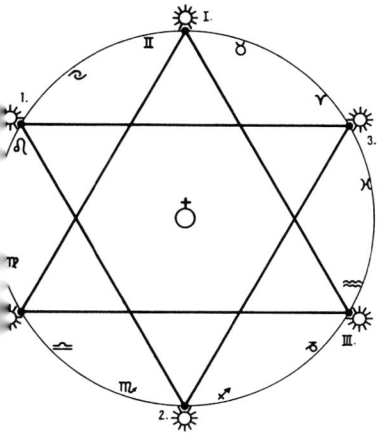

Sechsstern der wichtigsten Merkurstellungen während eines Jahres.

Merkur

Merkur ist helio- und geozentrisch gesehen der Sonne am nächsten. Er ist sehr schlecht zu beobachten, im Jahr nur etwa fünf- bis achtzehn Stunden, da er sich immer in der Nähe der Sonne befindet und sich, von der Erde aus gesehen, um höchstens 27 Grad von ihr entfernen kann. Er ist wie ein Hund an der Leine, stets vor oder hinter der Sonne laufend, während sie durch den Tierkreis schreitet.

Er ist neben dem Pluto der kleinste Planet. Sein Durchmesser zählt nur 4800 Kilometer, seine Oberfläche ist, ähnlich der des Mondes, durch wilde Krater geformt, zeigt aber große Grabenbrüche, vielleicht als Folge früherer Schrumpfungszustände. An der Sonnenseite ist er bis zu 400 Grad Celsius heiß; an der sonnenabgewandten Seite erkaltet er bis auf minus 200 Grad Celsius. Seine Umlaufzeit um die Sonne dauert 88 Tage. Seine Rotation um die eigene Achse ist sehr langsam und beträgt 59 Tage. Etwa alle zwei Monate kommt er in eine Konjunktion mit der Sonne, entweder in eine obere hinten oder in eine untere vorne. Diese Sternorte der Konjunktionen, miteinander verbunden, ergeben einen wunderbaren Sechsstern auf dem Tierkreis.

In der Mythologie ist Hermes/Merkur Sohn des Zeus und der Nymphe Maia. Er ist der listige, erfindungsreiche »Götterbote« mit den Flügelschuhen, der die neugeborenen Kinder auf die Erde holt und die Verstorbenen in den Hades, das Totenreich, begleitet.

Venus

Venus, Morgen- und Abendstern in schönster Weise, ist nach Sonne und Mond mit ihrem höchsten Glanz das hellste Gestirn. Mit einem Durchmesser von zirka 12000 Kilometern ist sie etwa gleich groß wie die Erde. Absolut extravagant dreht sich die Venus, im Gegensatz zu allen sonstigen Planeten, in der Gegenrichtung ihrer Umlaufbahn um die Sonne (retrograde Rotation um sich selbst: 243 Tage).

Venus zeigt sich stets umhüllt von einem Schleier, was früher zu allerlei Spekulationen führte – wie ihr Leib denn wohl aussähe? Moderne Forschungen ergaben weniger romantische Fakten: Der Wolkenschleier besteht aus einer Kohlendioxidatmosphäre, die mit Schwefeltröpfchen getränkt ist. Der Luftdruck an der Oberfläche ist neunzigmal stärker als auf der Erde, und es herrschen dort Temperaturen von 500 Grad Celsius.

Ihr Umlauf um die Sonne dauert 224,7 Tage. Als Abend- oder Morgenstern kann sie maximal 48 Grad hinter oder vor dem Zentralgestirn ihren kosmischen Reigen schreiten. Wie eine Tänzerin begleitet sie die Sonne durch den Tierkreis – einmal hinter, dann wieder vor ihr. Dazwischen kommt es zu einer oberen hinteren und zu einer unteren vorderen Konjunktion. Dieser synodische Rhythmus verläuft zwischen der oberen hinteren Konjunktion zur größten östlichen Elongation (als Abendstern) und zum größten Glanz; dann zur unteren vorderen Konjunktion und wieder zum größten Glanz (als Morgenstern) zur größten westlichen Elongation und wieder zur oberen hinteren Konjunktion. Dies dauert 584 Tage.

Venus ist in der griechischen Mythologie Aphrodite, die Göttin der Liebe und der Anmut. Sie war die erzeugende Göttin, die Vereinigerin der liebenden Paare, die Vollbringerin der Hochzeit, die Beschützerin der Ehe und für die Kinder die segnende Mutter. Oft galt sie auch als Vertreterin der Sinneslust.

Phasen- und Größenwechsel der Venus bei einem Umlauf um die Sonne. Venus wandert von der Erde aus gesehen im Gegenuhrzeigersinn um die Sonne.

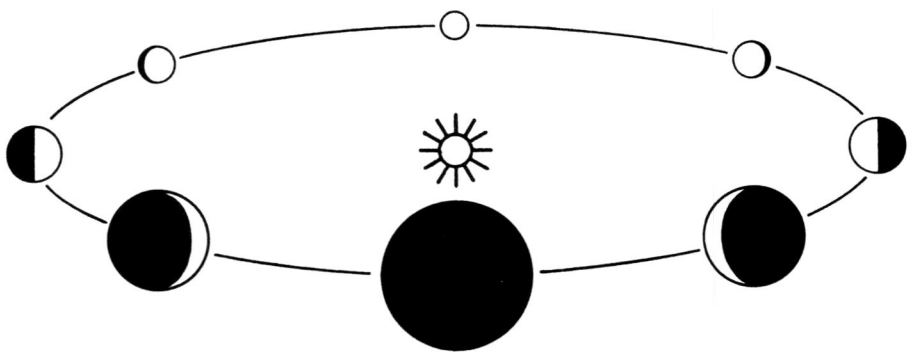

Die Erde

Unser Heimatplanet gibt allen Pflanzen, Tieren und Menschen eine einzigartige Existenz. Obwohl man mit viel Aufwand Planeten auch außerhalb unseres Sonnensystems sucht, die nur annähernd Voraussetzungen für ein Leben ermöglichen, hat man noch keine gefunden, die die Erdbedingungen erfüllen würden. Mit ihrem Durchmesser von 13 000 Kilometern ist die Erde etwa so groß wie ihre Schwester Venus.

Übrigens sind Erde, Venus und Sonne in der deutschen Sprache von weiblichem grammatischem Geschlecht, während alle anderen Sonnentrabanten männliche Artikel haben. In der französischen Sprache zum Beispiel ist der Mond *(la lune)* hingegen feminin, dafür die Sonne *(le soleil)* maskulin. Mit ihrer außerordent-

Unser blauer Planet, die Erde.

lich komplexen Atmosphäre zeigt die Erde ihre Lebendigkeit im Gasaustausch. Die Erde ist zunächst ein Wasserplanet und somit die Grundlage allen Lebens; siebzig Prozent der Erdoberfläche ist mit Wasser bedeckt. Der Regen, der Wind und die Hitze bearbeiten die Kontinente in zum Teil gewaltigen Erosionsprozessen. Dass die Erde auch in ihrem Inneren noch lebendig ist, zeigen zahlreiche Erdbeben, die die Spannungen zwischen den Kontinentalplatten entladen.

Der Mond beeinflusst mit seinen Rhythmen die Lebensprozesse der Erde. Die gewaltigsten Einwirkungen sind wohl Flut und Gegenflut, die einmal in etwa vierzehn Stunden um die Erde wandern. Die tägliche Luftdruckwelle mit ihrem Maximum um 9.00 und 21.00 Uhr ist noch wenig erforscht, zeigt aber, dass die Erde auch einen Atmungsrhythmus hat. Der jahreszeitliche Rhythmus der Erde ergibt sich durch die Neigung der Erdachse um 23,5 Grad. Dadurch sind die Jahreszeiten auf der nördlichen und südlichen Halbkugel bedingt.

Die ersten Astronauten, die die Erde vom Weltall aus bestaunen konnten, waren entzückt von unserem blauen Planeten, um den sich zwischen Tag- und Nachtseite ein Regenbogen der Morgen- und Abenddämmerung zeigt. Wenn dann noch die Vorstellung dazukommt, dass überall bei der Morgen- und Abenddämmerung die Vögel vermehrt singen, dann kennt das Staunen über die künstlerische Schönheit unseres Planeten keine Grenzen.

In der Sternenkunde ist es sinnvoll, dass die Sonne – obschon sie das existenzielle Hauptgestirn ist, aber in der Astrologie zu den Planeten zählt – geozentrisch betrachtet wird. Die Erde als Mittelpunkt des Universums zu sehen ist trotz allen Wissens und aller Weltraumsonden aus dieser Sicht weiterhin notwendig.

In der griechischen Mythologie ist das Wesen der Erde Gaia, eine der ältesten Göttinnen, als »Mutter Erde« verstanden. Oder auch Demeter, ursprünglich der Name der weiblichen Urkraft, der Leben erzeugenden und tragenden Erde. Der Begriff »Materie« stammt vom lateinischen Wort *mater* (»Mutter«). Die Urmutter allen christlichen Lebens ist Maria. So erhält die Erde eine Würde, für die wir Sorge tragen müssen, wie eben für alle unsere Mütter, die uns geboren haben.

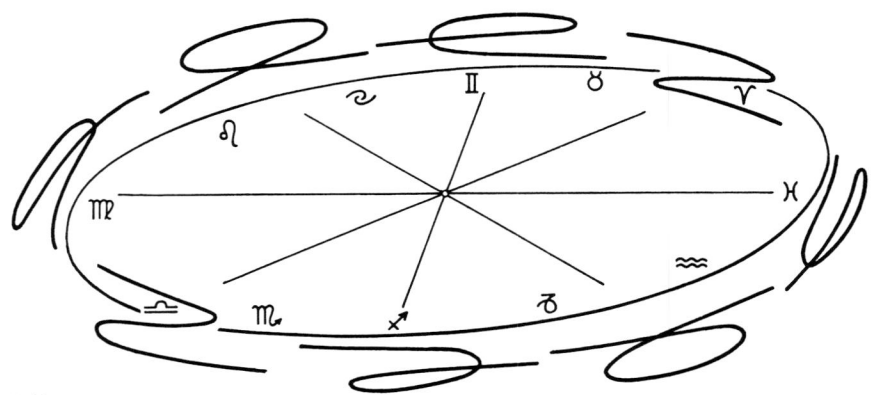

Formenreihe der Marsschleifen
im Tierkreis, perspektivisch und
halbschematisch.

Mars

Mars ist der erste Planet außerhalb der heliozentrischen Bahn der
Erde. Er umkreist im Sonnensystem die Erdbahn, wie es Venus innerhalb der Erdsphäre tut. So wird die Erde auf ihrer Umlaufbahn
außen von dem rot glühenden nackten Mars und innen von der ver-
hüllten Venus begleitet. Mars, der halb so groß ist wie die Erde,
zeigt seine Oberfläche und hat erdenähnliche, gefrorene Polkap-
pen. Riesige Canyons lassen darauf schließen, dass auf dem Mars
einmal große Wassermassen gewirkt haben. Seine relativ dünne,
aus Kohlendioxid bestehende Atmosphäre verursacht zuweilen
Sandstürme und Gewitter. Viel Wasser ist in gefrorenem Zustand
gebunden.

Mars wird von zwei relativ kleinen Planeten namens »Phobos«
(was im Altgriechischen »Furcht« heißt) und »Deimos« (»Panik«)
mit 15 und 20 Kilometern Durchmesser umkreist. Ihre Umlaufzeiten dauern nur wenige Stunden. Mars braucht 687 Tage, um
einmal um die Sonne zu wandern. Von einer Opposition zur Sonne
bis zur nächsten dauert es etwa zwei Jahre und fünfzig Tage, doch
sind diese Zeitspannen großen Schwankungen unterworfen.

In der Opposition kann Mars wunderbar rotorange leuchten
und er ist dann fast so hell wie Venus. Er ist in seiner Lichtintensi-
tät, aber auch in seiner Bewegungsgeschwindigkeit sehr schwan-
kend. Seine Schleifenbildung entsteht immer in Opposition zur
Sonne. Diese Schleifen sind das Resultat der komplizierten gleich
zeitigen Erd- und Marsbewegung, vergleichbar etwa mit dem Phä
nomen zweier Züge, die nebeneinander fahren, der eine jedoch
langsamer, weswegen er sich scheinbar zurückbewegt.

Ares beziehungsweise Mars galt im Altertum als Kriegsgott, aber auch als Erzeuger des Wachstums, als Beschützer der Felder und Herden. Im Namen des Monats März zeigt sich Mars auch als Herr des Widderzeichens, der in die sprießende Natur wirkt. In der griechischen Antike war er der gefürchtete Kriegsgott, aber auch Geliebter Aphrodites/Venus', die ihren Mann Hephaistos verschmähte und mit Mars unter anderem Eros und Harmonia zeugte.

Die Asteroiden

Nach dem Titius-Bode-Gesetz ist zwischen Mars und Jupiter eine Lücke; dies hat auch Johannes Kepler festgestellt. Nun entdeckte der sizilianische Astronom Giuseppe Piazzi am 1. Januar 1801 in dieser Lücke den Asteroiden mit einem Durchmesser von 940 Kilometern, den er »Ceres« nannte. Dann wurden weitere kleinere entdeckt, zum Beispiel Pallas, Juno und Vesta, und seither sind etwa viertausend Asteroiden bekannt. Diese kleinen und kleinsten Himmelskörper stammen möglicherweise aus der Zersplitterung eines Urplaneten.

Außerhalb dieses Gürtels wurden noch andere Asteroiden entdeckt, zum Beispiel Chiron: Er hat eine sehr exzentrische Bahn, läuft tief in die Saturnsphäre hinein und greift fast zur Uranusbahn hinaus, als möchte er die beiden Planeten verbinden. Er hat einen Durchmesser von 220 Kilometern und eine Umlaufzeit von etwa fünfzig Jahren. Mythologisch gesehen, ist Chiron als Kentaur ein Halbgott, ein Heiler.

Der Asteroidengürtel: Etwa neunzig Prozent dieser planetenartigen Himmelskörper von unregelmäßiger Gestalt haben einen Durchmesser von weniger als sechzig Kilometern.

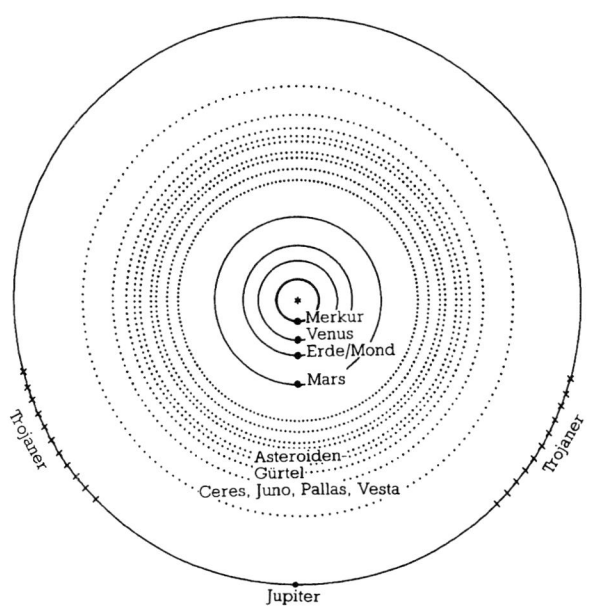

Jupiter zählt zu den »Gasplaneten« und hat keine sichtbare feste Oberfläche.

Jupiter

Jupiter ist mit seinem Äquatordurchmesser von etwa 143 000 Kilometern der größte Planet unseres Sonnensystems. Er besteht, ebenso wie das Zentralgestirn, vor allem aus Wasserstoff und Helium. Man sieht wie bei der Venus nicht direkt seine Oberfläche, sondern sich jagende und wirbelnde Wolken, die den sich in zehn Stunden um die Achse drehenden Gasplaneten strukturieren und Wirbelstürme provozieren.

Bis jetzt hat man über sechzig Jupitermonde gefunden, die zum Teil so groß sind wie der Erdtrabant. Auf einem sind acht aktive Vulkane entdeckt worden. Jupiter gilt als die »kleine Sonne« – wie man den Jupitertag, den Donnerstag, auch den »kleinen Sonntag« nennt. Jupiter wandert während zwölf Jahren um die Sonne durch den Tierkreis und verweilt während eines Jahres in einem Tierkreisbild. Seine Schleifenbildung beeindruckt durch ihre Symmetrie und Ordnung.

Der römische Jupiter entspricht dem griechischen Göttervater Zeus. Aus seinem Kopf ist die Göttin Athene geboren. Dies war also eine »Kopfgeburt« – der Beginn des patriarchalischen Zeitalters! Er teilte mit seinen Brüdern die Herrschaftsgebiete, indem er Pluto/Hades das Totenreich zuwies, Poseidon/Neptun das Meer und sich selbst den Himmel und zugleich die Erde. Der Olymp diente ihm als Residenz. Er war der Wolkensammler, Regenspender, Donnerer und Schleuderer der Blitze – wie sein germanischer »Kollege« Thor. Er galt als weise und gerecht, von sozialem Empfinden, stand für Ethik und Glück.

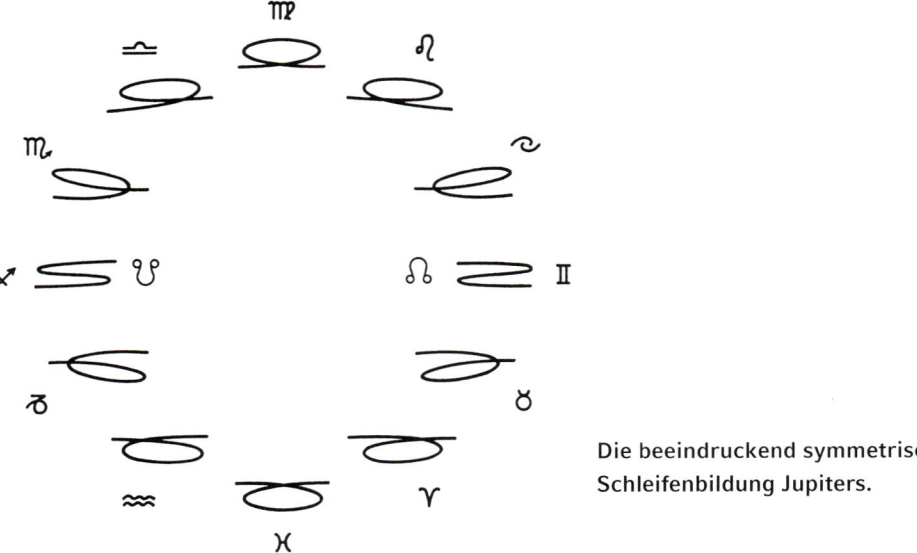

Die beeindruckend symmetrische Schleifenbildung Jupiters.

Saturn

Saturn, der nach Jupiter größte Planet im heliozentrischen System.

Saturn ist der zweitgrößte Planet unseres Sonnensystems. Er ist nur wenig kleiner als Jupiter, aber »geschmückt« mit einem wunderbaren Ring, seinem markanten Zeichen. Er ist ein kalter Gasplanet; auf seiner Oberfläche herrschen Temperaturen von minus 160 Grad Celsius. Mit 120 000 Kilometern Durchmesser und einem Ringsystem von 280 000 Kilometern Durchmesser ist er einer der faszinierendsten Planeten. Er bedeckt sich ebenfalls mit einem Dunstschleier. Das Ringsystem besteht aus verschiedenen Sphären. Sie setzen sich ähnlich wie bei den Kometen aus Gesteins- und Eisbrocken zusammen. Saturn hat mindestens 47 Monde, sie sind wie Schneebälle mit Gestein vermischt, und ihr Durchmesser schwankt zwischen 150 und 1500 Kilometern.

Saturn ist das gleich wichtige »Pendant« Jupiters. Während er etwa dreißig Jahre braucht, um durch den Tierkreis zu wandern, trifft er Jupiter alle zwanzig Jahre zu einer königlichen Konjunktion. Diese Konjunktion soll auch das Phänomen des Sterns von Bethlehem erklären (sechs Jahre vor Christi Geburt). Saturn ist der Same, Jupiter ist die Frucht. Saturn wurde in der mittelalterlichen Astrologie als »das große Unglück«, der »Schnitter« und »Knochenmann« bezeichnet, der den Menschen ins Totenreich holt, während Jupiter als »das große Glück« galt. Saturn ist der griechische Kronos, der Schwellenhüter, der den Menschen in die Krise bringt, damit er sich selbst findet. Jakob Böhmes Weisheit »Wer nicht stirbt, bevor er stirbt, verdirbt, wenn er stirbt« beschreibt, dass nicht zu wachsen vermag, wer nicht durch den Todesprozess des Leidens gegangen ist.

Uranus

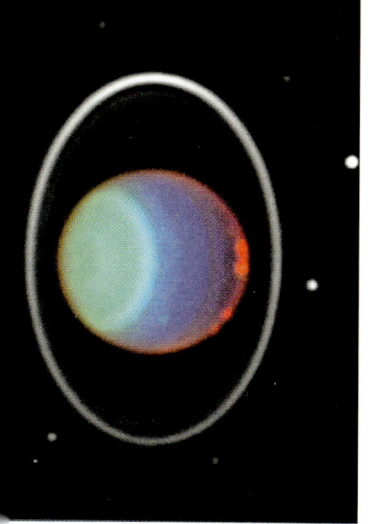

Uranus: Atmosphäre mit Wolken und Dunst. Ringsystem mit acht Monden.

Uranus ist für gute Augen gerade noch sichtbar. Er wurde im Jahr 1781 von dem deutsch-englischen Astronomen William Herschel (1738–1822) entdeckt. Im Fernrohr zeigt sich Uranus grünlich bis bläulich. Er braucht 84 Jahre, um durch den Tierkreis zu wandern. Er hat einen Durchmesser von 51 000 Kilometern, ist viermal so groß wie die Erde. Auch er scheint von einer Wolkenatmosphäre umgeben zu sein. Im Jahr 1977 entdeckte man um Uranus ein Ringsystem und über 27 Monde.

Uranus ist der erste Planet außerhalb von Saturn und wird deshalb als »transsaturnisch« bezeichnet. Das Wort »Uranus« bedeutet

Neptun ist fast so groß wie
Uranus.

»Himmel«. Dieser an der Wiege der Französischen Revolution
entdeckte Planet gilt als Kraft der geistigen Umwälzungen. Er verkörpert unter anderem das Prinzip des Plötzlichen, Originellen, Ge-
nialen, Neuen.

Neptun

Neptun ist 1846 aufgrund der Störungen des Uranusumlaufs zunächst als Ort, dann auch als Objekt entdeckt worden. Neptun ist
fast so groß wie Uranus (Durchmesser: 44600 Kilometer), scheint
blau und grünlich und hat auch ein Ringsystem. Zudem sind bis
jetzt dreizehn Monde entdeckt worden. Seine physikalische Be-
schaffenheit, so weit man das heute schon weiß, ist ähnlich dem
Uranus und dem Jupiter. Auch hat er einen blauen Fleck, wie Jupiter einen orangefarbenen Wirbel hat. Seine Umlaufzeit beträgt
165 Jahre.

Neptun ist der griechische Poseidon. Man hat ihn deshalb auch
dem wässrigen Zeichen Fische zugeordnet. Neptun steht für das
Prinzip der Empfänglichkeit, Sensibilität und Inspiration.

Pluto

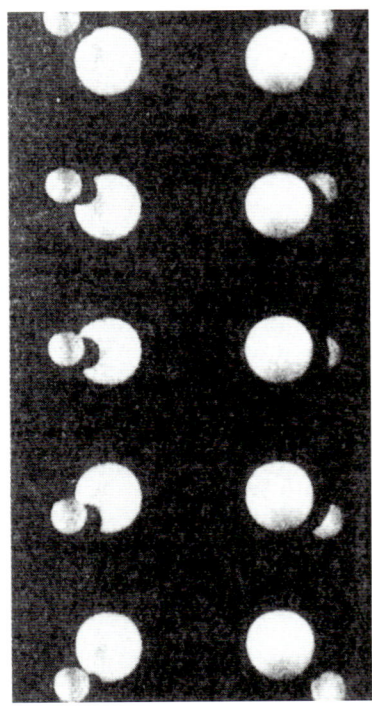

Der »Kleinstplanet« Pluto und
sein Mond Charon werden
auch als »Doppelplanetensystem
Pluto-Charon« bezeichnet.

Pluto wurde 1930, kurz vor der Machtergreifung Hitlers, aufgrund
der Bahnstörungen von Uranus und Neptun entdeckt. Mit ihm hat
man den Fürsten der Hel, der Hölle, assoziiert. Kollektivmacht
Masse, Massensuggestion, Deportationen, Dramatik und Tragik
werden ihm als astrologische Prinzipien zugeordnet. Doch gilt er
auch für höchstpotenzielle mentale Kernkraft, Kernkraft des Selbst
Atomkernkraft (Hiroshima) und Transmutation.

Pluto ist der Exzentriker und der kleinste Planet. Seine Umlaufbahn ist von allen am stärksten elliptisch. Sie führt um die Sonne
hinein in die Sphäre von Neptun und dauert 250 Jahre. Pluto ist eigentlich ein »Doppelstern« mit seinem Mond, der halb so groß ist
und einen Durchmesser von 1100 Kilometern hat. Im Sommer 2006
wurde Pluto von internationalen Astronomiegremien der Planeten-
charakter abgesprochen.

Kometen, Sternschnuppen, Meteoriten

»Warum sollte ich nicht so oft wiederkommen, als ich neue Kenntnisse, neue Fertigkeiten
zu erlangen geschickt bin? Bringe ich auf einmal so viel weg, dass es der Mühe wieder-
zukommen etwa nicht lohnet?«

Gotthold Ephraim Lessing

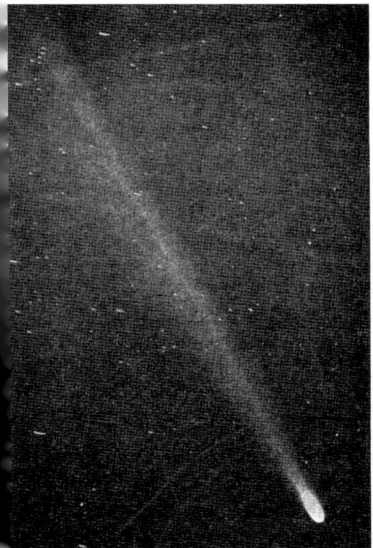

Der Halley'sche Komet am 4. Mai
1911.

Schweifloser Komet in den
Plejaden im Jahr 684 n. Chr.
Halley'scher Komet?

Während die Fixsterne gewissermaßen den festgefügten Leib des Firmaments bilden, auf dem sich die Planeten jeden Tag neu zeigen, sind die Kometen, die dritte Dimension des Sternenhimmels, diese »Vagabunden« oder »Freiheitshelden des Himmels«, kaum rational erfassbar. Sie haben etwas Unerforschtes, Unberechenbares, Plötzliches und zum Teil Unlogisches in sich. Sie sind Sendboten des Alls; sind zunächst unsichtbar, doch dann, plötzlich, scheinen sie sich zu inkarnieren, zuerst als ein kleiner Nebelfleck, und nehmen an Gestalt zu, je näher sie der Sonne zustreben. Ihre teilweise riesigen Schweife von der Sonne abgekehrt, erreichen sie das Perihel (ihren sonnennächsten Punkt) und verschwinden dann wieder ins Unsichtbare. Einige kommen nach ein paar Jahren wieder, andere nach 33 Jahren – der berühmteste Halley'sche Komet nach 76 Jahren (seit Jahrtausenden relativ regelmäßig), bis er 1986 doch nicht mehr wiederkam. Es gab auch Kometen, die nur ein einziges Mal erschienen sind.

War das letzte Jahrhundert außerordentlich arm an sichtbaren Kometen (es gibt Tausende, die man mit bloßem Auge nicht sehen kann), so wurde die Zeit um die Wende zum neuen Jahrtausend in dieser Hinsicht wieder ergiebiger. Nach dem gut sichtbaren Hiakutake im März 1996 wurde der Hale-Bopp im März 1997 zur Attraktion. Ich konnte ihn in Ins und Riga am Nachthimmel beobachten. Am 1. April 1997 erreichte Hale-Bopp die Sonnennähe und war kurz nicht zu sehen, dann trat er wieder die Reise weg von der Sonne außerhalb des Sonnensystems an (55 Milliarden Kilometer). Gemäß den Berechnungen kommt er in 2500 Jahren wieder. Dies sind natürlich alles nur Spekulationen, denn es gehört zur Kometenwissenschaft, dass erst das tatsächliche Wiederkommen eines Himmelsobjektes allfällig die Theorie bestätigt.[1]

Das Faszinierende ist nun, dass sich die Wege von Hiakutake (1996) und Hale-Bopp (1997) auf den Tag genau ein Jahr später im April scheinbar kreuzten. Ihr Kreuzungspunkt war das Sternbild

---

1 Die folgende Zusammenfassung zu den Kometen basiert auf den Berichten der Wochenzeitschrift *Das Goetheanum* 4/2001, 15/2001, 25/2001, 47/2001, 1–2/2002, 14–15/2002. Die Autoren sind Hartmut Ramus und Wolfgang Held.

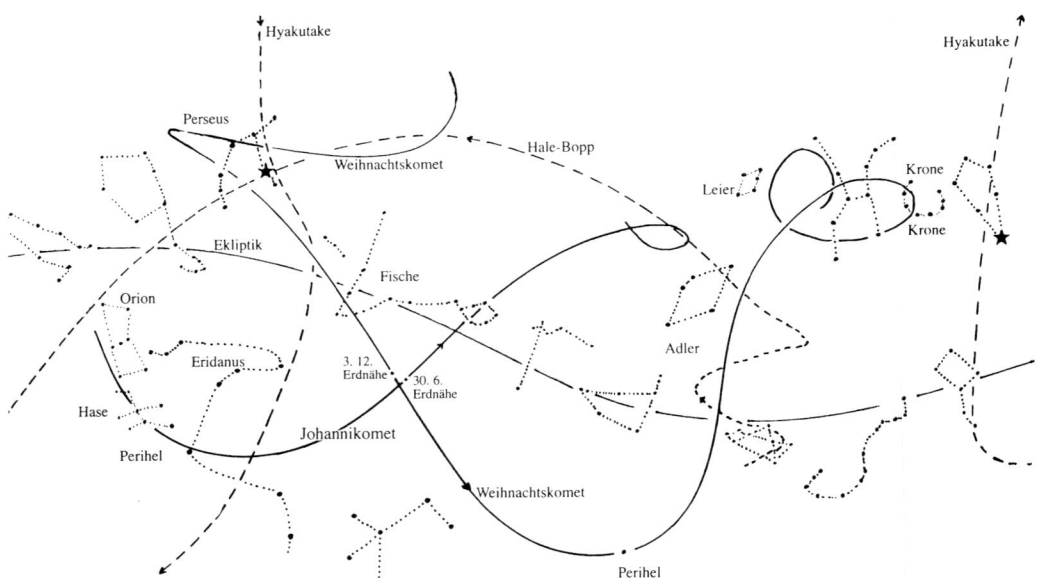

Kometenbahnen als zu interpretierende Himmelsschrift.

Perseus, und zwar nahe dem Wechselstern Algol, dem Auge der Medusa. Was bedeutet die Sternenschrift in diesem mythologisch sehr ausdruckträchtigen Bild? Weil Perseus das magische Wesen Medusa besiegte, wird er mit dem Sonnenheld Michael verglichen, der den Drachen bezwingt. Nun, um diese Sternengestik noch zu verstärken, umwandert der sogenannte Weihnachtsplanet (CI Linear – 2000 WM 1), vom nördlichen Sternenhimmel kommend, den Kreuzungspunkt Algol im Perseus und läuft dann nördlich vom Phönix vorbei, um dann wieder in den Norden zu steigen und den Herakles herzförmig zu umarmen. Dann wird er unsichtbar.

Was hat dieser Sendbote zu sagen? Bereits am 3. Januar 2001 ist wieder ein Komet entdeckt worden, der sogenannte Johanni-Komet (CI Linear – 2001 A 2). Seine Helligkeit nimmt stark zu, was mit der außerordentlichen Sonnenfleckentätigkeit in Zusammenhang gebracht wird. Es war überraschend, dass der Komet in drei Teile zerbrach und sich so auch noch nach dem Sonnendurchgang (Perihel) zeigte. Am 21. Juni 2001 befand er sich in Erdnähe. Ein halbes Jahr später durchwanderte der Weihnachtskomet denselben Ort (Kreuzungspunkt): zuerst der Johanni-Komet unterhalb des Christus-Sternbilds Fische an Johanni am Kreuzungspunkt, dann am 5. Dezember 2001 der Weihnachtskomet. Auch Johannes der Täufer ging Jesus ein halbes Jahr voraus!

Diese kleine Auswahl soll genügen, um exemplarisch die sichtbaren Kometen um die Jahrtausendwende zu beschreiben. Die Kometen stellen mehr Fragen, als man in Hinblick auf das Phänomen Antworten geben kann.

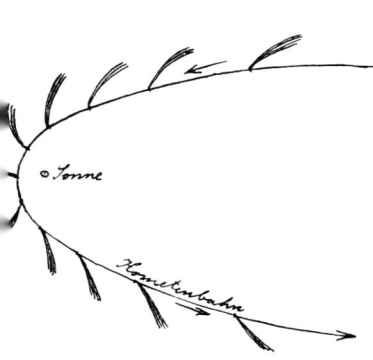

Die Kometenschweife sind stets von der Sonne abgewendet.

Der Halley'sche Komet im Jahr 1066. Nach einer zeitgenössischen Darstellung auf einem Wandbehang.

Sternschnuppen und Meteoriten sind sozusagen die kleinen und kleinsten Kinder der Kometen. Jeder hat schon in der Nacht diese plötzlichen Erscheinungen gesehen. Zuweilen als feinste, helle Lichtspuren, aber auch als explosive Feuerwerke über den ganzen Himmel hinfliegend. So gibt es unter den Sternschnuppen Einzelgänger ohne jegliche Gesetzmäßigkeiten, aber dann auch Gruppen von Meteoriten, die sich sogar an gewisse Daten und Herkunftsorte halten: Die bekanntesten sind die Leoniden, die aus dem Löwenkopf kommen, die Persiden aus dem Schwertknauf des Perseus und die Geminiden, die aus den Zwillingen hervorschießen. Doch es gibt auch die Aquariden, die Lyriden, die Capricorniden, die Cyriden, die Orioniden und so weiter. Sie werden zum Beispiel im Dornacher Sternkalender exakt beschrieben. Der Ursprungskomet der Leonidenschwärme ist der P/Temple-Tuttle-Komet. Er kommt alle 33 Jahre zur Sonne und hinterlässt Staubpartikel.

So sind Meteoritenschwärme die Abkömmlinge von Kometen. Wenn die Substanzen der Kometenköpfe noch als schmutzige Schneebälle beschrieben werden und kohlensäurehaltig und Zyan verdampfend als wenig materialisiert gelten, so ergießen sich ihre Schweife oft über den ganzen Himmel und bestehen aus fast nichts. Es sind vielmehr Lichtwirkungen der Sonne, die den Schweif zum Leuchten bringen. Lange Schweife können nie allzu materiell sein, denn in der Sonnennähe schwenken Kometen sie mit hoher Geschwindigkeit eher im Sinne eines Scheinwerferlichts.

Man vermutet heute, dass die Kometen von außerhalb der Plutobahn kommen und sich erst auf der Bahn zur Sonne (etwa an der Marssphäre) materialisieren und sichtbar werden. Die Einschläge der Meteoriten bringen der Erde jährlich viele tausend Tonnen Eisensubstanz. Der Mensch braucht auch Eisen in seinem Blut für seine Ich-Entwicklung. Die Wissenschaft interessiert sich für die Kometen, da sie offensichtlich in ihrer Art aufzeigen, wie frühe planetarische Zustände des Kosmos ausgesehen haben könnten. Saturn mit seinen Ringen besteht aus ähnlicher Kometensubstanz, so auch Uranus und Neptun.

Oft sind die Kometen als »Zuchtruten« Gottes empfunden worden. Rudolf Steiner weist darauf hin, dass die Kometen wie klärende Gewitter den Kosmos durchziehen und ihn reinigen.

Kometen sind wie Menschen: Sie kommen aus dem unsichtbaren All, niemand weiß genau, woher. Doch sie sind Sendboten des Kosmos und haben das Ziel, der Sonne zu begegnen und nach Erledigung des Auftrags wieder zurückzukehren. Die Wiederkehr ist zwar ungewiss oder periodisch, doch ist es der gleiche Komet, der dann wiederkommt.

Die siderische, tropische und helio-zentrische Astrologie und Astronomie – Tierkreise und Präzession

»Um die Mitternachtswache sah ich Cyula [Vega], meine Gebieterin, die Erweckerin vom Tode, die Spenderin langen Lebens; um das ewige Leben meiner Seele flehte ich sie an und dass sie ihr Antlitz mir zuwenden möge. Und sie wandte ihr Antlitz mir zu, mit ihrem strahlenden Gesicht blickte sie mich treulich an.«

König Nabonid von Babylon (556–539 vor Christus)

Die wenigsten Menschen wissen, dass es grundsätzlich zwei verschiedene Tierkreise gibt: den *siderischen* – auf die Fixsterne bezogenen, der eigentlich der ursprüngliche ist – und den *tropischen*, der sich nach dem Frühlingspunkt richtet, also der Tagundnachtgleiche, zu der die Sonne den Himmelsäquator in nördlicher Richtung überschreitet. Wegen der Präzession rückt der Frühlingspunkt jährlich ein wenig vor und ist letztlich für die Inkongruenz der Sternbilder verantwortlich. Die Präzession ist die Bewegung der Erdachse in zirka 25 800 Jahren (Platonisches Jahr) um den Pol der Ekliptik. Diese Bewegung entsteht durch die Gravitationswirkung von Sonne und Mond auf den Äquator der Erde, welche versucht, die Erdachse senkrecht zur Ekliptik zu stellen.

Der erste Kreis überhaupt ist der siderische, den im fünften Jahrhundert vor Christi Geburt die Babylonier entwickelten: Hatten sie vorher nur einige Fixsterne, an denen sie sich orientierten und mit Fingerbreiten die vorüberwandelnden Gestirne maßen, so schufen sie schon bald danach einen Tierkreis mit zwölf gleich großen Sternbildern. Leitsterne waren Aldebaran im Zeichen Stier und der gegenüberliegende Antares im Skorpionzeichen bei je fünfzehn Grad. Aus diesem ist später der indische siderische Tierkreis entstanden, der auf dem Subkontinent heute noch auch in der Astrologie gebraucht wird.

Ptolemäus (etwa 100–175) schuf im Jahr 138 nach Christus einen Sternenkatalog mit insgesamt 1022 Sternen und 36 Sternbildern. Auch in diesem Katalog ist der Tierkreis aus dem Babylonischen entstanden, allerdings sind die Tierkreisbilder ungleich lang. Aus dem ptolemäischen Tierkreis ist dann der heutige astronomische Zodiak, ebenfalls mit ungleich langen Tierkreisbildern entwickelt worden.

Im vorchristlichen Griechenland entwickelte sich der tropische Tierkreis, der jahreszeitlich an den Frühlingspunkt gebunden wa

Darstellung der Präzession.
Der innere Kreis ist der tropische,
der äußere ist der siderische,
der astronomische Kreis mit den
ungleich langen Sternbildern.
Der Frühlingspunkt (Anfang
Widderzeichen) bewegt sich
noch über dreihundert Jahre in
Richtung Wassermann.

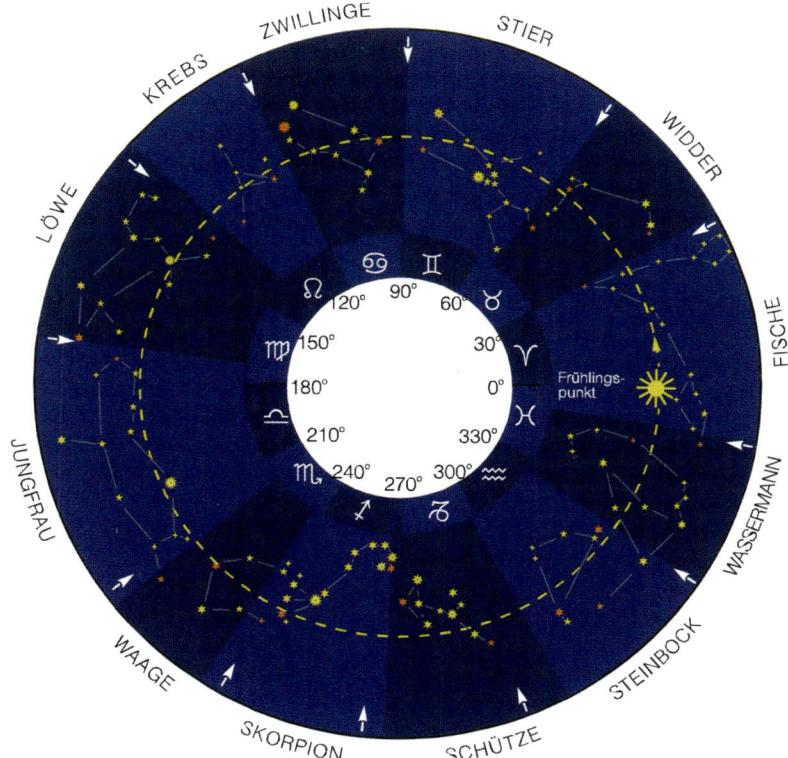

und gleich lange Tierkreiszeichen hat. Im Jahr 215 nach Christus war dieser tropische Tierkreis parallel mit dem siderisch-babylonischen, obwohl er nichts mehr mit den eigentlichen Sternen zu tun hatte, sondern mit den zwölf Kraftfeldern, mit dem Widder beginnend im Zusammenhang der Jahreszeiten.

Dieser tropische Tierkreis wurde zur Grundlage der mittelalterlichen sowie modernen und populären Astrologie. Durch die Präzession hat sich dieser Frühlingspunkt um fast ein Sternbild verschoben, sodass heute hinter dem tropischen Widderzeichen das siderische Fischebild steht, und hinter dem Zwillingezeichen zeigt sich der Aldebaran im Zeichen Stier. Nach Robert Powell wird der Frühlingspunkt im Jahr 2375 das siderische Wassermannbild erreichen, und der tropische Tierkreis wird sich gegenüber dem siderisch-babylonischen Zodiak gerade um ein Zeichen verschoben haben (siehe Literaturverzeichnis, Powell, *Zu einer neuen Sternenweisheit*).

Im letzten Jahrhundert gab es in der westlichen Welt Bestrebungen, neben dem populären tropischen Tierkreis wieder den siderischen einzuführen. Unter anderem waren es Anthroposophen wie Rudolf Steiner mit seinem Sternkalender (1912/13) und dann Elisabeth Vreede (1879–1943), Leiterin der mathematisch-astronomischen Sektion am Goetheanum in Dornach. Später entwickelten auch der aus Karlsruhe stammende Astrosoph Willi Sucher (1902–1985) und heute der soeben erwähnte Engländer Robert Powell die siderische Astrologie weiter. Seine Bücher enthalten Forschungen über die Ursprünge der Astronomie und Astrologie.

In der Astronomie und jüngstens auch in der Astrologie befasste man sich mit der Frage, ob die Sternenwissenschaften geozentrisch oder heliozentrisch zu behandeln sind. Das griechische geozentrische Weltbild galt als selbstverständlich, bis Kopernikus im 16. Jahrhundert das heliozentrische proklamierte. Nun gelten bis heute die Astronomen als modern, die das geozentrische verneinten und das heliozentrische Weltbild als Grundlage neuer Forschung benutzten.

Dem widersetzte sich Tycho Brahe, der große dänische Astronom und Astrologe, der am Ende seines Lebens am Hof Rudolfs II.

Todeshoroskop von Tycho Brahe.

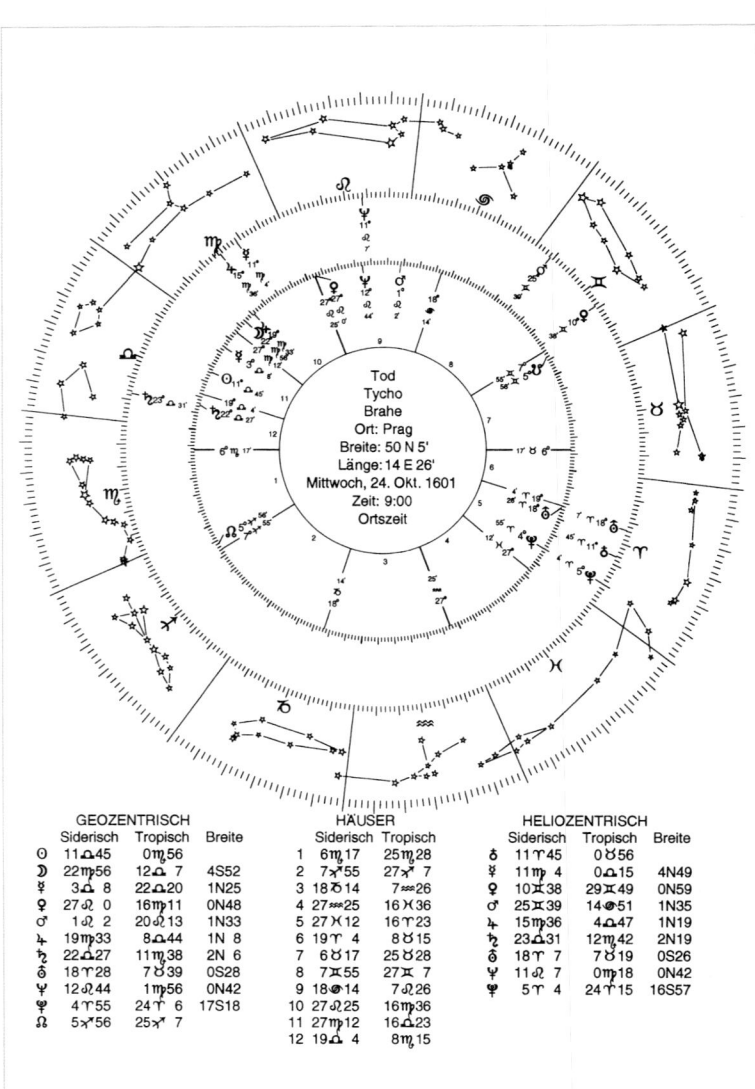

GEOZENTRISCH			HÄUSER		HELIOZENTRISCH		
Siderisch	Tropisch	Breite		Siderisch	Tropisch		Siderisch	Tropisch	Breite

Das Weltsystem nach der Auffassung Tycho Brahes. Um die Erde, die im Mittelpunkt steht, bewegen sich Sonne und Mond. Um die Sonne herum bewegen sich die übrigen fünf Planeten: Merkus, Venus, Mars, Jupiter und Saturn.

weiterforschte, indem er, wie schon gesagt wurde, das tychonische System schuf: Sonne und Mond bewegen sich um die Erde; gleichzeitig bewegen sich um die Sonne, als Zentrum, auch die Planeten Merkur, Venus, Mars, Jupiter und Saturn. Dieses sowohl geo- als auch heliozentrische Weltbild ist in seinem Ansatz bereits ein integrales System.

Powell praktiziert nun auch eine sogenannte hermetische Astrologie, die nicht nur siderisch ist, sondern zugleich geo-heliozentrisch. Ein von ihm dokumentiertes Horoskop von Tycho Brahe zeigt diese Art von Astrologie, die in verschiedenen Dimensionen forscht, das heißt seelisch (geozentrisch) und geistig (heliozentrisch).

Ein integrales Horoskop beschreibt die übliche tropische Astrologie, gleichzeitig aber auch den realen Sternenhintergrund, der uns zeigt, wo die Gestirne am Abend gerade zu sehen sind. Eine große Hilfe dabei ist der Dornacher Sternkalender. Diese sowohl astrologische als auch astronomische Sichtweise, wie sie auch am Tycho-Brahe-Astrolabium in Ins praktiziert wird, geht schon in die Richtung einer integralen Sternenkunde.

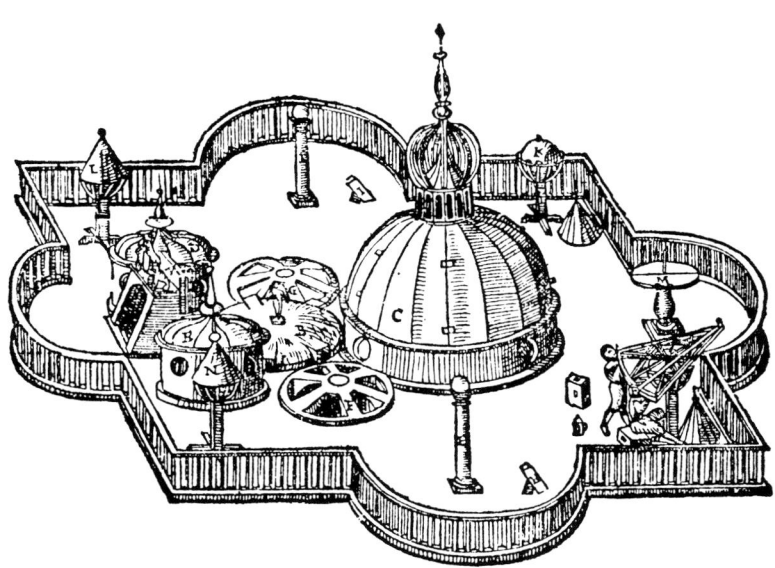

Dach des Hauptgebäudes der Uranienburg Tycho Brahes auf der Insel Hvenn. Nach einem zeitgenössischen Stich aus dem Jahr 1610.

Astrologie (tropisch)

»Wie wir den Zug nehmen,
um nach Tarascon oder Rouen
(von Arles aus) zu fahren,
so nehmen wir den Tod, um auf einen Stern zu gelangen.«

Vincent van Gogh

An dieser Stelle geht es nicht darum, ausführlich die älteste und differenzierteste Psychologie der Menschheitsgeschichte zu beschreiben. Vielmehr soll eine Übersicht gegeben und anhand einzelner Beispiele repräsentativ dargestellt werden, womit sich die moderne tropische Astrologie befasst.

Die Beschäftigung mit dem Thema muss nicht notwendigerweise zum Erstellen von Horoskopen führen. Die Astrologie ist auch ohne die Divination eine Welt der menschlichen Vielfalt und der Seelenäußerungen. Älteste Prinzipien wie etwa die der vier Elemente oder die hermetische Polarität des Mikro- und Makrokosmos verbinden sich hier mit einer Innenschau, die uns zu tiefen Erkenntnissen führen kann, wie zum Beispiel im Werk von C. G. Jung, wo er von Extra- und Introvertiertheit spricht.

Die sieben Planetenqualitäten

Die Planetenzeichen (-qualitäten) der heutigen Astrologie, die zusätzlichen etwa von Lilith, Chiron, Ceres und so weiter nicht gerechnet, bestehen aus den Grundkomponenten Kreis (Geist), Halbkreis (Seele), Kreuz (Materie, Körper), Pfeil (Impuls, gerichtete Energie) und Punkt (göttlicher Funke, Ich-Bewusstsein). So erhalten wir die folgenden Planetenzeichen:

Planetenzeichen.

Die Planetenqualitäten sind nicht etwa nur kausale Wirkungen dieser Himmelskörper auf die Erde und den Menschen, sondern vielmehr der Ausdruck von charakteristischen Qualitäten, die analog überall in der Schöpfung vorkommen. Marsqualitäten finden wir auch im Eisen, in der Eiche, in der Milz, in kriegerischen Auseinandersetzungen und dergleichen. Diese Analogien sind nicht rational zu begründen, sondern intuitiv-bildhaft und doch exakt mythisch zu beschreiben. In der paracelsischen Medizin zum Beispiel bilden sie die eigentliche Grundlage einer Lebenspraxis.

Es sind jetzt im Folgenden die einzelnen Qualitäten der sieben klassischen Planeten kurz beschrieben (also nicht die der transsaturnischen) und anschließend das, was besonders eindrücklich sein kann: die Gegenüberstellungen und Korrespondenzen von Planeteneigenschaften.

Die Sonnenqualität

Die Sonne ist, auch in der tropischen geozentrischen Astrologie, die Zentral- und Ursprungskraft. Sie bildet die Urqualität des Geistes, des Schöpferischen, des Zeugenden, also des männlichen Prinzips. Sie bildet das Ganze, die Urzelle, aus der alles entstanden ist. Bildhaft sprach man vom Uroboros, der kreishaften Weisheitsschlange, die sich in den Schwanz beißt. Sie ist aber auch der Ursprung des gesamten Lebensantriebs.

In der Mythologie ist es der mit hellen Haaren leuchtende Helios, der, die weißen Rosse vor seinen Wagen angespannt, den Tag hindurch am Himmel von Osten nach Westen fährt. Die Sonne ist der Urgeist, sie ist die Energiequelle allen Lebens. Obwohl der Punkt inmitten des Kreises im Symbol den Wesenskern des Menschen bedeutet, so bildet die Sonne doch die Brücke zum materiellen Leben und zum Körper. So wie das Licht an sich etwas Geistiges ist, das noch von niemandem gesehen oder sinnlich als Materie festgestellt wurde, so wird das Licht natürlich durch seine Quelle, aber vor allem auch an der Materie sichtbar. Der Geist wird erkennbar an der Oberfläche der Materie. In der Sonne begegnen sich Geist und Materie. Im Horoskop zeigt die Sonne den Ort des eigenen Wesenskerns. Sie ist im herzwarmen Feuerzeichen Löwe zu Hause.

Die Mondqualität

Der Mond bildet eine Polarität zur Sonne. Das als Halbkreis dargestellte Mondsymbol bedeutet eben die seelische Schale, oft auch

»der Gral« genannt, in die sich der sonnenhafte Geist füllt. Dieser aufnehmende und abgebende, dieser zunehmende und abnehmende Mond ist zugleich das empfangende und abstrahlende, reflektierende Prinzip. Erst das wunderbare mythische Bild der vielgestaltigen Seele macht den Menschen zum greifbaren individualisierten Wesen.

Die Urmythen der Bibel erzählen, wie der Mensch als Ganzheit erschaffen wurde. Danach erschuf Gott aus der Mitte des Urmenschen heraus, aus der Rippe (die die Form der Mondsichel hat), das weibliche, mondhafte Wesen. So kann man noch heute feststellen, dass im weiblichen Wesen diese Mitte (Seele und Lebensprozesse) wesentlich näher liegt als im männlichen. Der Mann muss diese Mitte oft mühsam erwerben. Sonnenhaft geistig und körperlich zugleich kann diese Spannung nur durch das Mondisch-Seelische ganz gemacht werden. Mythologisch als Luna/Selene ist diese Kraft die milde Schwester des Helios.

Der Mond, besonders im eigenen Haus Krebs, lässt die Stärke der Hilfsbereitschaft und die Opferkraft wirken. Das Mütterliche, das Weibliche, auch das Soziale und Helfende, aber vor allem das »sich mit Lebensprozessen Verbindende« (zum Beispiel Pflanzen) und die Fruchtbarkeit sind die »mondischen« Eigenschaften.

Die Merkurqualität

Merkur ist neben Pluto der kleinste und zugleich auch der beweglichste Planet. Er ist der geflügelte Götterbote des Himmels, der Erde und Himmel verbindet. Sein Zeichen ist eigentlich das vollkommenste, da es Sonne, Mond und Erde in harmonischer Weise verbindet.

Hermes, wie Merkur in Griechenland genannt wurde, ist der Name des ägyptischen Urlehrers Hermes Trismegistos. Er ist der Ursprung zum Beispiel der alchemistischen Lehre von Sulphur, Merkur und Sal. Dieser Prozess als Polarität und Mitte ist das Ur-Menschenbild, etwa als Geist, Seele und Leib, als Denken, Fühlen und Wollen oder als Sinnes- und Nervensystem, rhythmisches System sowie Stoffwechsel- und Gliedmaßensystem (Rudolf Steiner).

Merkur zeigt diese Ganzheit auch darin, dass er androgyn ist. Der zukünftige Mensch wird diese Ganzheit wiederum wie zu Urzeiten erreichen. Heute ist es schon ansatzmäßig möglich, dass im Seelischen der Mann das Weibliche und die Frau das Männliche immer mehr integriert. Der alternde, weiser werdende Mensch verliert das Geschlechtsspezifische.

Merkur dient auch als Symbol für das Denken und für den Intellekt, den Handel und die Kommunikation. Er ist der Praktiker, der

Geschickte und deshalb auch der Gott der Diebe. Da er »wertfrei« ist, steht er ebenso für die Sorglosigkeit gegenüber ethischen Fragen, eine Tendenz, die man vor allem im Wirtschaftsleben beobachtet, wo man sich für die Ethik großenteils überhaupt nicht interessiert, sondern nur für die Maximierung des Profits.

Merkur ist im luftigen, kommunikativen Zwillinge- und im sachlich denkenden Erdzeichen Jungfrau zu Hause.

Die Venusqualität

Venus ist eine »kleine Sonne« (siehe den Kreis in ihrem Symbol), die aber zugleich gegen die Erde (Kreuz) ausgerichtet ist. Venus kann nur ein Abend- oder ein Morgenstern sein. Sie berührt den Erdhorizont mit ihrem wunderbaren Geisteslicht. Venus gestaltet den Stoff und ist darum die künstlerische Energie. Sie verhilft zur Schönheit und Harmonie.

Sie hat zwar eine vergeistigende Kraft, ist zugleich aber auch sinnlich. Sie ist die Kraft der Zärtlichkeit, der Berührung, der Beziehungen. Venus gilt auch als Symbol für das weibliche Prinzip, für körperliche Vollkommenheit, für das Genießen. Um Lust in der Erotik geht es gleichermaßen wie um geistvolle Schönheit in der Ästhetik.

Diese Anschmiegsamkeit an das Du ist eine gute Voraussetzung für eine Partnerschaft. Zwei Seiten zeigt Venus, da sie ja auch in zwei Zeichen zu Hause ist, nämlich im Stier und in der Waage. Ihr Doppelwesen zeigt sie ebenso als Abend- und Morgenstern: Die Venus Vulgivaga im Stierzeichen sucht eher die üppigen Genüsse, während Venus Urania in der Waage mehr die geistige, die platonische Liebe verkörpert.

Die Marsqualität

Die Energie des Mars zeigt sich schon in seinem Zeichen als gerichtete Sonnenkraft. Sie zeugt von Impuls, Energie und Willenskraft. Zu Mars gehört die initiale Pionierkraft, etwas in Bewegung zu bringen. Bewegung ist sowieso sein Lebenselement, und zwar vor allem die Beschleunigung. Das Ziel mit allen und schnellen Mitteln zu erreichen, das ist die Freude von Mars: »Lieber ein Ende mit Schrecken als ein Schrecken ohne Ende.« Mars gilt für die männlich-aktive Kraft. Er ist ein Jäger und erst zufrieden, wenn er sein Wild erlegt hat. Er gilt für die sexuelle Kraft, die zum Höhepunkt führt. Ein Redner braucht die marsische Kraft, um zu »über-zeugen«.

Als griechischer Gott Ares galt er als Kriegshandwerker, aber er war auch zuständig für die Fruchtbarkeit der Felder und des Viehs. Als feuriges Temperament ist er im Zeichen des Widders daheim. Im Horoskop zeigt er, wie man mit Energien umgeht.

Die Jupiterqualität

Wurde Venus im Mittelalter »das kleine Glück« genannt, so galt Jupiter als »das große Glück«. Er ist die »kleine Sonne« und auch astronomisch der größte Planet nach dem Zentralgestirn.

Seine Mächtigkeit zeigt sich mythologisch im Olympier Zeus alias Jupiter, der den Überblick über die Welt und die zentrale Kraft innehat. Wie Venus dient auch Jupiter als Symbol für die Sinnlichkeit. Als Phlegmatiker genießt er gutes Essen. Doch zugleich gilt er auch als der Weise, der für Religion, Psychologie und Gerechtigkeit zuständig ist. Er ist zuständig für das Ethisch-Moralische. Menschen, in denen diese Kraft sehr ausgeprägt ist, haben eine natürliche Autorität, ein Charisma, Einsichtsfähigkeit und Lebensreife.

Jupiter ist im Geistesfeuer des Schützen zu Hause. Das Zeichen Jupiters ist polar, dem Saturnzeichen gegenüber: Auf dem Kreuz (vier Elemente) sitzt das Seelische (der Mond), und so verfügt Jupiter als Götterfürst über die Erde.

Die Saturnqualität

Mars wurde im Mittelalter als »das kleine Unglück« bezeichnet, Saturn nannte man »das große Unglück«. In der heutigen Astrologie gilt zwar die Kraft Saturns als unangenehm, jedoch notwendig. Saturn führt uns an die Schwelle, in eine andere Welt (Tod), in die seelischen und körperlichen Krisen (Krankheit). Er gibt uns aber auch die Chance, uns wesenhaft weiterzuentwickeln.

Saturns Zeichen zeigt das körperliche Kreuz, das schwer auf der »mondischen« Seele lastet. Melancholie breitet sich aus, aber auch Wesensbegegnungen mit der Anderswelt sind möglich.

Wenn Mars alles beschleunigen will, so verlangsamt Saturn jegliche Prozesse. Ist Mars der Progressive, Promethische, so ist Saturn der Konservative, das Epimetheische. Er rettet das Wesenhafte über die Schwelle des Todes hinaus, wie zum Beispiel der Same durch die Todesprozesse seiner Entwicklungsstufen gegangen ist und zur Pflanze wurde. Saturn gilt als die Kraft der Stabilität, der Pflichterfüllung, der Selbstdisziplin, der Selbstbegrenzung, des Lebensernstes. Er regiert im introvertierten erdigen Zeichen Steinbock.

Die sieben Planetentypen

Die sieben klassischen Planeten sind ein Kunstwerk. Analogien zeigen aufschlussreiche Vergleiche, wie zum Beispiel die Zuordnungen nach Paracelsus, wie sie in der Tabelle dargestellt sind.

Analogien der Planeten nach Paracelsus			
Planeten	*Metalle*	*Pflanzen*	*Organe*
Sonne	Gold	Esche	Herz
Mond	Silber	Kirsche	Gehirn
Merkur	Quecksilber	Ulme	Lunge
Venus	Kupfer	Niere	Niere
Mars	Eisen	Galle	Galle
Jupiter	Zinn	Leber	Leber
Saturn	Blei	Buche (Tanne)	Milz

Die Pflanze als lebendiges Ganzes mit Blüte, Blatt (und Stängel) und Wurzel steht wie gesagt für den merkurischen alchemistischen Prozess des Sulphur–Merkur–Sal. Aber auch die einzelnen Organe der Pflanzen können den Planeten zugeordnet werden: die Wurzel dem Mond, der Stängel der Sonne, das Blatt dem Merkur, die Blüte der Venus, der Blütenstaub dem Mars, die Frucht dem Jupiter und der Same dem Saturn. Ebenso kann eine beispielhafte stichwortartige Gegenüberstellung die Planetenkräfte aufschlussreich charakterisieren.

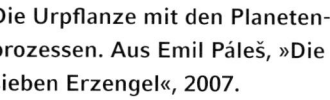

Die Urpflanze mit den Planetenprozessen. Aus Emil Páleš, »Die sieben Erzengel«, 2007.

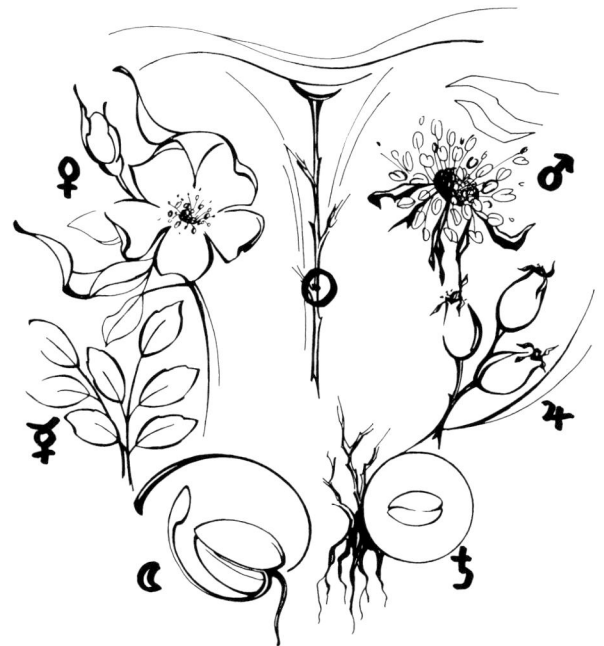

Gegenüberstellung der Planetenkräfte	
Sonne Geist	Mond Seele
Mars Beschleunigung zentrifugal Schmerz und Leid verursachen progressiv	Saturn Verlangsamung zentripetal Leid und Schmerz verinnerlichen konservativ
Venus Ästhetik sinnenhaft von den Sinnen	Jupiter Ethik sinngebend zum Sinn
Venus Lust Es ist eine Lust, zu leben Renaissance Vergnügen Diesseits	Saturn Schmerz Memento mori Mittelalter Krankheit/Tod Jenseits
Jupiter Optimist Das Glas ist halb voll	Saturn Pessimist Das Glas ist halb leer

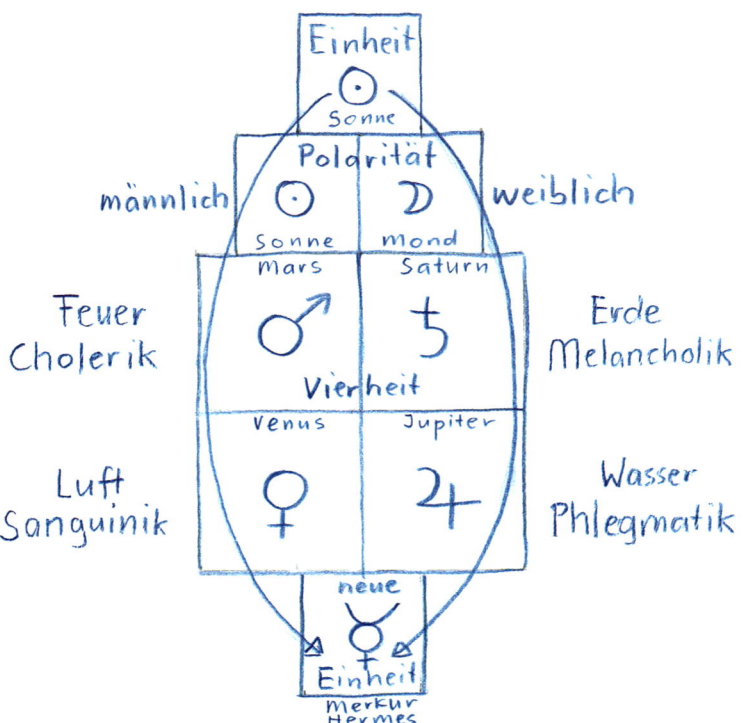

Eine Formel der sieben Planeten könnte auch so aussehen: In dieser Darstellung werden die sieben Planeten in ihrer Entwicklung von der Sonne bis zum Merkur gezeigt. Ist die Sonne der Ursprung, so zeigt Merkur eine neue Ganzheit. Es offenbaren sich die Polaritäten und die Zusammenhänge mit den vier Temperamenten. Diese so gestaltete Planetenformel zeigt deutlich, wie sich die sieben klassischen Planeten zu einem Organon bilden lassen.

Von den Planeten zum Tierkreis

Zuerst existierten die sieben Urqualitäten der Planeten, und es galt, sie in einen Kosmos der zwölf Tierkreiszeichenqualitäten zu integrieren. Im Ursprung des Horoskops sind Mond und Sonne (siehe Abbildung). Aus ihnen steigen die fünf übrigen Planeten nun rechts in der Reihenfolge ihrer Schnelligkeit (Umlaufzeit um die Sonne), dann links in umgekehrter Reihenfolge auf. So ergibt sich auch hier eine Zwölfheit. Auf diese Weise erhielt man die Sternenorte, in denen die sieben Planeten »zu Hause« und auch am wirksamsten sind.

Als Uranus entdeckt wurde, später Neptun und zuletzt Pluto, wurden mehr und mehr auch ihnen verschiedene Eigenschaften zugeordnet:

- *Uranus* zeigt sich als Oktave von Merkur. Aus dem merkuriellen Intellekt metamorphosierte sich höheres Denken und Intuition und aus der zwischenmenschlichen Kommunikation eine menschenverbindende Kraft. Uranus verkörpert auch Wandlung, Umwälzungen, neue Ideen (Freiheit, Gleichheit, Brüderlichkeit) und Originalität: Jeder möge sich an der Andersartigkeit des Mitmenschen, an der Gleichzeitigkeit des anderen freuen.
- *Neptun* ist die Oktave von Venus. Aus der menschlichen Liebe wurde die All-Liebe, die geistige Agape, aber auch die Inspiration. Höhere künstlerische Fähigkeiten wie zum Beispiel die von Mozart bedürfen dieser inspirierenden Kräfte. Neptun gilt als Symbol für Sensibilität, Empfänglichkeit, für übersinnliche Begabungen, Mystik, Hellsehen, für höhere Träume und Visionen. Das Okkulte und Transzendente ist hier zu Hause. Die Bewusst-

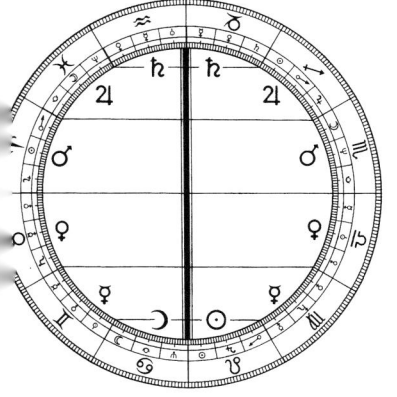

Die sieben Planeten im Zodiak der zwölf Zeichen.

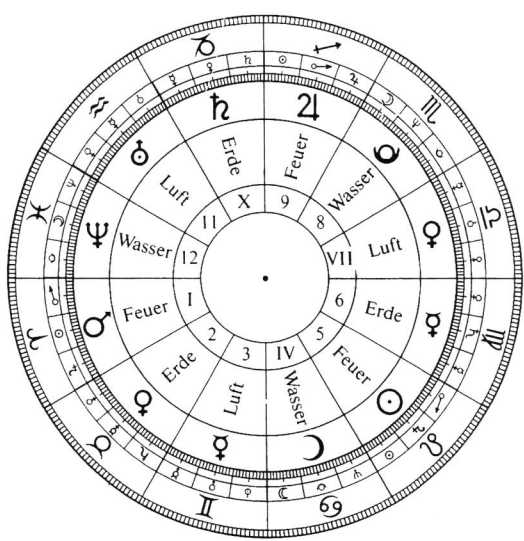

Der moderne Horoskopkreis.

seinserweiterung durch Meditation, aber auch durch Drogen korrespondiert mit diesem Planeten, um den »Blick ins Jenseits« zu bekommen.

- *Pluto* ist die Oktave von Mars. Die Energie des einzelnen Menschen wird nun zur Kollektivmacht, etwa des Totalitarismus eines Hitler und Stalin, zur höheren Fügung, zur höchstpotenziellen mentalen Kernenergie. Es gibt verschiedene Symbole des Pluto, zum Beispiel die seelische Mondschale mit der geistigen Sonne darin. Pluto steht aber auch für die Macht des kollektiven Unbewussten. Er symbolisiert die weiße wie auch die schwarze Magie: geistig und materiell, ebenso wie das Zeichen des Skorpions, in dem er zu Hause ist.

Die drei neuen Planeten wirken auch kollektiv, da sie generationenlang im selben Sternzeichen bleiben.

Uranus ersetzt nun den Saturn im Zeichen Wassermann, Neptun den Jupiter in den Fischen und Pluto den Mars im Skorpion.

Die zwölf Tierkreiszeichen

Der Zeichenkreis, vor allem als Weg, beim Widder angefangen bis zu den Fischen, zählt zum Bedeutendsten, was die Menschheit als Archetypen erkannt hat. Diesem Weg sind wir schon im Kapite »Die zwölf Tierkreishäuser« begegnet (siehe Seite 68). Jedes Zeichen, aber eben auch die Abfolge zeigt das Ein- und Ausatmen im Männlichen und Weiblichen. Beschrieben wird ein durch die vier Elemente gehender Erkenntnispfad wie schon zu Zeiten der ägyptischen Einweihung durch Erde, Wasser, Luft und Feuer und dazu ein Dreischritt in vorwärtsgehenden kardinalen, festen und beweglichen Zeichen.[2] Und die immer gegenüberliegenden Zeichen sind wieder wunderbare Polaritäten und Ergänzungen. In diesem Kreis zeigt sich der unerschöpfliche Reichtum der Seele in mythischen aber durchaus auch in kognitiv zu bearbeitenden Qualitäten. Charakteristisch ist, dass dieser Kreis ein Anfang und ein Ende hat und im menschlichen Leib vom Widder»kopf« bis zu den Fisch»füßen« eingebunden ist.

Vom widderhaften Kopf bis zu den Fisch»füßen« entsteht der menschliche Leib aus den Sternenkräften.

2   *Kardinale* Zeichen (Eckzeichen) sind Widder, Krebs, Waage und Steinbock. Sie zeigen einen Wechsel an, wenn sie beherrschend sind. *Feste* Zeichen sind Stier, Löwe, Skorpion und Wassermann. Sie haben einen großen Einfluss im Horoskop. *Bewegliche* Zeichen sind Zwillinge, Jungfrau, Schütze und Fische. Sie künden einen heftigen Umschwung an, wenn sie im Horoskop dominant sind.

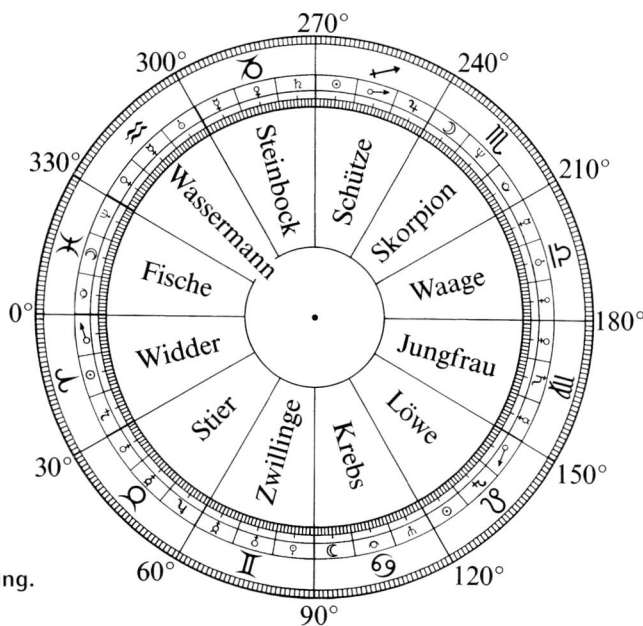

Der Zeichenkreis mit Gradeinteilung.

In Darstellungen, in denen der menschliche Leib in einem Kreis angeordnet ist, liegen die Füße auf dem Kopfscheitel. Das Ende wird so wieder zum Anfang, ein neuer Durchlauf ist angesagt. In der Evolution, doch auch bei jeder menschlichen Entwicklung entfaltet sich alles im Sinne des Tierkreises.

Das Widderzeichen

Das Zeichen kann als Widderhörner, aber ebenso gut des Nasenrückens und der Augenbrauen verstanden werden. Um etwas in Bewegung zu setzen, benutzt der Widdermensch die Initialzündung des Willens, der Motivation, der Ich-Durchsetzung und der Pionierarbeit.

Widder ist ein Feuerzeichen. Cholerisch in der Kraft setzt sich der Widder für Neues ein, für etwas, was es noch nie gegeben hat. Risikobereitschaft und Mut sind seine Eigenschaften. Er schont sich selbst nicht, das ist die Durchsetzungskraft des Widders, oft auch ohne Rücksicht auf eigene und fremde Verluste, dabei schnell im Handeln, ohne Umschweife, das Ziel direkt im Auge. Es ist das reale Feuer, das gegen den Himmel der Ideale brennt. Manchmal auch todesmutig wie ein germanischer Krieger, der nur den Lohn im Auge hat – nach dem Tode zu den Göttern in die Walhalla aufzusteigen. Den Willen im Kopf geht er blindlings durch die ihm im Weg stehenden Hindernisse. Er ist ein Individualist, ein Ichmensch, der Mühe hat, sich in ein Kollektiv einzugliedern.

In dieser Zeichnung bilden sich
alle Reiche im Sinne des Tierkreises.
Aus Emil Páleš, »Die sieben Erzengel«, 2007.

Mensch und Tierkreis. Aus
dem Stundenbuch des Duc
de Berry, »Très riches heures«,
15. Jahrhundert.

Das Stierzeichen

Das Stierzeichen führt wieder zur Erde, vom männlichen zentrifugalen Widder zum weiblichen zentripetalen Stier. Der Stier verleibt sich den Stoff ein, wie es eben ein wiederkäuendes und -verdauendes Rind tut. Es geht um die alchemistische Veredelung der Materie (Mist–Milch).

Das Stierzeichen symbolisiert die Hörner und den Kopf des Stiers. Und seine Hörner, einer mondisch-seelischen Schale gleich, nehmen alles Kosmische in das Sonnenhaft-Geistige hinein. Im Gegensatz zum Widder will der Stier zuerst alles gründlich überlegen, bevor er handelt. Das Materielle, das ihm wichtig ist, will er nicht verlieren, konservativ, will er den Besitzstand behalten.

Der Stier zeigt Wirklichkeitssinn, Bodenständigkeit und ist pragmatisch. Wenn er materiell gut abgesichert ist, strahlt er Ruhe, Beharrlichkeit und Geduld aus. Da Venus in diesem Zeichen zu Hause ist, zeigt der Stier auch das Bedürfnis nach Sinnlichkeit und Harmonie.

Das Zwillingezeichen

Mit den Zwillingen sind wir nun zu einem Luftzeichen gekommen. Vom Feuer (Widder) zur Erde (Stier) und zur Luft. Das Luftelement durchzieht das Zeichen. Luftig ist der Wille zur Kommunikation, zur Wissensvermittlung, zum Austausch. Diese merkurielle Kraft ist eher neutral, aber nach außen wirkend. Und doch bilden die empfangende Mondschale, oben (Himmel) und unten (Erde), das Einströmende in die senkrechte Persönlichkeit (Sonne).

Castor (sterblich) und Pollux (unsterblich) als Zwillinge sind immer etwas ambivalent. Diese oft gespaltene Persönlichkeit oder, positiv gesagt, der im Geistigen und Materiellen lebende Zwilling will Welten verbinden. Doch als Kommunikator und Dolmetscher muss er sich oft fragen, wo er selbst steht, wo seine eigenen Werte liegen. Sprachgewandt, schlagfertig, gedankenreich, gesellig und freundlich bewegt sich der Zwilling.

Das Krebszeichen

Mit dem Krebs ist das vierte Element erreicht, ein Wasserzeichen. Es ist das urseelische Medium. Im Wasser finden wir den Urgrund alles Weiblichen, den Schoß der Mütter, des Lebens, zu dem auch der männliche Gelehrte Doktor Faustus zurückkommen muss.

Das Krebszeichen sind sich ein- und auswickelnde Spiralen. Es bildet den Wendekreis des Krebses, wo die Sonne in ihrer immer höher steigenden Spirale im Lauf des Jahres umkehrt und wieder herabkommt. Der Krebs ist das eigentliche Mutterhaus des Tierkreises, worin Heim, Häuslichkeit und Familie zu Hause sind. Empfindung, Gefühl, Gemüt, Träume, Sozialkompetenz, pflegerische Fähigkeiten, Opferbereitschaft sind die Qualitäten des Krebses. Seine lunarisch wechselhaften Gemütsverstimmungen können Schwierigkeiten bereiten. Die Sicherheit im Gefühl als wahres Erkenntnisorgan ist dem Krebs zu eigen.

Das Löwezeichen

Der Löwe ist das zweite Feuerzeichen. War der Widder noch ganz materielles Feuer, so ist das Löwefeuer seelischer Art, ein Herzensfeuer. Im Zeichen Löwe ist die Sonne daheim. Darum ist es auch schöpferisch, kreativ, extravertiert, ausstrahlend. Ein Löwemensch ist von sich selbst überzeugt und will unbedingt, wie die Sonne, im Mittelpunkt stehen.

Er ist wie eine Katze. Streichelt man ihn, dann fühlt er sich sinnlich bestätigt und genießt es; stellt man ihn infrage, zeigt er seine Krallen. Seine Herzlichkeit und Großzügigkeit ist sprichwörtlich. Löwemenschen lieben Kinder, schließlich sind sie selbst auch gern Erzeuger. Begabt in der erotischen Sinnlichkeit, der würdevollen Repräsentation und als wohlwollender Herrscher begeistert der Löwe durch seine Tatkraft, Initiative und seinen Wirklichkeitssinn.

Das Jungfrauzeichen

Die Jungfrau bringt das löwenhafte, zum Teil überschwängliche, aber auch prahlerische Selbstgefühl auf den Boden. Erdnah fühlt sich die Jungfrau auf dem Boden der Sachlichkeit – als Hüterin der Erde, des Sammelns, des Aufspeicherns, des Sortierens. Die Welt will phänomenologisch wahrgenommen werden, so, wie sie ist.

Sorgfalt und Aufmerksamkeit in der Arbeit zeichnen den im Zeichen der Jungfrau geborenen Menschen aus. Nach innen gerichtet, zuweilen auch melancholisch, bleibt er zumindest nach außen hin nüchtern. Er liebt es zu arbeiten. Der (seelischen) Erde zu dienen, dafür ist er da. Auch sein Ordnungssinn ist sprichwörtlich.

Das Jungfrauzeichen zeigt die »Unterschrift« der Maria: Das Geistige inkarniert sich im Irdischen, in der Materie, in der Mater, der Mutter.

Das Waagezeichen

Mit dem Waagezeichen kommen wir zum zweiten Teil des Tierkreises und können somit zugleich die entsprechende Polarität charakterisieren. Ihr gegenüber liegt der feurige, ichbezogene Widder. Die Waage gilt als Symbol für das Du, die Partnerschaft, die Beziehung. Als seelisch-luftiges Zeichen sucht sie das Gleichgewicht der Harmonie.

Die venushafte Waage sucht die Schönheit, das Künstlerische, das Freundliche, das Kreative. Sie meidet Spannungen, sucht in allem Ausgewogenheit. Auch hier wirkt das Geistige im Schönen, in Kunstgegenständen, in einer wohlproportionierten Umgebung. Der Waagemensch ist innerlich und äußerlich schön, geschmackvoll gekleidet, geistvoll unterhaltend. Er knüpft zärtliche Beziehungen und ist deshalb sehr gefragt.

Das Skorpionzeichen

Wenn die Waage aller Spannung ausweicht, so zieht der Skorpion (als »seelisches Wasser«) Spannungen an. Der Skorpion hat als »gefallener Adler« den Stachel des Bösen, des Judas. Hier ist im Zeichenkreis das Organ des Widerspruchs, des Verrats, aber auch der Erkenntnis aus tiefster Todeserfahrung: »Stirb und werde!«, ist der Ruf des Skorpions.

Der Skorpion bringt brodelnde Energien aus der Unterwelt des Unbewussten zutage. Schließlich herrscht hier Pluto, der Gott der Unterwelt. Zunächst nach außen unzugänglich und introvertiert, wirkt der Skorpion oft kompliziert. Doch seine Erfahrung im Hades zeigt seine Begabung im scharfen, zum Teil auch ironischen Erkenntnisstreben. Seine intelligente Kopfarbeit hindert ihn nicht daran, auch seine unergründliche Leidenschaften und Triebkräfte zur Geltung zu bringen. Schließlich ordnet man dem Skorpion die Geschlechtsorgane zu.

Die plutonische Kraft des Skorpions zeigt sich auch in der magischen Kraft des Machtmenschen. Sein praktischer Sinn, seine Unabhängigkeit, seine Selbstsicherheit, sein Opfermut und Instinkt sind typische Merkmale. Es ist ein beeindruckendes Zeichen!

Das Schützezeichen

Tummelt sich der Skorpion in den Untergründen des Menschlichen, oft auch undurchsichtig, so strahlt der Schütze die Klarheit des Olympiers Zeus aus. Dieses Zeichen ist zuständig für Religion, Psychologie und Ethik. Sein Pfeil zeigt in den Kosmos der geistigen Ordnungen, der Ideen, des Geistfeuers. Es ist das geistige Zeichen. Seine Liebe zur Philosophie und seine Intuition lässt ihn aber keineswegs unpraktisch werden. Er lebt in der Realität, wo Recht und Ordnung herrschen. Er verkörpert, wie Rudolf Steiner es fordert, die geliebte Autorität, den authentischen Menschen, der dank seiner natürlichen Weisheit glaubwürdig ist.

Als Olympier regiert er im Tierkreis das Organ, das für geistige Inhalte zuständig ist. Jupiter als »kleine Sonne« hat den Weitblick über alles, was die Erde im Innersten zusammenhält. Der Schütze ist ein Synthetiker und weiß, dass das Ganze mehr ist als die Summe seiner Teile.

Das Steinbockzeichen

Der Schritt vom Schützen zum Steinbock ist ähnlich wie der vom Löwen zur Jungfrau. Auch hier gilt es, vom Feuer zur Erde zu kommen. Das Zeichen zeigt eine Sonne, die tief mit der Erde verbunden ist: die Sonne um Mitternacht, die geistige, von der Erde gefilterte Sonne, wie sie auch zu Zeiten der Megalithiker mit den Dolmen zelebriert wurde.

Der Steinbock ist ein »Schweiger«. Das Saturnische, Erdenhafte macht ihn zum Melancholiker. Seine Disziplin, seine Konzentrationsfähigkeit, sein zäher Wille, seine Beharrlichkeit geben ihm Autorität. Seine oft etwas moralistische Art ist vielen lästig, doch wendet er seine Grundsätze auch bei sich selbst an und ist deshalb glaubwürdig.

Das Wassermannzeichen

Fast erlösend können wir im geistigen Luftzeichen des Wassermanns wieder frei atmen. Der zodiakale Tiefpunkt der Sonne im Steinbock ist Vergangenheit. Der Wassermann führt wieder hinauf in die Sphäre der weltweiten Völkerverständigung. Für ihn ist die Welt interessant, weil sie stets etwas Neues, anderes bringt. Hier geht es nicht um das Menschliche, allzu Menschliche, sondern um *die* Menschheit. Es ist das zukunftsorientierte, für Neuerungen und Reformen, ja, sogar für Revolutionen zu habende Zeichen.

Der Wassermann ist extravagant, hat immer neue Einfälle und ist oft schwer zu durchschauen. Sein Haupt»organ« ist die Intuition, und die kommt, aber eben manchmal auch nicht …

Der Wassermann steht für die Bewusstseinsveränderung und deshalb für das sogenannte Wassermannzeitalter, das wie gesagt zwar erst in über dreihundert Jahren erreicht wird, aber doch schon prophetisch eine Avantgarde bildet wie zum Beispiel in der New-Age-Bewegung.

Der Wassermann liebt das Ungewöhnliche, Okkulte und zugleich auch das Weltmännische. Oft wird das Esoterische zur Banalität. Doch der Wassermann reißt die Menschen aus alten Denkgewohnheiten und Handlungsmustern und lässt den geistigen Wind wehen, wo er will, auch wenn er zunächst nur die Oberfläche erreicht. Seine Erfindergabe im Technischen und Sozialen, seine Sympathiefähigkeit, seine Heiterkeit machen ihn zum modernen Menschen im weitesten Sinne.

Das Fischezeichen

Die Fische sind zwar das letzte Zeichen im Zodiak, bereiten zugleich aber wieder den Anfang vor. Hier, im Geistig-Wässrigen, löst sich eigentlich der ganze Kosmos des Tierkreises auf. Die Welt muss chaotisiert werden, um sie wieder neu aufbauen zu können, wie dies auch im saturnischen Samen geschieht.

Im Zeichen der Fische haben wir die zwei Halbmonde, einen in die Vergangenheit und einen in die Zukunft blickenden, verbunden mit der karmischen horizontalen Linie. Als Einzelmensch stehen wir in diesem Karmastrom, der uns meistens unverständlich bleibt. Doch vieles, was wir kaum durch das jetzige Leben erklären vermögen, hat die Ursache in einem vergangenen oder zukünftigen Erdendasein. Nicht nur das bereits Geschehene wirkt in unser gegenwärtiges Leben, sondern eben auch das Kommende. Oft sieht man dies etwa daran, wie der bevorstehende Tod das Leben eines Menschen gestaltet. Wir nehmen es jedoch oft erst im Nachhinein wahr.

Das Fischezeichen ist ein Ort des sensiblen Chaos. Vom Nebel umhüllt, müssen andere Wahrnehmungen aktiviert werden als das Gegenstandsbewusstsein. Hier sind wir in der Traumwelt des mystischen Neptun, des fantasievollen Tänzers, der Welt der Täuschungen, der künstlerischen Inspirationen. Musikalisch begabt, seelisch vielfältig, rücksichtsvoll, zart-sensibel, opferbereit, anpassungsfähig sind die Qualitäten dieser Traumwelt. Die Fisch»füße« wandeln auf der Erde wie Christus auf dem Wasser. Das geistige Wasser trägt sie, lässt sie aber auch oft hilflos versinken. Hier wird der saturnische chaotisierte Same für das erneute Wandern durch den Tierkreis gelegt. Der Widder gibt dem Neubeginn dann Motivation, Impuls und Kraft.

Die zwölf Johanni-Tierkreissprüche

Die folgenden Tierkreissprüche habe ich für das Johanni-Ritual in der Bildungsstätte Schlössli Ins formuliert. Es wird seit Jahrzehnten an diesem Fest gesprochen.

Widder
Ich bin das Feuer,
will mutig mich behaupten
zu neuen Taten.

Stier
Ich bin die Erde,
will mich öffnen
allem Fruchtbaren und Schönen.

Zwillinge
Ich bin hell und dunkel,
will denkend und fühlend
Welten verbinden.

Krebs
Ich liebe den Mond
und das Wasser
und fühle mich verwurzelt im
mütterlichen Urgrund der Natur.

Löwe
Ich bin ein Löwemensch,
furchtlos und großherzig,
ein Beschützer der Schwachen.

Jungfrau
Ich diene den Menschen
durch Wissen und Weisheit,
durch liebende Hingabe.

Waage
Ich schlichte den Streit,
will Gerechtigkeit,
will liebend das Du im Ich erleben.

Skorpion
Ich erkenne den Todesstachel
als Neugeburt,
will als Schlange mich häuten
zum Adler.

Schütze
Ich bin ein begeisterter
Himmelsschütze
und erziele mit meinem Pfeil
das Unendliche.

Steinbock
Ich liebe die Sonne um Mitternacht,
ich spüre in mir das Samenkorn,
daraus einmal Blatt und Blüte wird.

Wassermann
Ich suche das ewig Dauernde
und stifte Gemeinschaft
zu allen Menschen.

Fische
Ich will dem Leiden dienen,
will ja sagen
zu Himmel und Hölle.

Das Horoskop

An dieser Stelle wollen wir auch kurz skizzieren, was ein Horoskop ist und welche Tierkreise benutzt werden können. Um ein Horoskop professionell zu deuten, braucht man eine intensive Ausbildung. Doch dann ist die Praxis des Horoskoplesens entscheidend. So wie ein Arzt viele Patienten behandeln muss, um den entsprechenden Erfahrungshintergrund zu haben, muss ein Astrologe zuerst Hunderte von Horoskopen gedeutet haben, um wirklichkeitsgemäße Beratungen durchführen zu können. Dazu ist, wie bei allen Berufen, neben differenziertem Wissen auch eine gute Portion Intuition vonnöten, um sich in die Einzelschicksale hineinzudenken.

Das Wort »Horoskop« bedeutet »Stundenschau« (vom griechischen *horoskopeion* [»Stundenseher«]). Das Horoskop zeigt die Stellung der Gestirne beim ersten Atemzug eines Menschen. Beim astronomischen Horoskop, das noch nicht das astrologische ist, stehen die Sterne konkret so, wie man sie in der Nacht sehen kann und wie sie zum Beispiel im Dornacher Sternkalender exakt beschrieben werden.

Wir zeigen in der Abbildung ein zugleich tropisches als auch siderisches Horoskop, wie es auch im Astrolabium im Schlössli Ins dargestellt werden kann. Außen ist der Sternbilderkreis, das heißt die sichtbaren Sternkonfigurationen, worin man den Standort der beweglichen Planeten sehen kann. Diese erhält man durch eigenes Beobachten oder eben zum Beispiel durch die Daten des Dornacher Sternkalenders.

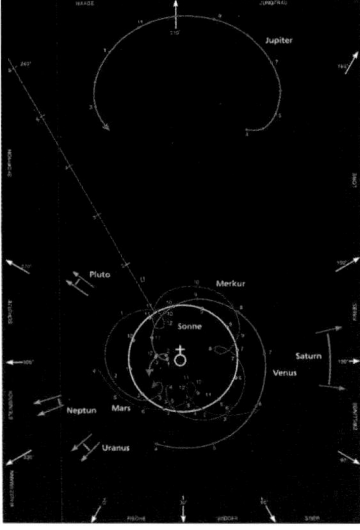
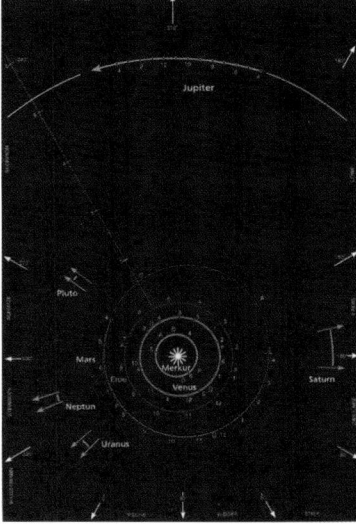

Geozentrische (links) und heliozentrische Planetenbahnen zwischen Ostern 2005 und Ostern 2006.

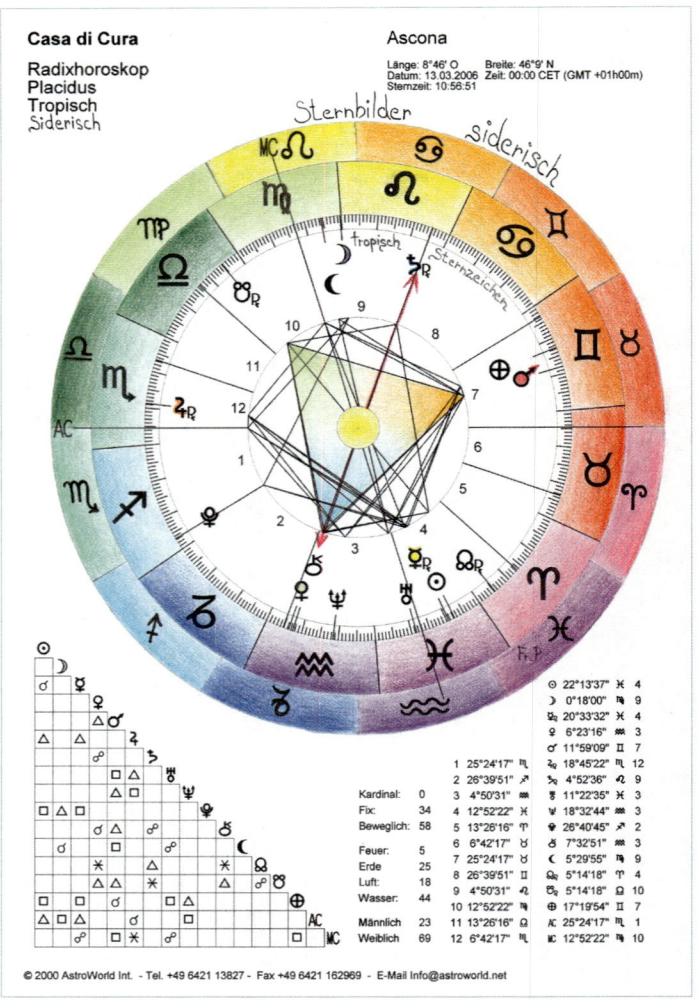

Casa di Cura

Radixhoroskop
Placidus
Tropisch
Siderisch

Ascona

Länge: 8°46' O   Breite: 46°9' N
Datum: 13.03.2006 Zeit: 00:00 CET (GMT +01h00m)
Sternzeit: 10:56:51

Sternbilder   siderisch

tropisch   Sternzeichen

Kardinal: 0
Fix: 34
Beweglich: 58

Feuer: 5
Erde: 25
Luft: 18
Wasser: 44

Männlich   23
Weiblich   69

1 25°24'17" ♏
2 26°39'51" ♐
3 4°50'31" ♒
4 12°52'22" ♓
5 13°26'16" ♈
6 6°42'17" ♉
7 25°24'17" ♉
8 26°39'51" ♊
9 4°50'31" ♌
10 12°52'22" ♍
11 13°26'16" ♏
12 6°42'17" ♐

☉ 22°13'37" ♓ 4
☽ 0°18'00" ♏ 9
☿ 20°33'32" ♓ 4
♀ 6°23'16" ♒ 3
♂ 11°59'09" ♊ 7
♃ 18°45'22" ♏ 12
♄ 4°52'36" ♌ 9
♅ 11°22'35" ♓ 3
♆ 18°32'44" ♒ 3
♇ 26°40'45" ♐ 2
☊ 7°32'51" ♒ 3
☾ 5°29'55" ♏ 9
☊ 5°14'18" ♈ 4
☊ 5°14'18" ♎ 10
⊕ 17°19'54" ♊ 7
AC 25°24'17" ♏ 1
MC 12°52'22" ♍ 10

© 2000 AstroWorld Int. - Tel. +49 6421 13827 - Fax +49 6421 162969 - E-Mail Info@astroworld.net

Diese Sternenkonstellation (siehe auch Seite 25) habe ich in der Nacht vom 12. zum 13. März 2006 in Ascona (Tessin) selbst beobachten können. Hier wird gleichzeitig der tropische (astrologische) und der siderische (astronomische) Tierkreis gezeigt. So ist die Sonne astrologisch im Zeichen Fische und astronomisch im Wassermann, Mars astrologisch in den Zwillingen und astronomisch bei den Stierhörnern. Die beiden Tierkreise sind gegeneinander schon fast um ein Sternbild verschoben.

So bekommt man ein integrales Horoskop: siderisch und tropisch. Die Frage der Richtigkeit der Systeme stellt sich nicht. Es gilt nur ein »Sowohl-als-auch«. Im 20. Jahrhundert haben – wie bereits erwähnt – Willi Sucher und Robert Powell das hermetische Horoskop entwickelt, das sowohl geozentrisch-siderisch (innen) als auch heliozentrisch-siderisch (außen) ist. Tycho Brahe hatte dieses geo- wie auch heliozentrische System seinerzeit gewissermaßen wiederentdeckt. Das hermetische Horoskop, hier als Beispiel das von Rudolf Steiner, zeigt das Schaubild der Seele (geozentrisch) und der Individualität (heliozentrisch).

So sind einige der verschiedensten Ansätze der Darstellungen der Horoskopie gesetzt. Ich nehme die geozentrischen Schaubilder astronomisch, babylonisch (siderisch und tropisch) und das heliozentrische Schaubild zunächst als Phänomen, schaue mir die Stellungen der Planeten an und vergleiche sie vor allem mit dem, was ich in der Nacht mit eigenen Augen gesehen habe. So erhalte ich die Grundlage für eine integrale Sternenschau, um anschließend eine umfassende individuelle Interpretation vornehmen zu können.

In diesem integralen Horoskop ist die Sonne geozentrisch-siderisch im Wassermann, tropisch (astrologisch) in den Fischen. Jupiter ist geozentrisch-siderisch im Krebs, tropisch im Löwen; heliozentrisch-siderisch und tropisch im Löwen.

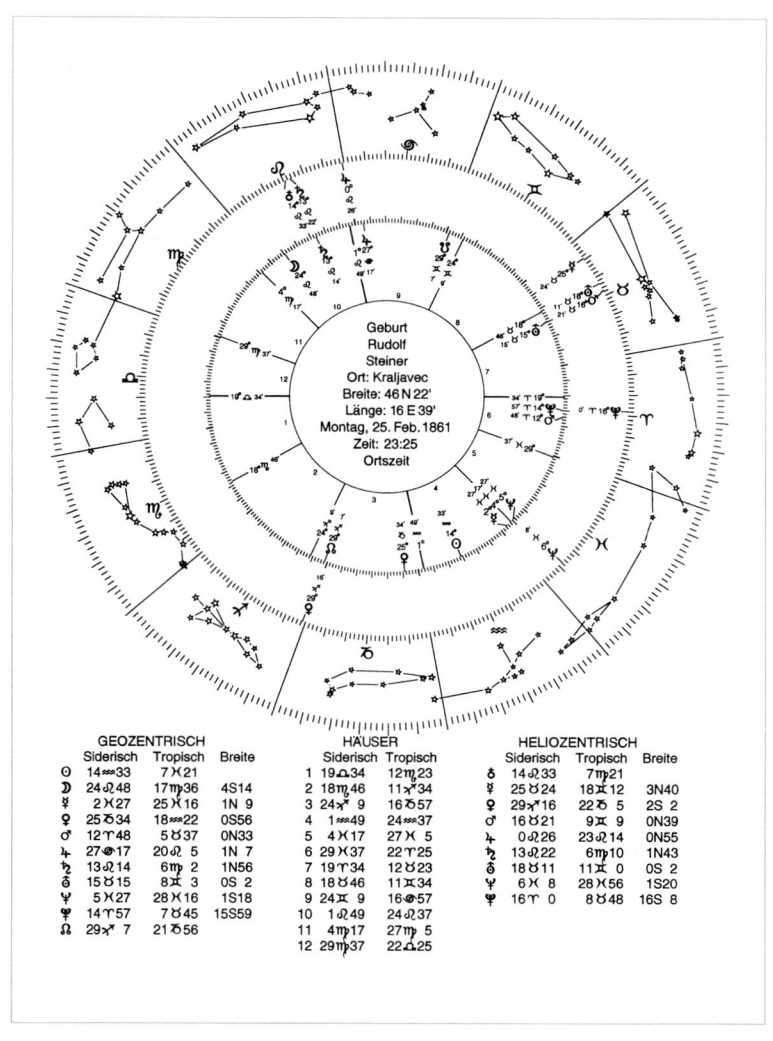

Geburt
Rudolf
Steiner
Ort: Kraljavec
Breite: 46 N 22'
Länge: 16 E 39'
Montag, 25. Feb. 1861
Zeit: 23:25
Ortszeit

GEOZENTRISCH			HÄUSER		HELIOZENTRISCH		
Siderisch	Tropisch	Breite	Siderisch	Tropisch	Siderisch	Tropisch	Breite
☉ 14≈33	7♓21		1 19♎34	12♍23	☿ 14♌33	7♍21	
☽ 24♌48	17♍36	4S14	2 18♏46	11♐34	♀ 25♋24	18♊12	3N40
☿ 2♓27	25♓16	1N 9	3 24♐ 9	16♑57	♂ 29♐16	22♐ 5	2S 2
♀ 25♉34	18≈22	0S56	4 1≈49	24≈37	♃ 16♉21	9♊ 9	0N39
♂ 12♈48	5♉37	0N33	5 4♓17	27♓ 5	♄ 0♌26	23♌14	0N55
♃ 27♋17	20♌ 5	1N 7	6 29♓37	22♈25	♅ 13♌22	6♍10	1N43
♄ 13♌14	6♍ 2	1N56	7 19♈34	12♉23	♆ 18♉11	11♊ 0	0S 2
♅ 15♉15	8♊ 3	0S 2	8 18♉46	11♊34	♇ 6♓ 8	28♓56	1S20
♆ 5♓27	28♓16	1S18	9 24♊ 9	16♋57	☊ 16♈ 0	8♉48	16S 8
♇ 14♈57	7♉45	15S59	10 1♌49	24♌37			
☊ 29♐ 7	21♉56		11 4♍17	27♍ 5			
			12 29♍37	22♎25			

Konstellationen

»Die goldenen Gefäße der Ägypter,
ich habe sie entführt,
um meinem Gotte ein Heiligtum zu bauen,
weit entfernt vom Lande der Ägypter.«

Johannes Kepler

In der Geschichte der Sternenkunde gibt es aus geistesgeschichtlicher Sicht einige wichtige Stern-Konstellationen. Wir wollen hier vier Konstellationen darstellen, die auch einen höheren Zusammenhang haben: den Stern von Bethlehem (sechs Jahre vor Christi Geburt), die Parzival-Konstellation (848 Jahre nach Christus), die vierfache Konjunktion Saturn, Jupiter, Mars und Supernova (1604) und die Sonnenfinsternis von 1999.

Der Stern von Bethlehem

Der Stern von Bethlehem ist schon von Johannes Kepler als dreifache Konjunktion im Zeichen Fische dargestellt worden.

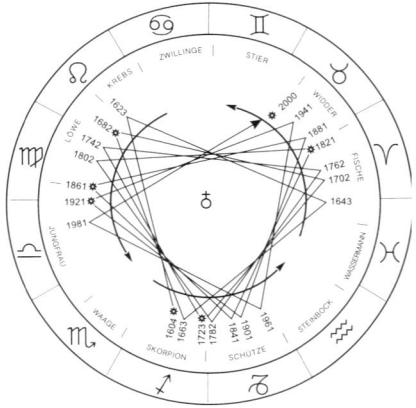

Dadurch, dass die Trigone nicht ganz exakt sind, verschieben sie sich immer etwas. So entsteht die Wanderung der Trigone der »Kepler-Konjunktionen« von 1604 bis heute. Bei den mit einem Stern versehenen Konjunktionen stand Mars bei Jupiter und Saturn.

Der kosmische Stern von Bethlehem.

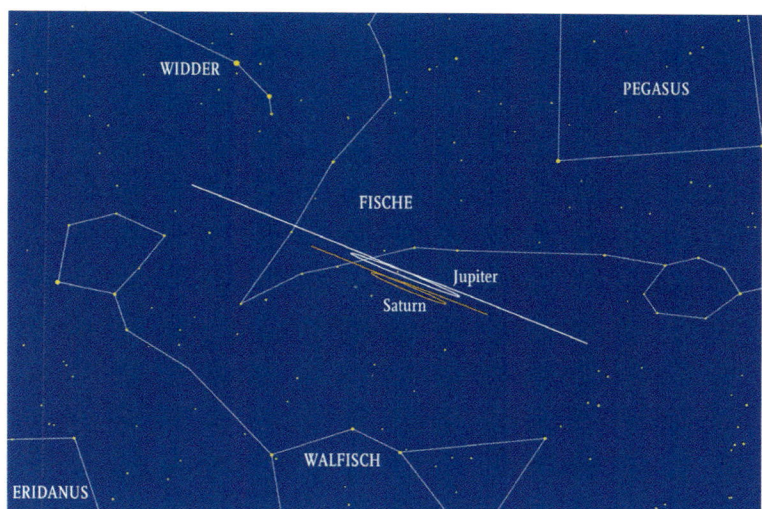

Die dreifache Konjunktion (Stern von Bethlehem) im Jahr 6 vor Christus zwischen Saturn und Jupiter.

Alle zwanzig Jahre (exakt sind es 19,87) begegnen sich der langsamere Saturn und der ihn einholende Jupiter. Diese dreimal aufeinanderfolgenden Konjunktionen bilden alle sechzig Jahre im Tierkreis eine dreieckige Figur, das »Trigon der großen Konjunktionen«. Jeweils nach zehn Jahren kommt es zur Opposition zwischen Jupiter und Saturn. Dies ergibt wiederum ein Dreieck, das mit dem Konjunktionsdreieck einen Sechsstern bildet. Dieser Sechsstern ist der »kosmische Stern von Bethlehem« oder auch als Davidstern bekannt. Die in sich verschränkten Dreiecke gelten in der Alchemie als Ganzheit über dem Weiblichen und Männlichen oder als »Chymische Hochzeit«.

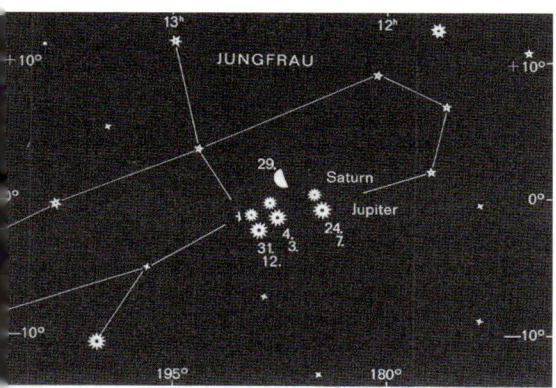

Dreifache Konjunktion zwischen Jupiter und Saturn am 31. Dezember 1980, am 4. März und am 24. Juli 1981. Zu Christi Geburt geschah das Gleiche im gegenüberliegenden Sternbild Fische. Diese dreifache Konjunktion ist relativ selten. Sie ist seit Christi Geburt erst die vierzehnte. Die nächste wird erst wieder im Jahr 2279 auftreten.

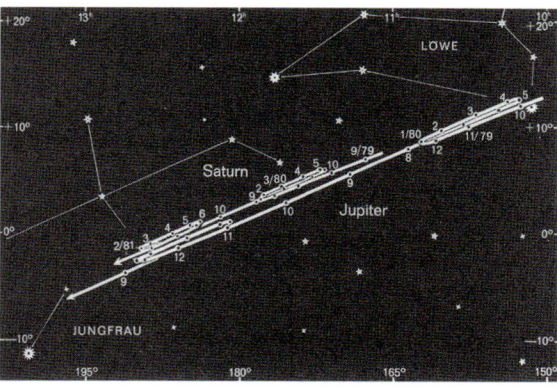

Die Saturn- und Jupiterschleifen zeigen die Möglichkeit der dreifachen großen Konjunktion.

Als diese »Bethlehem'sche Konjunktion« im Zeichen Fische stattfand und die drei Magier, die eben auch schon Astrologen waren,
aus dem Morgenland das Jesuskind anbeteten, leuchtete die Sonne
im polaren Sternbild Jungfrau, die in der Opposition stehenden Gestirne Saturn und Jupiter funkelten im größten Glanz, und die Jungfrau Isis/Demeter/Maria gebar das Kind.

Zwölf Jahre nach seiner Geburt, also nach einem Jupiterumgang,
trat Jesus in den Tempel und offenbarte den erstaunten Schriftge-
lehrten die königliche Weisheit. Als Saturn nach dreißig Jahren
wieder an dem Sternenort der Geburt Jesu ankommt, ist dieser so
weit, dass er innerhalb der jüdischen, antiken und essenischen Kulturen keine Zukunft der Menschheitsentwicklung mehr sieht und
an die saturnische Grenze stößt. Da wird er von Johannes dem Täu-

Jordantaufe im Baptisterium
in Florenz.

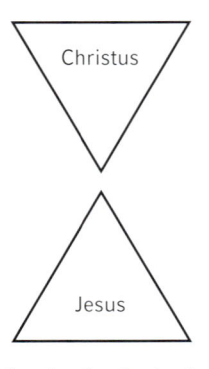

Vor der Jordantaufe

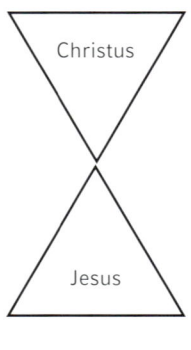

Jordantaufe

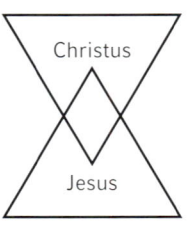

Während der
drei Jahre

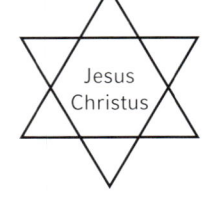

Auferstehung am
Ostersonntag

Dieser Prozess erfüllte die Bedeutung des »kosmischen Sterns von Bethlehem«, den die Magier der chaldäischen Sternwissenschaft prophetisch vorausgesehen hatten. Das symbolische Sternengeschehen erfüllte sich auf Erden.

fer im Jordan getauft, und so kann sich Christus in Jesus verkörpern. Hier wird uns die wunderbare Gnade zuteil, dass sich Gott in
ein Menschenwesen senkt.

Die Parzival-Astronomie

In dem außerordentlich interessanten Werk *Wolfram von Eschenbach und die Wirklichkeit des Grals* von Werner Greub wird die königliche Konjunktion in den Fischen im Jahr 6 vor Christus und die
in den Fischen wiederkehrende große Konjunktion von Saturn und
Jupiter im Jahr 848 in einen hochinteressanten Zusammenhang gebracht.

Sind es bei der Geburt Jesu (nach dem Matthäusevangelium)
Magier, Astrologen aus Chaldäa, die das Jesuskind besuchen, so
verbindet sich bei der Krönung Parzivals zum Gralskönig (848) sein
Halbbruder Feirefis, dessen Vater Gachmuret dem Baruch von Bagdad diente, mit der Gralsbewegung in Europa. Greub schildert nun,
wie zuzeiten Kaiser Karls des Großen (747–814) in Bagdad Harun
al-Raschid regierte und dort an seinem Hof Perser, Juden, Ägypter,
Syrer, Chaldäer, Griechen und Christen versammelte, um zum Beispiel Aristoteles zu studieren. Dieses geistige Zentrum nahm auch
all das auf, was von Zarathustra-Schülern und Manichäern über-
liefert wurde. Hier zeigt sich das esoterische Arabertum aufnahme-
fähig für hellenistische und zoroastrische Spiritualität.

Die Geschichte von Flore und Blancheflur, der Eltern Königin
Berthas (725–783), der Mutter Karls des Großen, zeigt in wunder-
schönster Weise, wie Ost und West sich in beiden Personen ver-
banden. Flores Vater ist islamischer König in Spanien und heißt Fenis, das bedeutet »Phönix«. So heißt bei Wolfram von Eschenbach
auch der Gral. Ebenso heißt der Inser und neuenburgische Trouba-
dour Rudolf von Fenis. Flore ist am selben Tag (Palmsonntag) und
zur gleichen Stunde geboren wie Blancheflur, die Tochter einer
christlichen Gefangenen. Die beiden Kinder wachsen am Hofe des
Fenis auf und lieben sich von Anfang an. Als sie erwachsen sind,
wollen die Eltern von Flore nicht, dass sie heiraten, und verkaufen
Blancheflur an einen Herrscher im Morgenland. Flore kann aber
seine Geliebte in wunderbarer Weise retten und übernimmt das
Reich seines Vaters.

So schildert auch Wolfram von Eschenbach im »Willehalm« die
Beziehung von Willehalm und Arabel. Hier ist es Willehalm, der in
Bagdad bei der islamischen Königin Arabel gefangen wird. In die-
sem kulturellen Zentrum der damaligen Welt lernt er Chaldäisch

»Die Trauung« aus dem Codex Manesse.

sowie Koptisch und kann auch den historischen Zusammenhang des Grals in Bezug zu den vorchristlichen Religionen herstellen. Durch Thebit, den arabischen Gelehrten, macht er sich bekannt mit der chaldäischen Astronomie. Arabel und Willehalm heiraten, und sie wird nun im »Willehalm« »Gyburz« genannt.

Der große irisch-schottische Lehrer Scotus Erigena, Zeitgenosse von Willehalm, vertritt das johanneische Christentum. Er wird aber von den romorientierten Gelehrten ermordet. Willehalm ist nun der Träger des Grals-Christentums. Er wird Markgraf von Toulouse und ist verantwortlich für die Südfront Ludwigs des Frommen im Krieg gegen die Araber. So kommt es zur Schlacht von Alischanz (818), in der auch Teramer (Vater von Arabel-Gyburz) gegen Willehalm kämpft. Hier zeigt sich ein weiteres Mal das Aufeinanderstoßen von Ost und West, von Morgen- und Abendland.

Noch heute kann man im französischen Arles die Spuren dieser gewaltigen Auseinandersetzung in unzähligen Steinsarkophagen sehen. Willehalm wird im »Parzival« zum Kyot. Der ist einerseits der Onkel von Condwiramur, Parzivals Gattin, und andererseits der eigentliche Träger der Gralsfamilie; er ist auch astronomisch ausgebildet. Er wird der erste Berichterstatter der Gralsgeschichte, die Wolfram von Eschenbach Generationen später erzählt. So kommt es, dass Feirefis, der wie eine Elster schwarze und weiße Flecken auf seiner Haut hat (sein Vater ist weiß, seine Mutter schwarz), als reicher und gebildeter Halbbruder auf Parzival stößt. Nach einem existentiellen Kampf erkennen sie sich. Parzival, der in sich Ost und West integriert hat, kann Gralskönig werden.

Doch dazu braucht es, wie beim bethlehemischen Stern, eine bestimmte Konstellation: Saturn kommt am 19. September 842 beim ersten Gralsbesuch Parzivals, in sein Ziel (Haus), in den Steinbock. Amfortas, der kranke Gralskönig, hat große Schmerzen. Später fällt dann auch Schnee. Parzival ist saturnisch verzweifelt und einsam. Er kommt an seine Grenzen.

Jupiter, der Weisheitsfürst, kommt im März 848 in sein Ziel (Haus), in die Fische. Dort ist nun auch Saturn. Parzival bekommt durch den Eremiten Trevrizent die weisheitsvolle Gralsunterweisung. Mars tritt am 13. Mai 848 in sein Ziel (Haus), in den Skorpion. Diese marsische Kraft braucht Parzival, um den Gral zu ertrotzen.

So kommt es in den Fischen gleichzeitig zur dreifachen Konjunktion von Saturn und Jupiter. Die erste Konjunktion findet zu Pfingsten (am 13. Mai 848) statt. Es ist der Tag der Einsetzung zum Gralskönig. Hier haben wir die drei großen Planeten als Sinnbilde dieser Persönlichkeiten: Saturn im leidenden Amfortas, dem Fischerkönig, der durch diese »Parzival-Frage« geheilt wird; Jupite im Parzival, der nun Gralskönig wird; Mars im Feirefis, der getauft wird und die Gralskönigin Repanse de Schoye heiratet und in Indien das sagenhafte Reich gründet, das nach ihrem Sohn »Johannesreich« heißt.

Auch Parzival selbst ist zuerst marsischer roter Ritter, dann durch Verzweiflung und Todesprozesse (Sigune) gehender saturnischer Mensch und schließlich gekrönter jupiterhafter Gralskönig. Mars im Skorpion selbst zeigt dieses »Stirb und werde«.

Diese Parzival-Konstellation im Fischezeichen gibt es nur alle 854 Jahre. Durch die Inaugurierung Parzivals als Gralskönig wurde ein Impuls erneuert, damit das esoterische Christentum in der Tiefe weiterexistieren konnte. Nach außen hin hat das Rom-Christentum (Tod von Scotus Erigena) schon längst die Macht übernommen. So wiederholt sich eine astronomische Konstellation. Die Sterne werden zum makrokosmischen Zeichen einer mikrokosmischen Tatsache: der Geburt von Jesus und der Krönung von Parzival zum Gralskönig.

Die vierfache Konjunktion 1604

Tycho Brahe beobachtete als noch nicht Zwanzigjähriger im Jahr 1563 die große Konjunktion, also die des Saturn und des Jupiter, und bemerkte dabei die Unstimmigkeit mit den zeitgenössischen Ephemeriden. Das verstärkte seine Motivation, durch neue Beobachtungen exaktere Ephemeriden zu berechnen.

Tycho Brahe, Rudolf II. und Johannes Kepler (von links nach rechts), eine für die moderne Wissenschaft wichtige Begegnung zweier Forscher und eines Regenten.

Vierzig Jahre später, nach dem Tod von Tycho Brahe, war es Johannes Kepler, der diese große Konjunktion beobachtete. Als sich nun am 9. Oktober 1604 zusätzlich der Mars zu den beiden großen Planeten in exakter Konjunktion dazugesellte, was ein sehr seltenes Zusammentreffen bedeutete, war die Bewunderung groß. Es spielte sich astronomisch am Fuße des Schlangenträgers ab, des Weltenheilers Asklepeios; das heißt ekliptisch im Sternbild des Skorpions. Astrologisch, was Kepler auch interessierte, war diese Konjunktion im Tierkreiszeichen Schütze, also im feurigen Trigon (Widder, Löwe, Schütze). Johannes Kepler wurde durch diese außerordentliche Konjunktion veranlasst, sich mit dem Stern von Bethlehem zu befassen. Und er kam durch sein Literaturstudium und seine Berechnungen darauf, dass die Magier aus dem Morgenland dieser großen Konjunktion von Saturn und Jupiter gefolgt sind.

Nebenbei bemerkt: Es ist interessant, wie sich Johannes Kepler als Theologe und Astronom mit der biblischen Chronologie auseinandersetzt. So berechnete er zum Beispiel die Zeit von Adam bis zu Jesu Geburt mit 3989 Jahren.

Ein Tag nach der exakten Konjunktion von Jupiter und Mars (9. Oktober 1604) bemerkte Johannes Brunowsky, der kaiserliche Vizekanzler am Hof von Rudolf II. (1552–1612) in Prag (wo jetzt auch Johannes Kepler kaiserlicher Astronom war), ganz nahe und etwas rechts von Jupiter einen sehr hellen Stern. Der war genau so hell wie Jupiter. Johannes Kepler wollte das zunächst nicht glauben, doch am 17. Oktober 1604 sah er ihn selbst: Ein neuer Stern, dort, wo vorher keiner war, funkelte in allen Regenbogenfarben wie ein geschliffener Diamant. Dieser heute als Supernova identifizierter Stern, der sich sechzehn Monate später wieder abschwächte, gilt bis zur heutigen Zeit als die hellste bekannte Erscheinung dieser Art.

Es ergab sich sofort die Frage, wie die Supernova entstehen konnte. Astrologisch war bedeutend, dass sie im feurigen Zeichen des Schützen erschien. Zudem kam Mars nahe an Jupiter heran. Entzündete Mars diese Supernova? Johannes Kepler konnte auf frühere Beobachtungen von Tycho Brahe zurückgreifen, der im Jahr 1573 ebenfalls eine Nova im Sternbild Kassiopeia entdeckt hatte, und er stellte fest, dass diese Erscheinung nicht der Planetenwelt unseres Sonnensystems, sondern der Fixsternwelt angehörte.

In seinem Werk *Über den Neuen Stern im Fuß des Schlangenträgers* beschreibt Kepler dieses Phänomen. Er druckt die Sternenbilder ab, in denen dieses Schauspiel stattfand. Die Abbildung zeigt wieder, wie klar er in zwei Welten stand – in der astronomischen aber zugleich auch in der astrologischen.

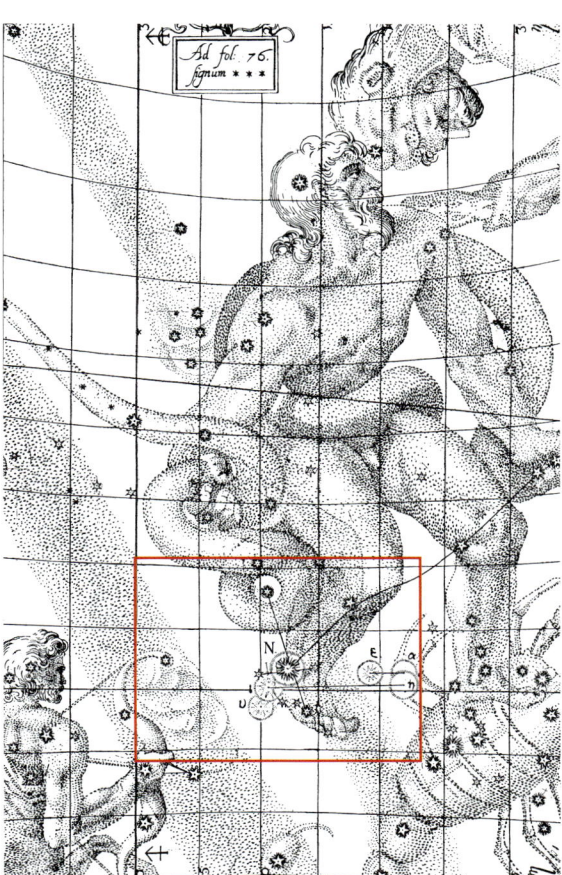

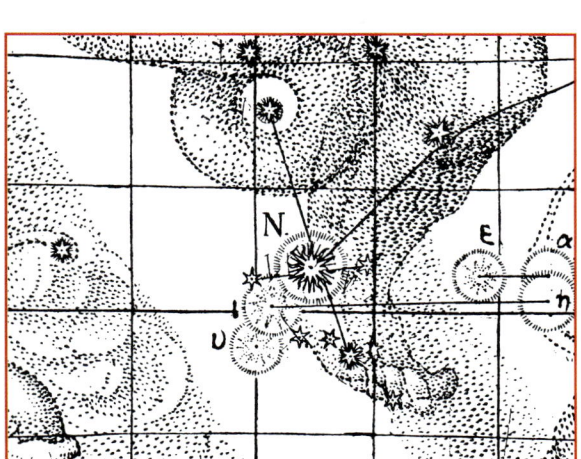

Der Schlangenträger und die astronomischen
Konstellationen vom 17. Dezember 1603 und
9. Oktober 1604.

Detail am Fuß des Schlangenträgers (a + E = Saturn,
n + I = Jupiter, v = Mars, N = Nova).

Dieses Treffen der »Sterne« (der drei Planeten und der Supernova)
im Schlangenträger hat mich seit Jahrzehnten beschäftigt. Eine
Interpretation, eine Sinngebung des Phänomens ergibt sich in Anbetracht der Beobachtung der makrokosmischen Tatsache einer
solchen Superkonjunktion am Himmel und der geistesgeschichtlich einzigartigen biografischen und karmischen Begegnung von
Tycho Brahe, Johannes Kepler und Rudolf II. Diese Persönlichkeiten sind derart miteinander verbunden, dass ohne die Existenz
des einen das »große Werk«, die *Neue Astronomie*, nicht hätte entwickelt werden können. Wäre nicht die These zu untersuchen, dass
in diesem kosmischen Schauspiel Rudolf II. den weisheitsvollen königlichen Jupiter spielte, Tycho Brahe den feurigen cholerischen
Mars darstellte und Johannes Kepler den melancholischen, durch
viel Leid und Grenzerfahrungen gehenden Saturn verkörperte? Die
Supernova als Feuerwerk bei der Geburt der *Neuen Astronomie*, die
Johannes Kepler inaugurierte?

Um das Jahr 1604 wurden erste Rosenkreuzerpublikationen bekannt. Diese Veröffentlichungen entfachten eine machtvolle spiri-

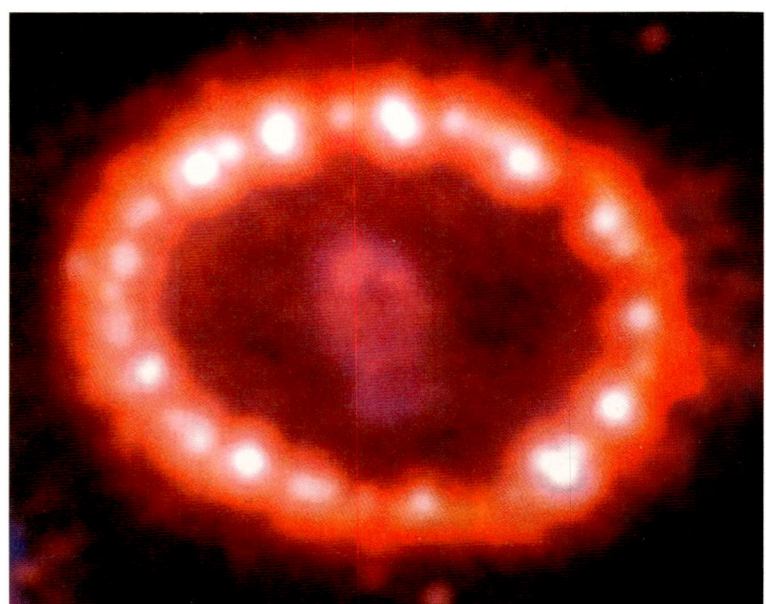

Supernova-Ring. Eine Supernova ist das helle Aufleuchten eines Sterns am Ende seiner Lebenszeit durch eine Explosion.

tuelle Bewegung, die, an die Herrscher Europas gewandt, eine echte Generalreformation verlangte. Dazu gehörte der große Pädagoge und Kulturerneuerer Janos Comenius (1592–1670), ursprünglich ein Bischof der böhmisch-mährischen Brüder. Er musste, wie viele andere böhmische Persönlichkeiten, das Land verlassen. Die katholische Gegenreformation vernichtete diese Impulse. Es kam zum Dreißigjährigen Krieg (1618–1648). Die Rosenkreuzerbewegung aber inspiriert bis zum heutigen Tag geistig interessierte Menschen. Tycho Brahe, Johannes Kepler und Rudolf II. gehören zu diesem geistigen Strom. Im übernächsten Kapitel über Tycho Brahe und Johannes Kepler werde ich noch vertiefter auf diese biografische und geistesgeschichtliche Situation eingehen.

Die Sonnenfinsternis 1999 und der Besuch des Isenheimer Altars

Im Jahr 1999 kam es zu einer totalen Sonnenfinsternis mit einer merkwürdigen Konstellation. Die totale Sonnenfinsternis, die auf der Erde eine feine dunkle Linie bildete, erstreckte sich von der amerikanischen Ostküste über den Atlantik, Frankreich, Deutschland, die Nordtürkei, den Iran und Afghanistan bis nach Indien. Diese Ost-West-Linie führte zum Subkontinent, wo Rudolf Steiner zufolge die erste nachatlantische Kulturepoche entstand. Sagte diese Linie schon voraus, dass sich Amerika durch die schreckliche Terrortat am 11. September 2001 schicksalhaft mit den Taliban in Afghanistan verbinden sollte? Diese Sonnenfinsternis war auch

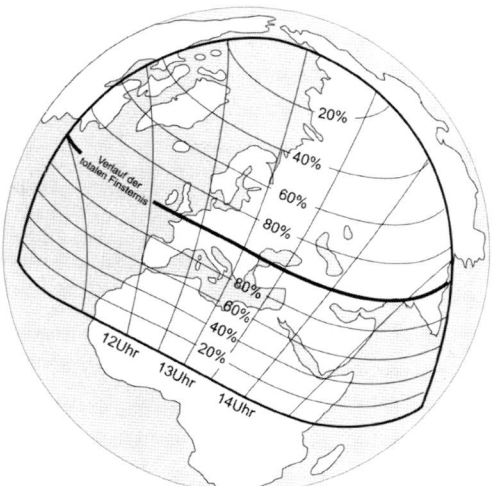

Die Linie der totalen Sonnenfinsternis im Jahr 1999.

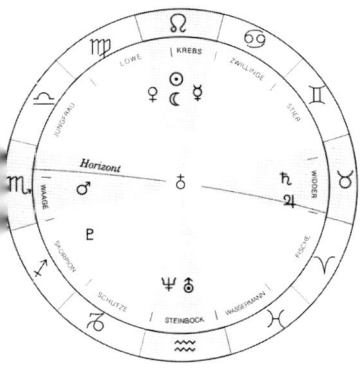

Konstellation: Mond vor Sonne im
Zeichen Löwe, Venus und Merkur
links und rechts bei der Sonne,
Mars im Skorpion im Osten, ihm
gegenüber im Westen Saturn und
Jupiter, Neptun und Uranus in
Opposition unter dem Nordhori-
zont, Pluto als Einzelgänger im
Zeichen Schütze.

deshalb etwas Besonderes, weil in Deutschland die letzte Be-
deckung der Sonne durch den Mond im Jahr 1887 stattgefunden
hatte und die nächste erst im Jahr 2081 wiederkommen soll.

Als Leiter der Bildungsstätte Schlössli Ins bin ich mit etwa hundert
Kindern, Jugendlichen und Erwachsenen mit dem Zug an einen Ort
nördlich von Straßburg gefahren, um dort die totale Finsternis zu
beobachten. Am selben Tag schauten wir uns auch den Altar von
Matthias Grünewald in Colmar an.[3]
    Seit Jahrhunderten war bekannt, dass diese Sonnenfinsternis
am Ende dieses Jahrtausends stattfinden wird. Es war eine Gelegenheit, sich zu überlegen, wie dieses »kosmische Projekt« auch päda-
gogisch-spirituell im Rahmen einer Heimgemeinschaft miterlebt
werden kann. Das Geschehen sollte als Phänomen so in den Herzen Platz finden, dass es im Goethe'schen Sinne sinnlich-sittlich zu
wirken vermochte. Vorher hatte ich mit Vorträgen auf das Geschehen aufmerksam gemacht und die Kreuzesstellung der Planeten im
»Viergetier« der vier Tierkreiszeichen gezeigt – des Löwen, des
Stiers, des Skorpion-Adlers und des Wassermann-Engels.

Diese außerordentliche Spannung der Oppositionen und Quadraturen, der Kreuzigung der Planeten, erinnert an die Kreuzigung am
Karfreitag. Im Vorfeld der Sonnenfinsternis spürte man allerorts
viel Angst vor diesem Ereignis. Die apokalyptische Spannung, darauf konnte schon vorher hingewiesen werden, kann nur durch die
kosmische Kraft der Mitte, durch den auferstandenen Christus,
überwunden werden. Am Westportal der Kathedrale in Chartres

3   Dieses sozialpädagogisch-astronomische Projekt wird hier dokumentiert, wie
    es in der Schlösslipost 1999/2000 (Hauszeitung der Bildungsstätte Schlössli
    Ins) veröffentlicht wurde.

Das Westportal der Kathedrale
von Chartres (Ausschnitt).

sitzt Christus in der Mandorla, umgeben von den vier Evangelisten-
Tieren. Das Bild könnte eine der möglichen Antworten auf die span-
nungsreiche Situation des Sonnenfinsternisgeschehens im Viergetier sein: Christus als der »Be-Herrscher« der irdischen Vierheit,
als der »Therapeut« aller kosmischen und irdischen Spannungen.

So entschieden wir uns, dass wir mit unseren Schüler(inne)n der
sechsten bis zehnten Klasse sowie Lehrer(inne)n und Erzieher(inne)n
zu einem Ort nördlich von Straßburg fahren würden, um dort beim
Dörfchen Bischwiler auf einem abgeernteten Feld die totale Sonnenfinsternis zu erleben: insgesamt hundert Menschen, die über Bern,
Basel und Straßburg mit dem Zug dorthin gekommen waren.

   Der Himmel zeigte sich spannungsreich: Blauer Himmel, Wolken und Regen wechselten sich ab. Dazwischen konnte man schon
die helle Sonne sehen, wie sie langsam vom dunklen Mond über-
schattet wurde. Die Totalität der Verdunklung konnte vollständig
erlebt werden, vor allem die letzten Sonnenstrahlen als Diamantlicht.

Die eigenartige fahle und, wie es eine Schülerin nachträglich beschrieb, gruselige Dunkelheit kroch bis ins Herz hinein. Dieser
Durchgang durch das apokalyptische Totenreich war fast unerträg-
lich. Immerhin leuchtete tröstlich die Venus auf, und die Korona
überleuchtete die Mondscheibe. Dann kam wieder das erste Licht
und ein befriedigendes Jauchzen und Aufatmen ertönte. Nach ein
paar Minuten war die Normalität des Sonnenlichts wieder da, und
es regnete, als wäre auch dies eine Antwort auf das Geschehen

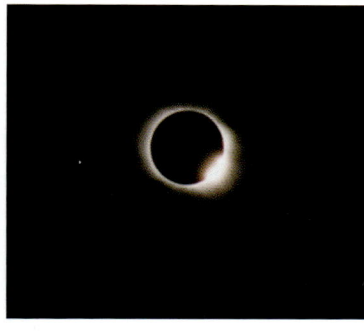

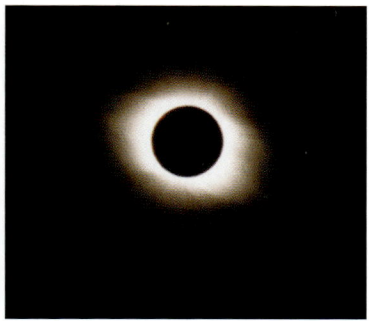

Diamantlicht (oben) und Korona (totale Sonnenfinsternis).

Die total verdunkelte Sonne mit Korona.

Tausende und Abertausende von Menschen beobachteten ebenso in dieser Gegend die Sonnenfinsternis, erlebten sie jedoch unter der verschlossenen Wolkendecke. Es war wirklich ein Glück für unsere Heimgemeinschaft, dies alles vor Ort erleben zu dürfen.

Dann fuhren wir nach Colmar, um uns den Isenheimer Altar von Matthias Grünewald anzuschauen. Am Abend davor hatten wir uns Diapositive dieses Kunstwerks angesehen mit dem Hinweis darauf, dass der Altar im therapeutischen Sinne für Schwerstkranke gemalt wurde. Wir stellten unseren Kindern und Jugendlichen die Frage, warum wir nach dem Erlebnis der Sonnenfinsternis gerade nach Colmar fuhren. Was hat die Sonnenfinsternis mit dem Isenheimer Altar zu tun? Hier folgen einige der vielen aufschlussreichen Antworten und Beschreibungen der Sonnenfinsternis von den Teilnehmern unserer Expedition:

- »Mit der Sonnenbrille beobachteten wir, wie der Mond sich vor die mächtige Sonne schob. Vor lauter Sonnenfinsternis vergaß ich den von Nostradamus angesagten Weltuntergang« (Michael).
- »Der Mond stellt sich vor die Sonne. Bald ist es dunkel. Es erinnert mich an das Leben, die Dunkelheit als Schwäche, das Licht als Kraft, die hinter uns steht: Gott. Unterdessen ist die Sonne schon vollständig vom Mond verdeckt. Doch nicht ganz. Die Sonne, die Kraft, sie ist größer als die Schwäche und schaut am Rande hervor. Und die Sterne strahlen Liebe hervor. Es tut gut, so eine Auferstehung. Ich denke, eine Sonnenfinsternis ist jedes Mal eine Auferstehung. Liegt es daran, dass vor 1999 Jahren die Auferstehung Jesu Christi war? Wer kann die Frage schon beantworten. Ich jedenfalls nicht. Ich lege mich auf die Erde zurück und genieße die letzten Sekunden der Sonnenfinsternis und lasse die Frage unbeantwortet« (Michel).
- »Ueli Seiler hat uns die Frage gestellt, was die Sonnenfinsternis mit dem Isenheimer Altar zu tun hat. Ich, Marc, weiß es: Die Sonne verfinsterte sich, als Jesus starb. Als Christus wieder aus dem Grab kam und wieder lebte, wurde die Sonne wieder hell. Dasselbe geschieht bei der Sonnenfinsternis« (Marc).
- »Auf dem Kreuzigungsbild des Isenheimer Altars ist alles grausam, dunkel und kalt dargestellt. Auf den Bergen im Hintergrund ist Schnee zu erkennen. Ich denke, all das hat sehr viel mit der Sonnenfinsternis zu tun. Denn auf dem Bild erscheint ein genau so dunkler Schatten und gleiche Kälte. Für mich ist bei dem Bild und bei der Sonnenfinsternis der Tod dargestellt« (Sebastian).

- »Als Jesus starb, wurde auch alles still, das sah ich auf dem Bild. Bei der Sonnenfinsternis waren alle Tiere still, und als die Sonne wiederkam, kamen die Tiere wieder hervor« (Daniel).
- »Ich vergnügte mich draußen vor dem Museum, kam dann durch die ganzen Räume des Museums, um plötzlich vor dem Altarbild ›Die Kreuzigung‹ zu stehen. Auch so bei der Sonnenfinsternis: Spannung, immer gefasst auf das Dunkle, auf die totale Finsternis. Man starrte es an, bis plötzlich der Diamant dahinter hervorkam – die Auferstehung! Ich erfreue mich nun viel mehr am Tag, und es ist nicht mehr reine Routine, dass die Sonne da ist und auch nie verschwinden wird« (Belcha).

Das Bild des Kreuzes, das ganz eindrücklich auf das Viergetier weist, zeigt die Möglichkeit der Vereinseitigung des Menschen. In Chartres am Westportal erscheint wieder das Viergetier, aber eben mit Christus als Zentrum. »Nicht ich, sondern Christus in mir!«, zeigt die Therapie gegenüber diesen apokalyptischen Tieren.

Das dargestellte Weltenkreuz zeigt im Süden das Hauptgeschehen in der Vereinigung von Sonne und Mond, von Geist und Seele in totaler Weise. Doch die Korona macht deutlich, wie der Geist das finstere Seelische umhüllt. Links davon ist der denkerische Merkur, rechts die fühlende Venus, die man während der Finsternis auch gleichzeitig sah. Unten im Nadir, im intuitiven Wassermann, Neptun und Uranus als die in die Zukunft weisenden Kräfte. Im Osten, im Aszendent, im »Stirb-und-werde-Zeichen« des Skorpions, der drängende willenskräftige Mars. Er bringt die Impulse in das ganze Geschehen.

In genauer Opposition zu Mars steht Saturn im Westen im Deszendenten. Hier wird die Kraft des Mars verinnerlicht, wird der Same für die Zukunft gelegt. Jupiter, der weisheitsvolle Fürst, zieht das ganze Gespann, um königlich den Planetenreigen anzuführen. Der Exzentriker Pluto ist als Einziger außerhalb des Kreuzes, und doch initiiert er harmonische Aspekte zu Merkur und Neptun.

Auch hier, in dieser vierten Konstellation, stehen die großen Planeten Saturn und Jupiter beisammen. Allerdings nicht ganz, denn die nächste große Konjunktion folgte am 28. Mai 2000. Wenn der kernbildende Saturn mit dem fruchtbringenden Jupiter zusammenkommt, dann entsteht ein höheres Ganzes. Dann glänzt das sonnenhafte Neue hervor, das der Menschheit spirituelle christliche Innigkeit vermittelt.

So wird exemplarisch deutlich, dass Konstellationen Bilder für seelisch-geistige Qualitäten sind. Noch mehr: Sie sind makrokosmische Impulse für irdische mikrokosmische Ereignisse.

Der Isenheimer Altar in Colmar: Kreuzigung – die Erde verfinsterte sich. Unten: Geburt und Auferstehung.

Tycho Brahe und Johannes Kepler

»Die moderne Naturforschung ist als empirischer Pythagoreismus geboren worden. Diese Aufgabe hatte schon Leonardo da Vinci gesehen – sie zuerst gelöst zu haben ist der Ruhm Keplers. Das psychologische Motiv seines Forschens war die philosophische Über- zeugung von der mathematischen Ordnung des Weltalls; und er bestätigte diese, indem er durch eine großartige Intuition die Gesetze der Planetenbewegung entdeckte.«

Wilhelm Windelband

Der dänische Astronom Tycho Brahe.

Die beiden Astronomen Tycho Brahe und Johannes Kepler sind un- angefochten die zwei wichtigsten Wegbereiter der modernen As- tronomie. Als Bahnbrecher für die neue Zeit standen sie zugleich auch für eine ganzheitliche göttliche Spiritualität. Sie wollten der Autorität des Aristoteles und den jahrhundertealten Traditionen nicht mehr gehorchen. Sie wollten durch eigene Forschung die Welt der Sterne neu verstehen.

Tycho Brahe tat dies durch erstmalig unglaublich exakte Be- obachtungen mit stets neu erfundenen Instrumenten. Johannes Kepler, der 25 Jahre Jüngere, zeichnete sich vor allem durch seine hohe Intelligenz und seine mathematischen Fähigkeiten aus.

Tycho Brahe stammte von einer dänischen adeligen Familie ab und sollte Jurisprudenz studieren. Doch seine Neigungen standen schon früh fest. Er wollte das All erforschen. Wichtige Schlüsseler- lebnisse, eigentlich die Phänomene, führten ihn vollends in die As- tronomie: die partielle Sonnenfinsternis 1560 und die königliche Konjunktion 1562 zwischen Jupiter und Saturn. Er kaufte sich Eph- emeriden und sah, dass sie nicht stimmten. So fing er bald an, zu- erst mit einfachen, dann mit immer genaueren Messinstrumenten die Rhythmen der Sterne phänomenalistisch zu beobachten. Das Ziel waren neue, bessere Ephemeriden. Dieses Ziel erreichte er selbst jedoch nicht. Doch mit den exakten Beobachtungen von Tycho Brahe gelang es Johannes Kepler im Jahr 1627, die neuen Ephemeriden herauszugeben, die er nach Kaiser Rudolf II. benann- te. Die »Rudolfischen Tafeln« sind ein einzigartiges Werk des Be- obachters Tycho Brahe, des Mathematikers Johannes Kepler und des habsburgischen Kaisers und Mäzens Rudolf II. Dass sich gera- de diese drei so verschiedenen Persönlichkeiten zusammenfanden und das Ureigenste zum Gelingen der Geburt der modernen Astro- nomie beitrugen, ist schicksalhaft. Es ist eine göttliche Fügung.

Tycho Brahe, bald berühmt durch seine noch nie dagewesenen exakten Sternebeobachtungen, baute sich zwischen 1576 und 1597 auf der dänischen Insel Ven im Öresund in einem schlossähnlichen Gebäude neue Instrumente zur Erforschung des Himmels. Zugleich war er auch Alchemist. Er war ein gefragter Arzt und entwickelte neue Medikamente. Er richtete eine Papiermühle und Druckerei ein, stellte eigenes Papier her und ließ dort seine Bücher drucken und binden. Selbstverständlich war er, wie auch Johannes Kepler, astrologisch tätig und machte Prognosen. Als Zwanzigjähriger sagte er den Tod eines Sultans voraus. Seinem großen Mäzen Rudolf II. prophezeite er, dass dieser zur gleichen Zeit wie sein Lieblingslöwe sterben werde. Dies trat dann auch ein.

Doch er war kritisch gegenüber der Scharlatanerie der Astrologie. Er war der Meinung, dass sich der Mensch gegen das vorgegebene Schicksal wehren kann. Zudem hatte er kaum Zeit, die gefragte Horoskopie zu betreiben, obschon sie mehr Geld einbrachte als die Astronomie. (In Anspielung auf sein niedriges Gehalt schrieb Kepler einmal, die Astrologie sei ein »närrisches Töchterlein«, aber wo wolle ihre Mutter, die Astronomie, bleiben, wenn die Tochter nichts erwürbe ...)

Tycho Brahes Wissenschaftlichkeit war die eines modernen Menschen: Er versuchte die Fehler seiner Beobachtungen durch bessere Instrumente und Methoden zu vervollkommnen. Als »neuer Mensch« versuchte er, sich von der Oberflächlichkeit der Adelstradition abzukehren: Was er sich nicht selbst persönlich errungen habe, sondern durch Abstammung und Vorfahren erhalten, nenne er nicht sein Eigen. Sein Geist strebe nach großen Dingen. Weder Macht noch Besitz, nur das Reich der Wissenschaft habe Bestand.

So heiratete er auch nicht »standesgemäß«, sondern eine »einfache Frau aus dem Volke«, die ihm das ganze Leben eine gute Gattin und Mutter seiner Kinder war. In dieser biografischen Haltung zeigt sich der neue Mensch der Bewusstseinsseele, der sich aus sich selbst heraus entwickelt und sich selbst aus dem Sumpf der Traditionen erhebt, fast wie es Münchhausen tat.

Für Tycho Brahe war der Mikrokosmos im Makrokosmos eine feststehende Tatsache, da zwischen den sieben Planeten und den sieben wichtigen Organen des menschlichen Körpers eine so große Ähnlichkeit herrsche und sich alles so sehr entspreche, dass der Mensch geradezu nach dem Vorbild der oberen Welt gebildet zu sein scheine und daher nicht mit Unrecht von den Philosophen Mikrokosmos genannt werde.

Er ist zwar vom Nutzen der Astrologie überzeugt, will sich aber von ihr nicht knechten lassen: Der freie Wille des Menschen sei keineswegs den Gestirnen unterworfen. Im Menschen sei etwas, was über alle Gestirne erhaben sei, mit dessen Hilfe er alle »übelwollenden Neigungen« der Gestirne besiegen könne. Es nutze sehr

Der Mäzen Kaiser Rudolf II.

Tycho Brahe.

viel, »die Beschlüsse der Gestirne« im Voraus zu wissen, damit wir, wenn sie gut sind, das unerwartete Glück nicht »in frecher Gesinnung« aufnähmen; wenn sie aber »böse« seien, uns vor ihrem Eintreffen sichern und hüten könnten.

Tycho Brahe war also ein moderner rationaler Wissenschaftler, der sich aber zugleich auch in einer ganzheitlichen integralen Sternenkunde bewegte, wie es auch in diesem Buch versucht wird. Aus dieser Sicht ist Tycho Brahe nicht nur modern, sondern geradezu »postmodern«.

Seine wichtigsten astronomischen Arbeiten waren nach eigener Einschätzung die Beobachtungen der Sonnenbahnen, eine große Zahl von Planetenbeobachtungen, die Entdeckung einer neuen Ungleichheit der Mondbewegung, andere Phänomene der Mondbewegung, Kometenbeobachtungen, durch die er bewies, dass Kometen viel weiter entfernt sind als der Mond, sowie die Vermessung der Orte von tausend Fixsternen.

Er schrieb über die Astronomie, sie erfülle des Menschen Geist mit einem unerhörten und wohltuenden Entzücken, schärfe ihn, lenke die Gedanken, aus denen sein Leben bestehe, von diesen »irdischen, lächerlichen und nichtigen Dingen« zu den himmlischen, ernsten und bleibenden Betrachtungen.

Tycho Brahe bekam eine Anstellung als Hofastronom in Prag bei Kaiser Rudolf II., die er die vier letzten Jahre seines Lebens ausfüllte. Diese zwar kurze, aber für das Schicksal der modernen Astronomie einzigartige Zeit in Prag ermöglichte das Treffen dieser bedeutenden Persönlichkeiten: Der junge Wissenschaftler Johannes Kepler konnte 1597 als 26-Jähriger dem berühmten Tycho Brahe sein astronomisches Frühwerk *Mysterium Cosmographicum* schicken. Brahe war begeistert und erreichte beim Kaiser Rudolf II. eine Anstellung für Kepler.

Johannes Kepler war im Gegensatz zu Tycho Brahe eher nebenbei Astronom geworden. Eigentlich hatte er eine Professur als Theologe angestrebt. Ständig in Geldschwierigkeiten, musste er auch noch wegen Religionsstreitereien aus Graz fliehen und war froh, überhaupt irgendwo eine Stellung zu bekommen. Johannes Kepler ist anders als Tycho Brahe, in völlig verarmten Verhältnissen im württembergischen Deutschland aufgewachsen. Sein Vater verschwand bald als Söldner nach Holland, die Mutter war eine schwierige Person. Mit drei Jahren machte er eine schwere Pockenerkrankung durch, die bei ihm eine starke Kurzsichtigkeit verursachte. Doch fiel er schnell als begabter Schüler auf. Er kam in die Klosterschule in Adelberg und studierte in Tübingen Theologie, Mathematik und Astronomie. Nach dem Studium wurde er Professor für Mathematik in Graz, wo er auch heiratete. Er gab einen Wetterkalender und astronomische Studien heraus sowie das erwähnte erste astronomische Werk *Mysterium Cosmographicum*.

Im Jahr 1600 kommt er nach Prag. Doch hier treffen sich zwei völlig ungleiche Geister: der reiche, willensstarke, cholerische, autoritäre, patriarchalische Hofastronom Tycho Brahe und der verarmte, viel jüngere, überaus intelligente, melancholische Mathematiker und theoretische Astronom Johannes Kepler. Und die beiden verstehen sich eigentlich nicht. Tycho Brahe, misstrauisch und herrschsüchtig, will Kepler die Daten der Sternbeobachtungen nur zögerlich herausgeben. Kepler ist verletzt, flüchtet aus Prag, kehrt aber im September 1601 zurück. Doch dann stirbt Brahe am 24. Oktober 1601 plötzlich, und Kepler wird sein Nachfolger.

Johannes Kepler, Nachfolger Tycho Brahes als Hofastronom in Prag.

Dank der Autorität Kaiser Rudolfs II. erhielt Johannes Kepler das Material über die astronomischen Beobachtungen Tycho Brahes, obwohl seine Erben dies nicht wollten. Ohne Rudolf II. hätte Kepler die wissenschaftlichen Grundlagen für seine bahnbrechenden Entdeckungen nicht bekommen. Kepler war nun frei und kam schließlich zur Entdeckung der nach ihm benannten Gesetze, die zeigen, dass die Planeten nicht kreisförmig, sondern in einer ellipseähnlichen Bahn um die Sonne kreisen. Die Theorie, in der behauptet wird, Johannes Kepler habe Tycho Brahe vergiftet, ist sicher falsch. Dazu war Kepler ein viel zu moralischer Mensch mit einer zu hohen Intelligenz und einer kreativen Intuition, gewissermaßen »hörte er im All die Weltenharmonie« und entwickelte sie zur wunderbaren kosmischen Mathematik.

Nun kam es ja, wie schon beschrieben wurde, im Herbst 1604, drei Jahre nach Tycho Brahes Tod, am Himmel zu einer Sternkonstellation, die als kosmisches Motiv dieser Weltenschicksalsstunde der Astronomiegeschichte gelten kann: die sich alle zwanzig Jahre wiederholende große königliche Konjunktion zwischen Jupiter und Saturn, die Tycho Brahe schon als Sechzehnjähriger im Jahr 1562 erlebt hatte, geschah im Sternzeichen Schütze. Dies findet nur alle achthundert Jahre statt. Zugleich trat aber auch noch Mars in diese Konjunktion. Diese drei großen Planeten zusammenstehend wurden zum Bild der drei historisch wichtigen Persönlichkeiten: Jupiter für den kaiserlichen Mäzen und Förderer der Wissenschaften und Künste Rudolf II., Saturn für den in die Tiefe und an die Grenzen gehenden, leidenden Johannes Kepler und Mars für den willensstarken, die astronomischen Tatsachen auf die Erde bringenden Tycho Brahe. Dazu kam eben die Supernova. Dieser Anblick eines neuen Sterns, der einige Monate später wieder verschwand, offenbarte die neue Astronomie, das neue Bewusstsein, das Rudolf Steiner

»Bewusstseinsseele« nannte. Diese Supernova war einzigartig, erst Ende des zwanzigsten Jahrhunderts wurde wieder eine sichtbar.

Man konnte die Supernova, die Tycho Brahe 1572 im Sternbild Kassiopeia beobachtet hatte, im Jahr 2008 als thermonukleare Explosion eines weißen Zwergsterns identifizieren, der von einem eng benachbarten Riesenstern quasi »überfüttert« worden ist.

Johannes Kepler lebte nun in Prag als Hofastronom im Schutz Rudolfs II. Er erforschte aufgrund der Beobachtungen von Tycho Brahe die Planetenbahnen, zunächst vor allem die des Mars. Die Stellung seiner Forschungen in Bezug auf Tycho Brahes Vorarbeit beschrieb er schon vor dessen Tod so:

»Tycho besitzt die besten Beobachtungen und damit gleichsam das Material zur Aufführung eines neuen Gebäudes; er hat auch Arbeiter und alles, was man sonst wünschen mag. Es fehlt ihm nur der Architekt, der dies alles nach eigenem Plan benützt. Denn wenn er auch eine recht glückliche Veranlagung und wirklich architektonisches Geschick besitzt, so hat ihn doch die Vielfältigkeit der Erscheinungen sowie die Tatsache, dass die Wahrheit in den einzelnen recht tief versteckt liegt, am Weiterkommen gehindert. Nun schleicht das Alter an ihn heran, das den Geist und alle Kräfte schwächt oder nach wenigen Jahren so schwächen wird, dass er schwer alles allein bewältigen kann.«

Das größte Werk aus seiner Zeit in Prag ist die Astronomia Nova die Neue Astronomie. Darin sind unter anderem die ersten zwei Kepler'schen Gesetze zu finden (»Die Planeten bewegen sich in Ellipsen, in deren einem Brennpunkt die Sonne steht« und »Der Fahrstrahl beschreibt in gleichen Zeiten gleiche Flächenstücke der Ellipse«). Hier lernen wir Johannes Kepler als modernen Wissenschaftler kennen, der alles mathematisch beweist. Trotzdem gehört zu seiner »Wissenschaft« stets ebenso die Theologie. Denn er ist als Theologe Astronom geworden. Seine hymnische Art zeigt sich auch im Vorwort der Astronomia Nova:

»Demütig nahe ich mich, das Buch hier in Händen als Gabe.
Duftender Weihrauch möge es sein dem Schöpfer des Weltalls,
Weihrauch, deinen Bäumen entquollen, mit deiner Erlaubnis
Eifrig gesammelt von mir. Ich bring ihn, erhoben die Hände.
Reinen Sinnes opfere ihn! Ich folg dir in Inbrunst.
Bete ich fromm mit dir: Der weise Begründer des Himmels.
Helf mir bei meinem Bemühn, das Werk seiner Allmacht zu deuten.

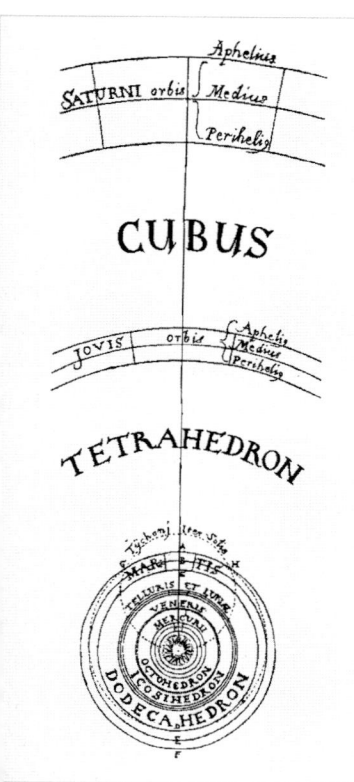

Schnitt durch die Planeten-bahnen.

Kaum war das Fernrohr erfunden, befasste sich Kepler mit der Optik. Doch er beschäftigte sich auch mit der vielseitigen Geometrie des Schnees und schrieb eine Abhandlung darüber (»Über den hexagonalen Schnee«).

Die Prager Zeit brachte neues Leid in seiner Familie. Kinder starben und schließlich seine Frau. Und auch politisch bekam er Probleme. Rudolf II. kam in Bedrängnis. Sein Bruder setzte ihn ab, woraufhin Rudolf II. bald starb, und zwar am 20. Januar 1612 um 7.00 Uhr in der Frühe. Vorher war auch sein Löwe gestorben, wie es Tycho Brahe vorausgesagt hatte. Rudolf II. gilt als politisch glücklos. Sein kulturelles Werk ist jedoch von größter Bedeutung. Kaum ein Herrscher der Neuzeit hat so viele Kulturgüter (Malerei, Plastik, Musik, Geistes- und Naturwissenschaften und so weiter), so viele Künstler und Wissenschaften am Hofe versammeln können wie er. Auch in gesellschaftlicher und religionspolitischer Hinsicht ermöglichte Rudolf II. einen relativen Frieden zwischen Protestanten und Katholiken. Mit seinem Tod bereitete sich der kulturzerstörende und sinnlose Dreißigjährige Krieg vor.

Zwischen 1612 und 1626 ist Johannes Kepler in Linz tätig, wo er wieder heiratete und eine Stelle als Geograf bekam. Er verfasste Werke über die Messtechnik. Im Jahr 1619 kam sein größtes Werk heraus *Harmonices Mundi*, die *Harmonie der Welt*. Doch Kepler bekam auch Schwierigkeiten mit den interprotestantischen Dogmen und wurde von den Lutheranern exkommuniziert, weil er seine Unterschrift unter ihr Glaubensbekenntnis nicht geben wollte. So wird er vom Abendmahldienst ausgeschlossen. Kepler sagte, er wisse wohl, er könnte den ganzen Streit niederschlagen, wenn er die Konkordienformel ohne Vorbehalt unterschriebe. Aber ihm stehe nicht an, in Gewissensfragen zu heucheln. Er werde über »die Brüder« nicht richten. Er verstand sich nicht als konfessionellen Christen, und er wollte sich auch nicht gegen die Kalvinisten stellen.

Eine schlimme Erfahrung hat er auch mit seiner Mutter, die er nach jahrelangem Ringen doch noch vor der Hexenverfolgung retten konnte. Dieses Beispiel zeigt seine Unerschrockenheit. Er wehrte sich gegen diesen Hexenwahn, obwohl er sich selbst und seine Familie dadurch in Gefahr brachte.

Schließlich kommt er unter Druck und soll zum katholischen Glauben konvertieren, oder er würde wieder einmal seine ganze Existenz verlieren. Kepler bleibt sich treu und flüchtet am Ende seines Lebens von Stadt zu Stadt (Frankfurt, Ulm, Regensburg, Prag). Im Jahr 1627 kommen seine »Rudolfischen Tafeln« heraus.

Eine kurze Zeit verbringt Kepler unter Wallensteins Herrschaft und stirbt am 15. November 1630 in Regensburg. In seiner von ihm selbst geschriebenen Grabinschrift heißt es:

Sonnenzentrische Umschreibung der Planetenbahnen mit den platonischen Körpern.

Johannes Kepler, der Theologe war und einer der bedeutendsten Wissenschaftler wurde.

»Mensus eram coelos, nunc terrae metior umbras.
Mens coelestis erat, corporis umbra iacet.«

(Die Himmel hab ich gemessen, jetzt mess ich die Schatten der Erde. Himme
wärts strebte der Geist, des Körpers Schatten ruht hier.)

Das Leben Johannes Keplers war ein Martyrium: stets in Geldno
Leid und Todeserfahrung in seiner Familie, immer unter Druck into
leranter Glaubensstreitereien. Er strebte eine Professur für Theolo
gie in Tübingen an, wurde aber zu einem der größten Wissenschaf
ler der neuen Zeit. Seine Biografie ist schon bewunderungswürdi
genug. Doch wollen wir hier nun seine beiden Hauptwerke, *Myste
rium Cosmographicum* und *Harmonices Mundi*, etwas betrachten.

Das erste hat er als 25-Jähriger geschrieben, das zweite als 48-Jähriger vollendet – wie vom Keim zur Frucht. Am 19. Juli 1595 kam ihm mitten im Unterricht, als er seinen Schülern ein Konstellationsproblem erläuterte, die Erleuchtung. Er glaubte, durch göttliche Fügung sei es so gekommen, dass er durch Zufall bekam, was er durch keine Mühe vorher erreichen konnte. Ihm kam als Intuition folgender Urgedanke:

»Die Erde ist das Maß für alle anderen Bahnen. Ihr umschreibe einen Dodekaeder; die dieses umspannende Sphäre ist der Mars. Der Marsbahn umschreibe ein Tetraeder; die dieses umspannende Sphäre ist der Jupiter. Der Jupiterbahn umschreibe einen Würfel; die diesen umspannende Sphäre ist der Saturn. Nun lege in die Erdbahn ein Ikosaeder; die diesem einbeschriebene Sphäre ist die Venus. In die Venusbahn lege ein Oktaeder, die in diesem einbeschriebene Sphäre ist der Merkur.«

Kepler wollte, »dass wir vom Sinn der Dinge, die wir mit Augen betrachten, zu den Ursachen ihres Seins und Werdens vordringen«. Dieses Vordringen von den Sinnen zum Sinn der Welt ist wohl ein Urmotiv auch dieses Buches. Sein Alterswerk, das auch das berühmteste ist und in unzähligen Neuauflagen gefeiert wurde, ist seine *Harmonie der Welt*. In ihm ist das dritte Kepler'sche Gesetz enthalten: »Die Quadrate der Umlaufzeiten verhalten sich wie die dritten Potenzen der mittleren Abstände.« Das Werk ist wie folgt gegliedert:

- *Geometrisches Buch:* Ursprung und Darstellung der regulären Figuren, welche die harmonischen Proportionen begründen.
- *Architektonisches* oder auf der figürlichen Geometrie beruhendes Buch: Kongruenz der regulären Figuren in der Ebene und im Raum.
- Eigentlich *Harmonisches* Buch: Ursprung der harmonischen Proportionen aus den Figuren. Natur und Unterschiede der musikalischen Dinge im Gegensatz zu den alten.
- *Metaphysisches*, *Psychologisches* und *Astrologisches* Buch: Das geistige Wesen der Harmonien und ihre Arten in der Welt. Im Besonderen die Harmonie der Strahlen, die von den Himmelskörpern auf die Erde herabkommen, und ihre Einwirkung auf die Natur oder die sublunarische Seele und die menschliche Seele.
- *Astronomisches* und *Metaphysisches* Buch: Die vollkommensten Harmonien der Himmelsbewegungen und der Ursprung der Exzentrizitäten aus den harmonischen Proportionen.

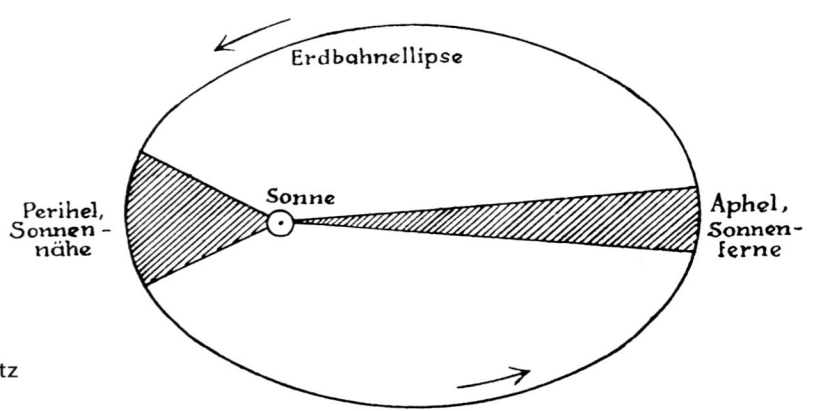

Das zweite Kepler'sche Gesetz
(Flächensatz).

Was Johannes Kepler in seinem Werk will, wird durch folgende Zitate klar. Darin zeigt er sich als Schüler Pythagoras', als Platoniker und
Christ:

»Für die Betrachtung der Natur leistet die Mathematik den größten
Beitrag. Für die Theologie arbeitet die Mathematik dem gedanklichen
Aufbau vor. Denn was für Erkenntnis der Wahrheit über das Göttliche
den Uneingeweihten schwierig und hoch erscheint, das legen die mathematischen Begriffe mit Hilfe von Bildern als überzeugend, offenkundig und unwiderleglich dar. Sie zeigen die Offenbarungen der
überwesentlichen [übersinnlichen] Eigenschaften in den Zahlen auf
und lassen die Kräfte der intelligiblen [spirituellen] Formen in den intellektuellen hervortreten. Daher gibt uns Plato viele wunderbare Lehren über das Göttliche mit Hilfe der mathematischen Begriffe, und die
Philosophie des Pythagoras verbirgt hinter diesen wie hinter einem
Vorhang die Einführung in die Mysterien der göttlichen Lehren (…).
    Im Sinne von Pythagoras, Platon, Proklos und anderen ist die Seele etwas vom Geist Verschiedenes. Während der Geist einfach ist, so
ist (…) die Seele vielfältig in ihrem Vermögen. Während die Ideen aller Sinnendinge primär durch sich, rein und ewig gleichbleibend dem
Geiste innewohnen, sind sie in der Seele in sekundärer Weise enthalten (…) mehr zur Materie hinneigend. (…) Das Ganze geht darau
hinaus, dass der Christ sehr wohl unter dem platonischen Geist Got
den Schöpfer und unter der Seele die Natur der Dinge versteher
kann.«

Hier wird geistesgeschichtlich zwischen Geist und Seele ausdrücklich differenziert. Nun werden der Geist, die Seele und der Leib ir
Analogie zur Sonne und zur Erde gesetzt:

»Die Erdseele lebt in der Materie des Regens, des Windes, des Ne
bels, der Gewitter und der Nordlichter wie die Seele eines Tieres ir

Echnaton, der Gatte Nofretetes, erhob den Gott Aton in Gestalt der Sonnenscheibe über alle Götter Ägyptens.

der Materie seines Leibes. Darum wird auch jene Seele sich nicht nur auf der Oberfläche, sondern auch innen und in den unterirdischen Höhlen, in den Gängen der Berge befinden. Schließlich wird die Erdkugel ein Körper sein wie der des Tieres, und was für das Tier die Seele ist, das ist für die Erde eben die sublunarische Natur (…)

Die Wissenschaft vom Weltenraum ist einzig und ewig und strahlt wieder aus dem Geiste Gottes. Dass die Menschen an ihr teilhaben dürfen, ist mit einer der Gründe, weshalb der Mensch das Ebenbild Gottes genannt wird (…) Die Sonne steht doch gewiss in der Mitte der Welt, als ihr Herz, als Quelle des Lichts und der Wärme, als Ursprung des Lebens und aller Bewegung. Aber es scheint, dass der Mensch, wie billig, jenem königlichen Herrscherzelt hat entsagen müssen. Der Himmel ist dem Herrn des Himmels, die Sonne der Gerechtigkeit, die Erde aber den Kindern der Menschen gegeben. Denn obgleich Gott keinen Leib hat und keiner Wohnstätte bedarf, so sendet er dennoch von der Sonne (…) mehr Kräfte aus, die die Welt leiten, als von den anderen Weltkugeln.«

Fast unvermerkt hat hier der Theologe dem Astronomen die Feder aus der Hand genommen und fährt fort:

»Aus der Eigenart seines Wohnortes soll der Mensch seine eigene Dürftigkeit erkennen und den überquellenden Reichtum Gottes; er soll einsehen, dass er nicht Ausgang und Ursprung aller Pracht der Welt ist, sondern abhängt von ihrem Urquell und Ursprung (…) Nach der Sonne aber gibt es keinen edleren und den Menschen gemäßeren Ort als die Erde …«

Es folgt noch ein von ihm selbst verfasster Psalm: »Groß ist unser Herr und groß seine Kraft und seiner Weisheit ist keine Zahl. Lobpreist ihn, ihr Himmel, lobpreist ihn, Sonne, Mond und Planeten, welchen Sinn ihr auch habt zu erkennen, welche Zunge zu rühmen euren Schöpfer …« Dieses Hymnische, das zu der »Be-geist-erung« Keplers gehört, erinnert an die Sonnengesänge der alten Ägypter. Besonders herauszuheben sind die Sonnengesänge zur Zeit des Echnaton (1375–1358 vor Christus). Der Revolutionär unter den ägyptischen Pharaonen versuchte, die Sonne selbst und ihre Strahlen als realen Geist zu besingen. Wie eine weltgeschichtliche Vorerfahrung tönt diese Hymnus oder das Gebet als Wandinschrift im Felsengrab des Eje zu El Amarna:[4]

---

4   Zeit Amenophis' IV. (Echnaton), veröffentlicht von Davies: *The Rock Tombs of El Amarna* (siehe Literaturverzeichnis), Band VI, Tafel XXVII.

Die Königsfamilie lässt sich von der Sonne bestrahlen.

Nofretete. Ihr Name bedeutet »Die Schöne ist gekommen«.

»Verehrung des lebenden Re, des Harachtes,
der im Horizonte jubelt, in seinem Namen ›Licht,
das in der Sonnenscheibe (Aton) ist‹, der in alle Ewigkeit lebe (…)
Er [nämlich der betende Priester Eje] sagt:

›Schön erstrahlst du am Himmelshorizont,
du lebender Aton, der von Uranfang lebte.
Wenn du am östlichen Horizont aufgehst,
erfüllst du jedes Land mit deiner Schönheit.

Du bist licht und groß, glänzend und hoch über jedem Lande,
deine Strahlen umarmen die Lande
bis hin zu alle dem, was du geschaffen hast.
Du bist Re und reichst bis an ihre [der Länder] Enden,
du bändigest sie für deinen geliebten Sohn.
Bist du auch fern, so sind deine Strahlen doch auf der Erde.
Gehst du unter im westlichen Horizont,
so wird die Erde dunkel, als wenn sie tot wäre.
Sie [die Menschen] schlafen in den Kammern mit verhülltem Haupt,
kein Auge sieht das andere.
Raubte man alle ihre Habe unter ihren Häuptern weg,
so merkten sie es nicht.‹«

Echnatons Sonnenverehrung war für die altägyptische Kultur revolutionär. Er betete die realen Sonnenstrahlen an. Er beschrieb die Phänomene der Sonnenwirkungen und nicht nur das Wesenhafte der Sonne. Damit ist er wie Kepler sozusagen »postmodern«.

Dieser Sonnengesang aus dem Geist Echnatons mit ihrer hymnischen Verehrung unseres Zentralgestirns tönt dreitausend Jahre später aus der Seele Keplers. Hier wird der Geist Echnatons wiedergeboren: »Ich habe die goldenen Gefäße der Ägypter geraubt, um meinem Gott daraus eine heilige Hütte einzurichten, weitab von den Grenzen Ägyptens.« So »stahl« Johannes Kepler also das Weisheitsgold der Ägypter, um es für die Moderne in spiritueller Weise hinüberzuretten.

Weltbilder

»Trage die Sonne auf die Erde.
Du, Mensch, bist zwischen Licht
und Finsternis gestellt.
Sei ein Kämpfer des Lichtes,
liebe die Erde
wie einen leuchtenden Edelstein.
Verwandle die Pflanzen,
verwandle die Tiere,
verwandle dich selbst.«

Aus dem Persischen

Ich bin mit meiner Familie am frühen Morgen im Auto unterwegs: Der Sommervollmond ist tief im Süden zu sehen und dazu die Morgen-Venus über dem Osthorizont. Meine fünfjährige Tochter Alma wundert sich, wie der Mond uns begleitet, manchmal schneller, manchmal langsamer. Bald macht er Halt. Dann, wenn am Straßenrand Bäume stehen, läuft er ganz schnell mit.

Dieses »Weltbild« ist auf den ersten Blick zwar naiv, aber keineswegs falsch. Es ist so: Die Landschaft flitzt an uns vorbei, aber wir sind immer am selben Ort, nämlich in uns – dies ist ein einfaches anthropozentrisches Weltbild. Übrigens scheint die Wahrnehmung vom »Mitkommen des Mondes« auch deshalb stimmig, weil seine Distanz zu uns relativ gleich bleibt.

Auch bei meinen Wanderungen mit Schüler(inne)n machten wir immer wieder die bewusste Erfahrung, wie sich die Horizontlinie veränderte und uns stets neue Landschaften näher kamen; wir selbst blieben in uns zentriert. Zwar waren wir mit einem schweren Rucksack geerdet, hatten jedoch den ewig bleibenden Himmel über uns, oft mit Sternen übersät. So zum Beispiel in Langstreckenwanderungen quer durch die Schweiz, Italien oder die Pyrenäen. Am Horizont berührten sich Himmel und Erde, manchmal ganz nah, bald wieder in der weiten Ferne. Auch dies ist zunächst naivanthropozentrisch gesehen – aber darum umso inniger.

Mythische Weltbilder

Aus solchen Anfängen entstanden in den verschiedensten Traditionen mit der Zeit die »Bilder von der Welt«, ihrer Entstehung und ihrem Zusammenhang, die sich die Menschheit seit jeher gemacht hat. Zwei mythologische Weltbilder seien hier als Beispiel für viele dargestellt: das eine aus der südlichen Kulturströmung im alten Ägypten und das andere aus dem Norden, aus der germanischen Mythologie, der *Edda*.

In der *Edda* wird beschrieben, dass am Anfang das Nichts war, das Ginnungagap. Dann begegneten sich das kalte Nifelheim und das heiße Muspelheim, und die Welt konnte durch viele Prozesse hindurch entstehen.

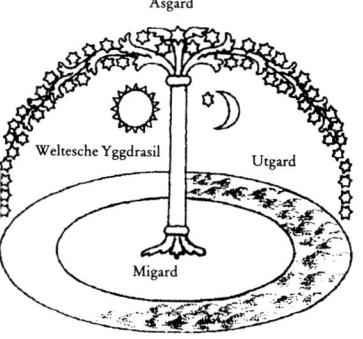

Das altgermanische Weltbild.

Das altägyptische Weltbild.

Schließlich bildete sich der Kosmos zum Weltenbaum, der Weltenesche Yggdrasil, dem Ich-Träger. Tag und Nacht waren gegeben. Die obere Welt der Götter hieß Asgard, und die untere Welt, Utgard, war den Riesen eigen. In der Mitte, in Mitgard, lebten die Menschen. Dieser Weltenbaum wurde durch Tiere und Götter bevölkert. Eine Regenbogenbrücke verband die Welten, die durch Heimdal mit dem Horn bewacht wurde.

Im alten Ägypten sind es zwei Götter, die die Welt bilden: die wunderbare Himmelsgöttin Nut, die sich auf den Erdgott Geb stützt. Dazwischen stützt der Luftgott Schu die Nut, auf der der Sonnengott Re im Nacken über ihren Sternenleib seinen Tagbogen fährt. Am Abend verschwindet das Sonnenschiff unter dem Horizont. Es fährt durch die Unterwelt, um am Morgen wieder neu die Fahrt über die Nut zu beginnen.

Diese Weltbilder bringen zum Ausdruck, dass der Kosmos wesenhaft beseelt und durch Qualitäten geistdurchdrungen ist.

Kommen wir zum geozentrischen Weltbild. Der Ursprung und die Wiege der Sternenkunde liegen in Babylonien, Israel und Ägypten. Diese drei Kulturkreise bildeten zwar Polaritäten, schufen jedoch gemeinsam die Grundlagen einer ganzheitlichen Sternenkunde.

Geo- und heliozentrische Weltbilder

In Babylonien kannte man bereits um 2000 vor Christus einzelne Fixsterne; sie wurden zu Bezugsorten für die Wandelsterne, Mond und Sonne. Sie wurden später zu den Leitsternen für den babylonischen Tierkreis. Die Babylonier hatten Kenntnisse über den vorgeburtlichen Weg des Menschen durch die Planetensphären. Die Reihenfolge dieser Planeten bildete später die Grundlage für die sogenannte ptolemäische Reihe, die bis in die Neuzeit galt: Mond, Merkur, Venus, Sonne, Mars, Jupiter und Saturn. Die Welt der Babylonier war die des Mondes, den sie genau beobachteten, der das Maß der Siebentagewoche und des Monats gab (Neu-, Halb-, Voll-, Halbmond). Der neue Tag begann am Abend, wenn die ersten Sterne sichtbar wurden.

Die Babylonier schufen die ersten Horoskope und wurden so zu den Urvätern der Astrologie. Ihr Weltbild war klar geozentrisch. Durch Alexander den Großen kam das Weisheitsgut nach Alexandria, also Ägypten, und gleichzeitig nach Griechenland. Aristoteles, Lehrer Alexander des Großen, und später Ptolemäus (83–161)

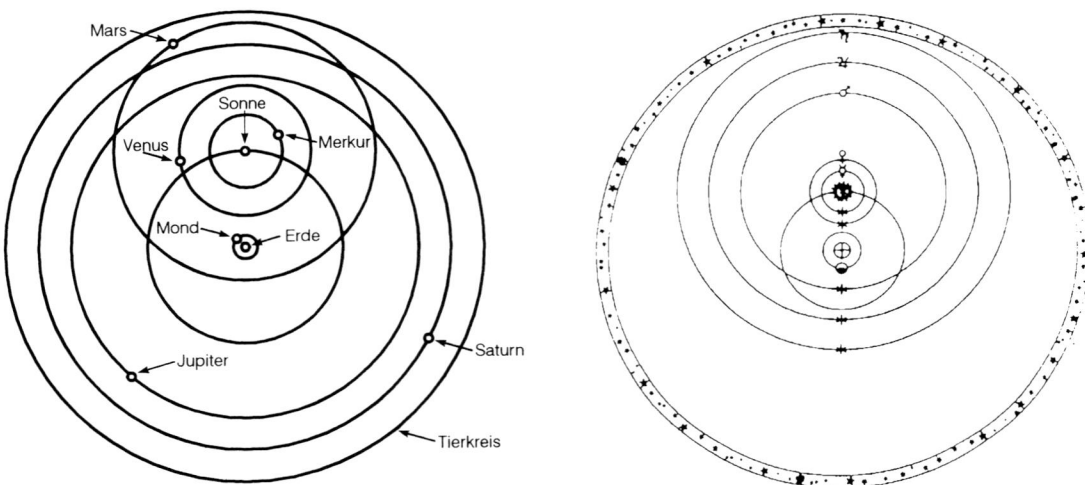

Die Weltsicht des Archimedes (links).

Das tychonische System: sowohl geo- wie auch heliozentrisch (rechts).

schufen die weit über tausend Jahre geltende geozentrische Sicht des Kosmos. Geozentrisch blieb auch nach Kopernikus die heutige Astrologie.

Der große Lehrer Ägyptens war Hermes Trismegistos, und er selbst wurde als mythische Gestalt von ägyptischen Priestern besungen. Griechische Autoren und später mittelalterliche sowie moderne Alchemisten machten ihn zu ihrem Stammvater. So übermittelt zum Beispiel die legendäre Tabula smaragdina sein Wissen. Er schuf das geo-heliozentrische kosmische Weltbild, wie Robert Powell in seinem Werk über hermetische Astrologie berichtet. Einerseits ist die Erde mit dem Mond immer noch der Mittelpunkt: Auch die Sonne kreist um die Erde, steigt jeden Morgen am Osthorizont auf und führt ihre Bahn über den Süden dem abendlichen Horizont zu. Sie »stirbt« in den Westen hinein, wie auch die Nekropolen, zum Beispiel die Pyramiden, westlich des Nils lagen. Doch andererseits umkreisen alle anderen Planeten die Sonne als Zentrum. So wurde der Erde wie auch der Sonne die Ehre zuteil.

Dieses sonnenzentrische System wurde später zum Teil von Archimedes von Syrakus (287–212 vor Christus) übernommen: Merkur, Venus und Mars sind sonnenzentrisch, Mond, Jupiter und Saturn sind dagegen geozentrisch.

Später schuf Theon von Smyrna (im zweiten Jahrhundert vor Christus, gestorben nach 132) ein ähnlich geo-heliozentrisches Weltbild, wobei sich hier nur Venus und Merkur heliozentrisch bewegten. Dieses System übernahm dann Tycho Brahe, indem er nur Mond und Sonne geozentrisch bewegen ließ. Alle anderen Planeten bewegten sich aus seiner Sicht um die Sonne. Tycho Brahes Weltbild ist postmodern, weil es nicht totalitär ist und integral verschiedene Standpunkte zulässt.

Die Altägypter schufen zu diesem geo-heliozentrischen System den 36er-Tierkreis, das heißt jedes Zeichen zu drei Dekaden. Den eigentlichen Tierkreis übernahmen sie von den Babyloniern, wie ein schönes Beispiel aus Dendera zeigt.

Altägyptischer Sternbildkreis von Dendera. Dieser Tierkreis bildet 36 Dekane, also drei pro Sternbild. Die Dekanlehre geht bis in die Zeit des Mittleren Reichs (2040–1640 vor Christus) zurück.

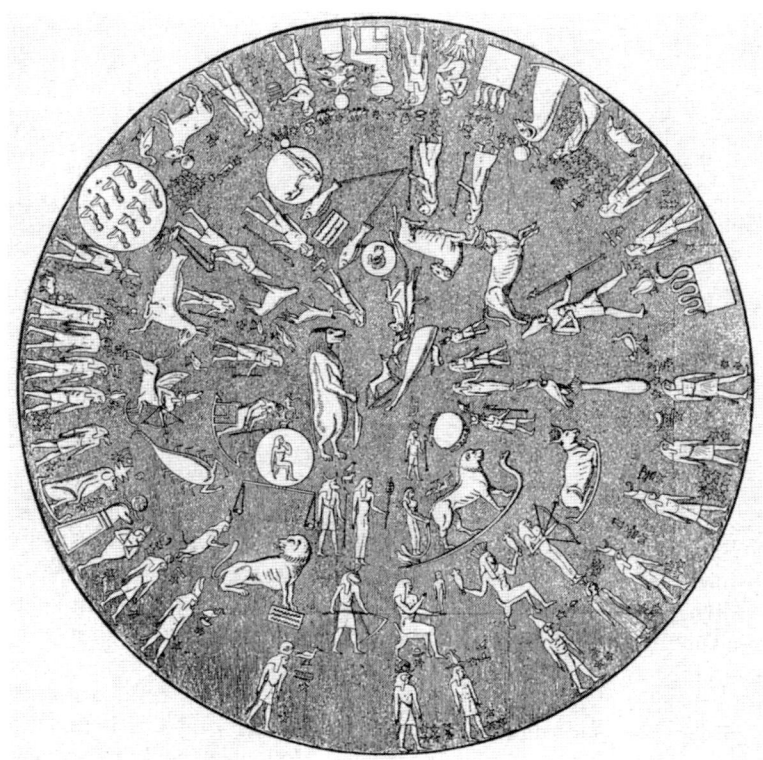

Dazu schufen die Altägypter das Häusersystem mit dem wichtigsten Punkt, dem Aszendenten, dem Schnittpunkt der Ekliptik mit dem Osthorizont. Aus diesen Elementen wurde dann in der hellenischen Zeit in Alexandrien das Geburtshoroskop entwickelt. Die Eingeweihten des alten Ägypten wussten um die Wiedergeburt des Menschen, wie es ihnen die Sonne am Tag und in der Nacht vorlebte. Sie kannten auch die Praxis des Initiationsschlafs, worin der Eingeweihte drei Tage und Nächte im Schlafzustand die geistige Welt erfuhr und die geistige Sonne um Mitternacht erleben durfte. So wurde die hermetische Weisheit zur Grundlage für Pythagoreer, Manichäer, Alchemisten und Rosenkreuzer.

Schaut man nun im Überblick auf die drei Kulturen – Ägypten, Israel und Babylon –, so kann man feststellen, dass sie je das Ihre zu dem Sternenwissen beitrugen: Die Ägypter schufen das Geistige im Sonnenhaften, das zur Individualisierung und Individuation führte, und die Babylonier das Lunarisch-Seelische und das Planetenhafte. Das israelische Volk pendelte zwischen Ägypten und Babylon in den jeweiligen Gefangenschaften hin und her und nahm natürlich viel von den Kulturweisheiten auf, zum Beispiel von den Babyloniern den Mondkalender. Doch es blieb sich selber monotheistisch treu und überwand die Neigung, ein Kalb (ägyptischer Apisstier) anzubeten. Die strenge, abstrahierende Religion verbat es, sich Bilder von der Welt zu machen. Diese Fähigkeiten zeigten sich später in den großartigen Kulturleistungen der Juden. Sie schufen durch die zwölf Völkerstämme die Grundlage des Tierkreises, des väterlichen Fixsternhimmels.

Dem jüdischen Volk wurde welthistorisch die Aufgabe gegeben, die genetische, erbliche Leibeshülle für den Christus zu schaffen. Die Genealogien im Matthäus- und Lukasevangelium zeigen dieses Anliegen, indem der Stammbaum bis Abraham, ja sogar bis zu Adam, geführt wird. In den zwölf Jüngern Jesu haben wir wiederum die Tierkreisqualitäten, die Leonardo da Vinci in seinem Abendmahl zeigt.

»Das Abendmahl« von Leonardo da Vinci. Die Jünger von rechts nach links mit den dazugehörigen Tierkreiszeichen: Simon Zelotes (Widder), Thaddäus (Stier), Matthäus (Zwillinge), Philippus (Krebs), Jacobus Major (Löwe), Thomas (Jungfrau), Johannes (Waage), Judas (Skorpion), Petrus (Schütze), Andreas (Steinbock), Jacobus Minor (Wassermann) und Bartholomäus (Fische).

Die Grundlage für die moderne Astronomie wird erst nach der Renaissance geschaffen. Kopernikus, der als der große Erneuerer gesehen wird, ist im Grunde gar nicht so revolutionär. Er studierte die Literatur und die Weltbilder der griechischen Denker; er kam nicht durch eigene Beobachtung, sondern über Studium und logische Schlussfolgerungen zu der großen Vereinfachung der Planetenbewegungen, indem er alle Planeten (außer dem Mond) um die Sonne kreisen ließ.

Immerhin ist das Weltbild von der Erddrehung um die eigene Achse (eine Individualleistung der Erde) und ihrer Wanderung um die Sonne mit der geneigten Erdachse (23,5 Grad) ein wichtiger Schritt in die Räumlichkeit der Planetenwelt. Aber Kopernikus war konservativ, weil er nur von der bisherigen Forschung ableitete. Seine Planetenbahnen blieben zunächst kreisförmig, obwohl das mit den exakten Beobachtungen nicht übereinstimmt. Immerhin berech-

Das heliozentrische Weltbild von Kopernikus. In den Ecken andere Systeme: links oben ptolemäisch; rechts oben: tychonisch; links unten: archimedisch; rechts unten: Größenverhältnisse der Planeten zur Sonne.

nete er nun neu (mit den Resultaten von Ptolemäus) heliozentrisch die Abstände der Planetenbahnen der Sonne und bekam erstaunlich genaue Zahlen, wie die Tabelle zeigt.

Die Abstände der Planetenbahnen um die Sonne (in astrologischen Einheiten [AE] von zirka 150 Millionen Kilometern)		
	Kopernikus	*heute*
Merkur	0,375	0,387
Venus	0,720	0,723
Erde	1,000	1,000
Mars	1,52	1,52
Jupiter	5,21	5,20
Saturn	9,18	9,54

Die eigentliche astronomische Erneuerung geschieht durch das Forscher»paar« Tycho Brahe und Johannes Kepler, wie es im vorangegangenen Kapitel beschrieben wurde. Tycho Brahe war der exakte Beobachter und Faktensammler. Doch Johannes Kepler begründete die eigentliche moderne Astronomie. Es ist nicht Kopernikus, sondern Kepler, der schließlich die realistischen Ellipsenbewegungen der Planeten berechnete, natürlich mit den von Tycho Brahe festgehaltenen Angaben.

Johannes Kepler und Tycho Brahe sind die ersten modernen Astronomen, die aber zugleich auch noch Astrologen waren, und dies nicht nur nebenbei. Die Schöpfung war für beide in einem geistigen Ursprung zu suchen. Das All wurde noch als wesenhaft erfahren. Gott oder das Göttliche hatte zum letzten Mal sein Gastrecht in der Astronomie. Nachher wurde in der Astronomie das Geistige aus dem All verbannt.

Die weitere Entwicklung der astronomischen Weltbilder wird hier nur kurz skizziert: Nun öffnete sich der Kristallhimmel, und auch er wurde zum Raum erklärt. Unser ganzes Sonnensystem sieht man in Bewegung in Richtung des Sternbildes Wega, und bald wurde unser Sonnensystem ein Teil des Milchstraßensystems, einer wunderbaren Sternenspirale. Unser Sonnensystem kann innerhalb dieser Milchstraße als ein Pünktchen wahrgenommen werden.

Auch andere Galaxien wurden erforscht. Ganze Sternen-Evolutionen von den Weißen Zwergen bis zu den Roten Riesen, Doppelsterne, Sternennebel vergangener Novae und zu guter Letzt die Schwarzen Löcher wurden postuliert. Diese gigantischen Materie-Zusammenballungen der Schwarzen Löcher, die sogar Licht schlucken sollen, sind Konstrukte, sie sind nur erdacht.

Doch in all diesen Vorstellungen findet man keine Göttlichkeit mehr. Man rätselt über eine Schöpfung aus dem materiellen Nichts heraus. Schöpferische Leistungen, das zeigt die Kulturgeschichte, sind immer aus dem Ginnungagap der Germanen, aus dem Nichts, entstanden. Die schöpferische Leere oder Krise ist notwendig, damit Neues geboren werden kann. Die moderne Astronomie sucht ausschließlich in der Materie, die sie selbst nicht mehr sieht, die eigentlich nur noch in der Vorstellung existiert. Allerdings ist Bruno Binggelis *Primum mobile*, wie wir noch sehen werden, eine der Ausnahmen, die zeigen, dass der modernen Quantenphysik archetypisch die gleichen Bilder zugrunde liegen wie etwa Dantes *Göttlicher Komödie*.

Nur eine integrale Sternenwissenschaft, die auch sinnlich, emotional und moralisch ist, kann da weiterhelfen. Die Forscher müssten Konzepte sachlich prüfen, wie sie zum Beispiel Rudolf Steiner vor hundert Jahren in seiner *Geheimwissenschaft im Umriß* dargestellt hat. Dort sind die schaffenden Mächte die neun Hierarchien der Engelwesen, die eben auch zur Sternenwelt gehören.

Bis zur Zeit Johannes Keplers war es mehrere Jahrtausende selbstverständlich, dass der Kosmos ganzheitlich betrachtet wurde und von schaffenden, geistigen Wesen erfüllt war. In den letzten vierhundert Jahren glaubt man im rationalen, materialistischen Wahn, die Welt nur aus der Materie heraus erklären zu müssen.

Da denke ich wieder an meine Tochter Alma mit ihrem Weltbild, das vordergründig zwar naiv, aber zugleich in ihr integriert ist. Wir brauchen eine Sternenkunde, in der wir als Beobachter uns selbst nicht vergessen, in der wir als Menschen mit Leib, Seele und Geist als Teil des Ganzen unseren Platz haben.

Das Primum mobile

Das quantenphysikalische astronomische Weltbild war mir zum Teil unbegreiflich, aber auch zu intellektuell. Doch kurz vor Abschluss meines Manuskripts zu diesem Sternenbuch entdeckte ich das 2006 veröffentlichte Werk *Primum mobile* von Bruno Binggeli, einem Professor und Astrophysiker der Universität Basel. Binggeli versteht es, das antike und mittelalterliche astronomische Weltbild mit den Erkenntnissen der Quantenphysik zu verbinden. Er kommt zu dem erstaunlichen Ergebnis, dass alle den gleichen archetypischen Urgrund besitzen. Er überwindet das mechanistische, materialistische Weltbild der Neuzeit und zeigt das Neue, das mit dem uralten Archetypus korrespondiert.

Seine Hauptreferenz ist Dante Alighieris Jenseitsreise in der *Göttlichen Komödie*, aber er bezieht sich eben auch auf die antiken platonischen und aristotelischen Erkenntnisse, die neuplatonischen und scholastischen Diskussionen um die Vorstellung des Kosmos. In diesem postmodernen und alten Weltbild sind die Erde und der Mensch (Beobachterstandpunkt) wieder im Zentrum. Die Erde wird umhüllt von zwiebelschalenähnlichen Sphären: zunächst den sieben Planetensphären, dann dem Fixsternhimmel als achter Schale.

Durch die Tatsache der Präzession, der Erdachsenbewegung, kam es zur Vorstellung des »ersten Bewegers«, des »Primum mobile«. Dieser ist jetzt die neunte Sphäre. Das nun schon transzendente, an Gott und die Engelwelt angrenzende »Eine« (»Primum mobile«) ist die »Ursache« aller sich gegen die Erde immer mehr differenzierenden Bewegungen.

Binggeli beschreibt das Leben Dantes und sein Hauptwerk die *Göttliche Komödie*. Dante ist getrieben von seiner neugierigen Gelehrsamkeit, aber ebenso auch durch die Liebe.

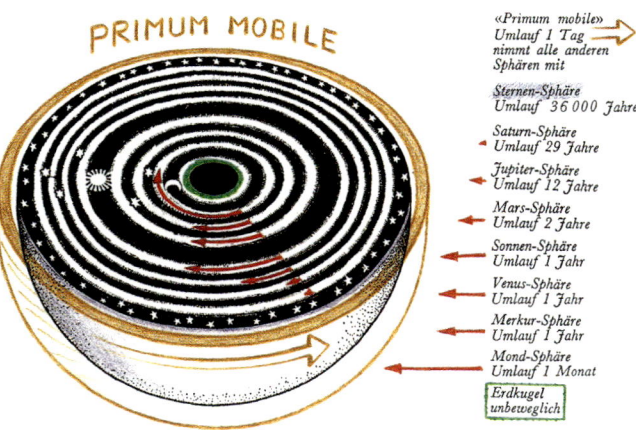

Die zusätzliche, äußerste und neunte Sphäre: das Primum mobile.

Dante wurde 1265 in Florenz geboren. Er wuchs in einer angesehenen florentinischen Familie auf. Mit neun Jahren trifft er an einem Tag zur neunten Stunde (die Neun ist bei ihm immer wieder eine wichtige Zahl) auf die gleichaltrige, in einem roten Rock erscheinende Beatrice. Sofort erglüht er in Glück und Schmerz der liebenden Zuneigung. Im Sinne der damaligen Troubadour-Strömung verehrt und besingt Dante seine zur Anima sublimierten Beatrice, die später mit einem anderen Mann verheiratet wird und 1290 stirbt.

Dante, im Jahre 1302 ein wichtiger florentinischer Repräsentant, wird aus politischen Gründen aus seiner geliebten Stadt Florenz verbannt und kann bis an sein Lebensende nicht mehr zurückkehren. Er stirbt 1321 in Ravenna.

Dante und Beatrice. Original-fresko im Museo Nazionale del Bargello, Florenz.

Sein nun größtes Werk, die *Göttliche Komödie* – die Binggeli mit der Quantenastronomie vergleicht –, beschreibt Dantes Pilgerschaft zunächst durch die Hölle (Inferno), dann über den Läuterungsberg (Purgatorio) bis zum Paradies. Bis hierher wird er vom römischen Dichter Vergil begleitet. Nun übernimmt seine verstorbene Geliebte Beatrice die Führung. So fliegen sie zusammen durch die Planetensphären bis zu den Fixsternen und auf das »Primum mobile«, an das die göttlichen Engelhierarchien anschließen. Überall trifft er verstorbene Seelen an. Von der Hölle über den Läuterungsberg bis ins Paradies. Er ist der einzig Lebende.

Die »Komödie« ist exakt in dreimal 33 Gesänge und einen Gesang (99 plus eins) gegliedert. Dieser Gang durch das Jenseits ist eigentlich eine Initiation, wie sie etwa in der ägyptischen und griechischen Mythologie beschrieben wurde. Orpheus zum Beispiel versuchte vergeblich, seine geliebte Eurydike aus dem Hades zu retten. Es ist aus C.G. Jungs Sicht ein Gang durch die eigene Seele.

Dante beschreibt hier das ganze antike und mittelalterliche Wissen. Er verarbeitet als Gelehrter und Poet den Kosmos zwischen der luziferischen Hölle und dem göttlichen Paradies. So entstand in diesem Weltgedicht der urchristliche Weg durch die Hölle zur Auferstehung, wie sie Christus von »Karfreitag« bis »Ostermorgen« erfuhr. Auch diese Pilgerreise Dantes beginnt am Karfreitag und endet am darauffolgenden Donnerstag.

Binggeli charakterisiert quantenphysikalisch das Licht, das sich mit 300 000 Kilometern pro Sekunde fortbewegt. In einer Sekunde gelangt es von der Erde auf den Mond, in acht Minuten auf die Sonne, in vier Lichtjahren zu den nächsten Sternen. Die anderen Sterne haben Distanzen von Tausenden Lichtjahren. Die Sonne selbst ist der Milchstraße zugeordnet. Andere Galaxien sind bereits Millionen

Spiralgalaxie; es könnte ebenso
gut unsere Milchstraße sein. In
der Aufsicht aus einer Entfernung
von zirka hundert Millionen
Lichtjahren.

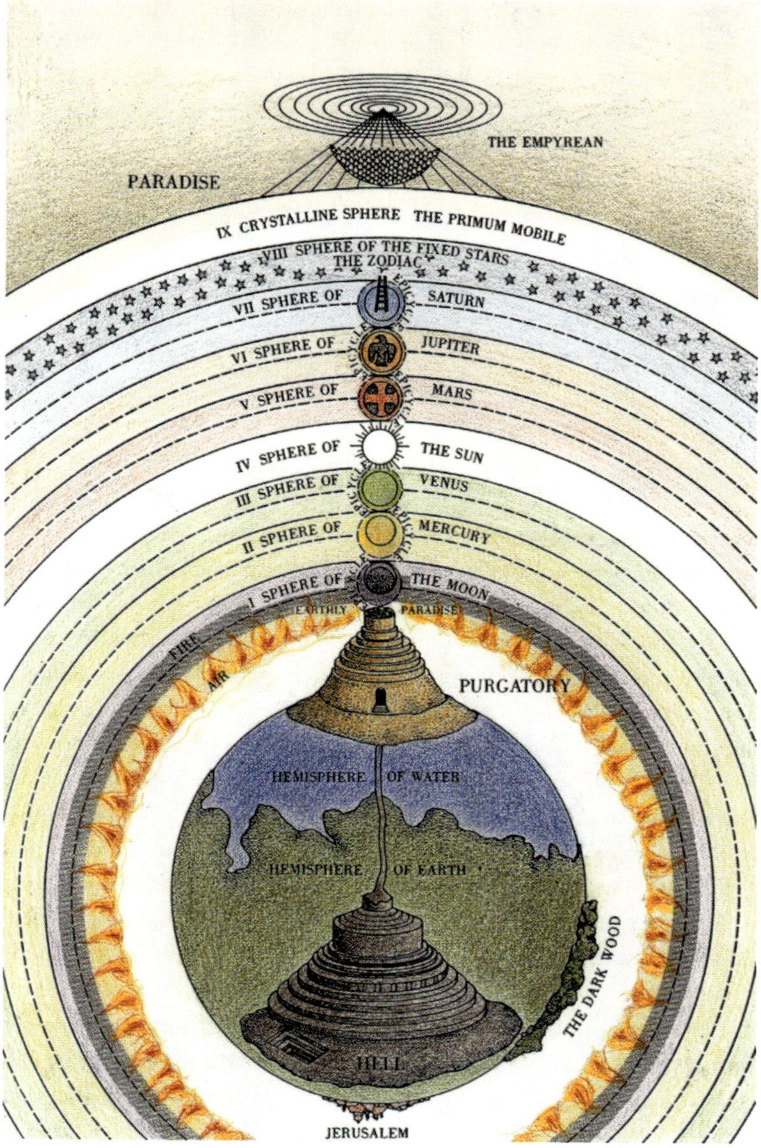

Das Konzept der »Göttlichen Komödie«.

von Lichtjahren entfernt. Die Konstanz der Lichtgeschwindigkeit
wird das Axiom der postmodernen Kosmologie, das heißt, dass die
Galaxien und alles, was wir noch sehen, auch in der zeit-räumlichen
Dimension zugleich vor so langer Zeit (Millionen Lichtjahren) so
ausgesehen haben und zugleich so weit entfernt standen, als das
Licht damals begann, sich dort gegen uns fortzubewegen. So sehen
wir die Spiralgalaxie NG (1223) als wunderschönes Gebilde einer
Sternenversammlung höherer Ordnung in einer Entfernung von
hundert Millionen Lichtjahren. Ein Lichtjahr ist zugleich die Zeit,
die das Licht hat, sich fortzubewegen, aber eben auch die Distanz
des Raumes. Raum und Zeit werden identisch.

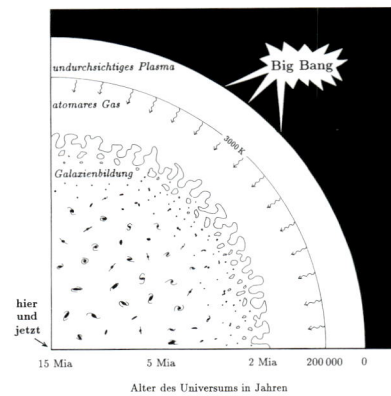

**Das Alter des Universums
in Jahren.**

Im Weiteren beschreibt Binggeli den Weltbeginn, den Urknall, den Big Bang. Den Big Bang vergleicht er mit dem »ersten Beweger«, dem »Primum mobile«. Dort geschah oder geschieht die Schöpfung aus dem Nichts ins undurchsichtige Plasma, in atomares Gas, in die Bildung von Galaxien, Sternen- und Sonnensystemen.

Vor fünfzehn Milliarden Jahre soll der Schöpfungsakt stattgefunden haben. Doch dies können wir auch heute, nach dieser Zeit, nicht sehen, weil dazwischen mindestens noch ein Mikrowellenhintergrund ist, und ist daher heute noch unerforschbar. Da braucht es dann theoretische Extrapolationen.

Der Big Bang ist offensichtlich nicht nur ein ehemaliger und einmaliger Schöpfungsakt, sondern ein kontinuierlicher und fortwährender, der sich ständig als Feuerring in den Raum hinaus»frisst«. Die Strahlung transformiert sich in die Photonen, dann in die eigentliche Materie. Das heißt in Binggelis Analogie: zuerst in die geistigen Lichtengel, dann in die Materialisierung.

Binggeli beschreibt hier ein Weltbild, in dem das Materielle aus dem Geistigen (Wärme und Licht) entsteht, wo aus Wärme Licht und das Gasförmige, Flüssige und schlussendlich das Feste entsteht. So stellt es auch Rudolf Steiner in seiner *Geheimwissenschaft im Umriß* dar. Hier sind es die neun Engelhierarchien, die an der Weltschöpfung bauen.

Interessant ist, dass aus der antik-mittelalterlichen Welt vor Dante sich in der Neuzeit zunächst eine pubertär, von Gott und Geist emanzipierte, materialistische und mechanistische Vorstellung vom Kosmos entwickelte, sich aber heute seit Einsteins Relativitätstheorie (und Praxis) eine zeiträumliche, quantenphysikalische

**Camille Flammarions Darstellung
des mittelalterlichen Weltbilds
von 1888.**

Die Christus umhüllende seraphische Feueraura. Insel Reichenau, 10. Jahrhundert (Staatsbibliothek, Bamberg).

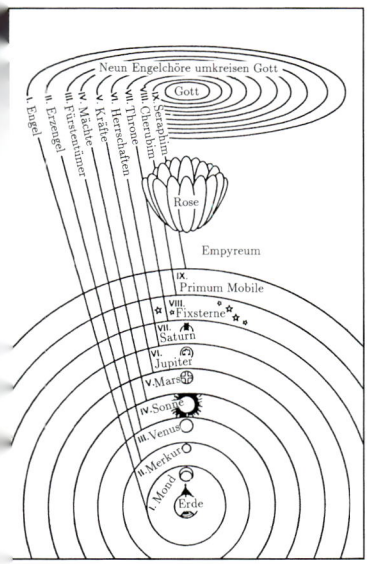

Der Zusammenhang zwischen den Planeten und den Engelhierarchien.

paradoxale Sicht sich zu entfalten beginnt. Der Mensch ist wieder als Beobachter ins Zentrum gerückt.

In Dantes Urschöpfung (antik-mittelalterlich) sind es die reine Liebe, der Glanz Gottes und die Engelhierarchien, die die Welt erschaffen haben. Es ist die »Prima Materia«, die noch nicht Materie ist, also in moderner Formulierung mehr Energie (Wärme und Licht), ein paradoxales gefülltes Vakuum ist. Es ist reinste Potenzialität, die die Ursubstanz zur Weltschöpfung bildet. Dieses an das »Primum mobile« anschließende Umfeld ist zugleich das Reich der Ideen, der Urbilder, der Formen im Sinne Platos, die dann die Formen gewissermaßen mit Materie ausfüllen. Den Vorgang können wir ja bei der Pflanze tausendfach beobachten: Hier ist es deren Äther- oder auch »Bildekräfteleib«, der immer wieder die Formen von zum Beispiel Eichenblättern bildet. Die Formen sind das Primäre, die materialisierten Blätter sekundär.

Dante kommt in diese göttliche Welt und erfährt sie als größte Sphäre des geistigen Lichts und voller Liebe. Er durchstößt die Himmelssphäre, wie es Flammarion (1842–1925) dargestellt hat, dank seiner göttlich Geliebten Beatrice und kehrt zurück.

Dieser Feuerhimmel entspricht dem heute als »Superraum« gedachten Hinter- oder Untergrund der Sternenwelt. Es ist dort die akausale, überräumliche und überzeitliche Welt, der kosmische Teppich, der paradoxal über oder hinter den (materiellen) Welten steht. Es ist dies der gedachte, zum Teil experimentell wahrgenommene »Quantensprung« der postmodernen Denkweise.

Binggeli vergleicht die göttlich schaffenden, lichten Engel mit den Lichtquanten. Sie sind die Beweger der Sphären, wie die Wirkungsquanten, die die elektromagnetische Kraft vermitteln. Der Himmel Dantes und Binggelis Vorstellung sind also noch voller Engel, die »das Eine« feurig umflügeln. Dante hat all dies in Beatrices Auge geschaut.

Nun zeigt Binggeli noch am Urbild des Sturzes Luzifers in die Hölle die Abspaltung der Schwerkraft aus dem Urganzen. Binggeli stellt die Gravitationskraft als Abspaltung von der Urkraft dar.

Diese Analogie ist beeindruckend. Die (luziferische) Gravitation ist das Gegenteil der (engelhaften) Leicht- oder Lichtkraft. Es ist dies der höllische Luzifer, der in Dantes Inferno in der Mitte der Erde sitzt und die verdammten Seelen nie mehr entlässt. Es ist das »schwarze Loch« der postmodernen Astrophysik.

Hier hat sich der schönste, lichtvollste und leichteste luziferische Lichtengel Gottes in den dunkelsten und schwersten satanischen Höllenfürsten verwandelt.

Dante und Beatrice schauen den Engelreigen. Gustave Doré, 1861.

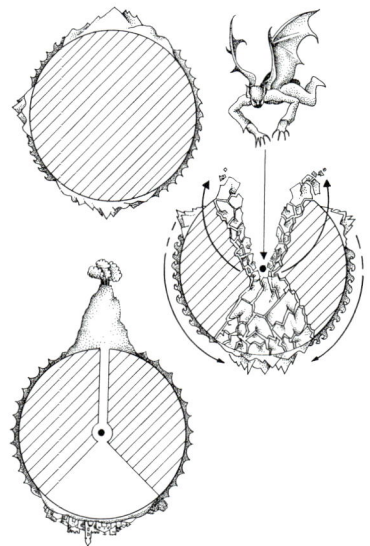

Der Sturz Luzifers und die
Bildung der Dante'schen Hölle.

Die Gravitationskraft (Luzifer)
spaltet sich relativ früh von der
Urkraft ab.

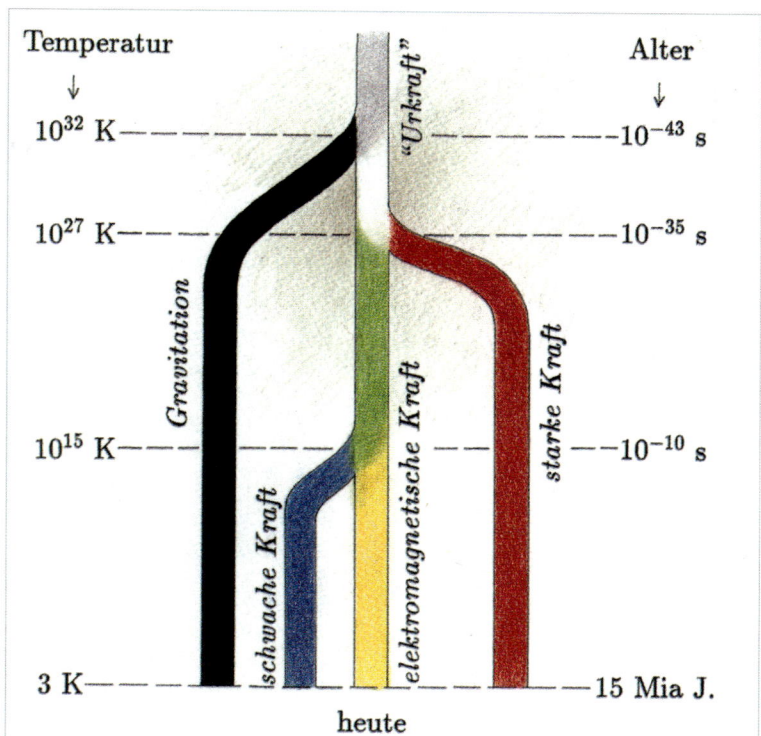

Dante kann als Einziger diesem alles verschlingenden »schwarzen Loch« der Hölle dank der Hilfe Beatrices, die Vergil ihm zu Hilfe
schickt, entrinnen. Und dieses notwendige Durchschreiten durch
die schwarze Hölle ermöglicht Dante den Aufstieg am Läuterungsberg, den Flug ins Paradies, zur göttlichen Welt, zu seinem Selbst.
»Der Weg zum Paradies geht durch die Hölle« ist darum ein geflü-
geltes (engelhaftes) Wort.

Binggeli, ein Kenner der Jung'schen Psychologie, zeigt hier den
Weg der Individuation. Es braucht der Mensch zur Trinität zusätz-
lich diese vierte böse Kraft, die es bewusst zu machen gilt, um ein
Ganzes, ein Selbst zu bilden. Dieser Gang durch die Hölle, die ja
dem modernen Menschen schon im Leben nicht erspart bleibt, ist
die Voraussetzung der Läuterung im Fegefeuer, die dann erst zur
Ganzwerdung des Selbst führt. Diese von C. G. Jung geförderte
Quaternität, diese vierte luziferische Dimension, die oft auch als
das weiblich Ergänzende gesehen und in der Geliebten Beatrice als
Anima, als Führerin zum paradiesischen Selbst geführt wird, zeigt
die Möglichkeit der Ganzwerdung des Menschen.

Die kosmischen Zeitenrhythmen

»Weltentsprossenes Wesen, du in Lichtgestalt,
Von der Sonne erkraftet in der Mondgewalt,
Dich beschenket des Mars erschaffendes Klingen
Und Merkurs gliedbewegende Schwingen,
Dich erleuchtet Jupiters erstrahlende Weisheit
Und der Venus liebetragende Schönheit –
Dass Saturns weltenalte Geist-Innigkeit
Dich dem Raumessein und Zeitenwerden weihe!«

Rudolf Steiner

Die Zeitenrhythmen, Tag, Woche, Monat, Jahr und so fort, sind Abbilder der kosmischen Rhythmen, oft zwar gelebt, aber heutzutage verflacht und zum banalen Terminkalender degradiert. Eine integrale Sternenkunde muss diese Hintergründe darstellen. Sie könnten Anlass geben, dem Menschen die kosmischen Rhythmen wieder bewusster zu machen.[5]

Der Tag als Erde-Sonnen-Rhythmus des Ichs

Der Tagesablauf ist wohl der Urrhythmus der Menschheit. Wie wir zum Beispiel bei den Ägyptern gesehen haben, ist es die Sonne, die ihn gestaltet: Beim Auftauchen der Sonne aus der Nachtwelt, wo sie von Osiris und Isis gezeugt und nun als Horus geboren wurde, rhythmisiert sie den Tag: Morgen, Mittag und Abend. Doch die Mythen der Menschheit zeigen, dass hier ganz verschieden gewertet wurde: Die Germanen im Norden zählten die Nächte, so wie es etwa auch kleine Kinder tun: »Noch dreimal schlafen ...« Beim Weihnachtsfest, »Heilige Nacht«, oder beim tschechischen Ostern *Velikonoce* (große Nächte), werden die Nächte betont.

Bereits in der Zeit um 2500 vor Christus begann für die Babylonier, Syrer, Perser und Griechen der Tag um Mitternacht. Auch bei den Römern begann der Tag um Mitternacht, was sich erst im letzten Jahrhundert bei uns und auf der ganzen Welt durchsetzte.

Aus astronomischen Gründen legte zuerst Ptolemäus, dann auch die Araber den Tagesanfang auf den Mittag fest: den Meridiandurchgang der Sonne (die Sonne auf dem höchsten Punkt in

---

5 Die Hauptquelle dieses Kapitels bilden die ausführlichen Dokumentationen des schon klassisch gewordenen Buchs *Zeit und Rhythmus* von Wilhelm Hoerner.

Das erste Tagewerk: »Da schied Gott das Licht von der Finsternis.« Aus Johann Jakob Scheuchzers Kupferbild aus dem Jahr 1731.

Süden). Dort konnte die die genaue Mittagszeit am Merdian gemessen werden. Mittags- und Mitternachtszeit werden aber bis heute oft als unheimlich und ungünstig gewertet, während Abend und Morgen als schöpferische Zeit empfunden werden.

Hier haben wir das rhythmische Gesetz von Polarität und Ausgleich. Es ist wie ein Pendelschlag des Ein- und Ausatmens. Und tatsächlich kann man durch die täglich erhöhte Luftdruckwelle (allerdings nur um 9.00 und 21.00 Uhr) erahnen, dass die Erde wie ein lebendiges Wesen ein- und ausatmet. Schon Johannes Kepler sagte: »Die Erdkugel ist ein Leib, der einem Lebewesen zugehört.« Die Erdrotation zeigt, dass sich hier ein individuelles Wesen dreht. Die Erdachse ist das Rückgrat dieser einzigartigen Erde, die es im Kosmos nur einmal gibt. Dieser kosmische Tanz der Erde, ihr Drehen um die Achse, gestaltet alle irdischen Lebensprozesse.

Die Erde umkreist innerhalb eines Jahres einmal die Sonne. Dadurch ergibt sich wiederum ein Ein- und Ausatmen, Winter und Sommer auf der Nord- beziehungsweise Südhalbkugel der Erde. So entsteht auf der Erde dieses Kreuz der täglichen Ost-West- und der jährlichen Nord-Süd-Nord-Bewegung. Dieses Kreuz gibt dann auch das Urzeichen der Erde. Es sind die kombinierten Erd- und Sonnenzeichen, also Kreuz auf Kreis.

Doch auf der Erde lebt in inniger Weise der Mensch innerhalb des Erdrhythmus, des Erd-Ein- und -Ausatmens: Das Zentrum des Menschen ist das Herz als Sonnenzentrum. Seine Atmung ist eng mit dem Herzrhythmus verbunden, vier Herzschläge kommen auf eine Ein- und Ausatmung. Diesen Eins-zu-vier-Rhythmus finden wir auch bei der Erde: vier Jahreszeiten; vier Tageszeiten (Morgen, Mittag, Abend und Mitternacht) und so weiter; auch das Verhältnis von Atemrhythmus und Blutpuls ist eins zu vier.

Der Mensch hat im Durchschnitt 72 Pulsschläge und 18 Atemzüge pro Minute. Das ergibt 1080 Atemzüge in einer Stunde und 25 920 Atemzüge am Tag. Die Erdachse (gegenwärtig in Richtung Polarstern zeigend) braucht genau 25 920 Jahre, um einmal um den Ekliptikpol zu kreisen. Die Anzahl der 72 Pulsschläge pro Minute entspricht den 72 Jahren, die die Erdachse braucht, um ein Grad auf der Ekliptik zu wandern. 72 Jahre entsprechen ebenfalls der kosmischen Lebenserwartung eines Menschen. Diese Zahlen zeigen das innige Verhältnis zwischen dem Wesen Erde und seinem Bewohner Mensch.

Die Drehung der Erde um ihre eigene Achse, das Aufgehen der Sonne, ihre Kulmination im Süden, das Untergehen am Westhorizont, das Verweilen unter dem Nordhorizont um Mitternacht sind die kosmischen Gegebenheiten für den Rhythmus des Menschen, nämlich Wachen und Schlafen. Der Mensch lebt in diesen zwei

**Astrologische Gestirnbeobach-
tungen. Aus Johann Jakob
Scheuchzers Kupferbild aus dem
Jahr 1731.**

Welten, und beide braucht er in existenzieller Weise: In seinem
Wachzustand arbeitet sein Ich an der fortwährenden Inkarnation.
Die Erdenaufgaben, die sich der Mensch vor der Geburt gegeben
hat, können immer nach und nach verwirklicht werden.

So wie der Leib durch tägliche Ernährung am Leben erhalten
bleibt, bedarf das Ich des Menschen der Ernährung durch den
Weltengeist während des Schlafs. Der Schlaf ist der Gesundbrun-
nen des Ichs. Was geschieht wirklich im Schlaf? Als Kind wollte ich
dies immer wieder erforschen. Ich nahm mir vor, beim Einschlafen
wach zu bleiben, um zu erfahren, was mit mir in der Nacht geschieht. Am Morgen war ich aber enttäuscht, weil mir das natürlich
nicht gelang …

Wir spüren, dass uns ein guter Schlaf neue schöpferische Kräfte
gibt. Viele Erfindungen werden, nach guter Vorbereitung am Tag
zuvor, in der Nacht gemacht. Ein ungelöstes Problem, in den Schlaf
mitgenommen, zeigt sich am nächsten Morgen oft als enträtselt.

Rudolf Steiner wies auf die Verschränkung von Schlafen und
Wachen hin. Er zeigte, dass im Wachzustand der Leib abgebaut
wird, Todesprozesse sich vollziehen, während im Schlaf der Leib
wieder aufgebaut werden kann. Umgekehrt wird der Schlaf als »der
kleine Tod« betrachtet. – Die Ich-Seele trennt sich vom Leib, lässt
ihn in seiner vegetativen Genesung und weilt im Reich der Geister,
in einer Welt, in die der Mensch nach seinem physischen Tod hin-
einstirbt oder eben hineingeboren wird. Auf diese Weise verschrän-
ken sich Leben und Tod.

In der Praxis der antiken Initiation wurde dieses Hineinschlafen
in die Geisteswelt während drei Tagen und Nächten vollzogen. Man
nannte diese Einweihung auch »Das Schauen der Sonne um Mitternacht«. Es ist das Schauen der Mitternachtssonne Osiris.

Am Tag leben wir vom Baum der Erkenntnis, der als Ursprung
der menschlichen Entwicklung zur Freiheit gilt. Doch dieser Baum
bringt zugleich den Tod. Der Baum des Lebens gibt uns in der
Nacht wieder neue Kräfte für den Leib und für unser Ich.

Am Tag erleben wir die Erde mit all ihren Elementen, Pflanzen,
Tieren und Menschen. In der Nacht schauen wir hinauf in die dau-
erhafte Sternenwelt, die uns die ewige Ordnung des Geistes erfahren lässt und uns die Gewissheit des göttlichen Kosmos vermittelt.
Wenn ich mit Kindern und Jugendlichen in der Nacht den Himmel
betrachte, so gebe ich ihnen die Aufgabe, für sich einen Stern zu
finden, den sie sich vor dem Einschlafen als Ort ihres Schlafs vor-
stellen können.

Die Woche als Planetenrhythmus der Seele

Der Tageslauf ist in Tag und Nacht gegliedert, in zweimal zwölf Stunden. Wobei die Stunden ursprünglich keinesfalls gleich lang waren. Es waren da die zwölf Stunden des Tages von Sonnenaufgang bis Sonnenuntergang und die zwölf Stunden der Nacht von Sonnenuntergang bis Sonnenaufgang. Da die Tage beziehungsweise die Nächte während des Jahres unterschiedlich lang waren, waren auch die Stunden unterschiedlich lang (je ein Zwölftel von Tag und Nacht): lange Tagesstunden und kurze Nachtstunden im Sommer, kurze Tagesstunden und lange Nachtstunden im Winter. Nur an den Tagundnachtgleichen im Frühling und Herbst waren alle Tages- und Nachtstunden gleich lang. Die nichtmechanischen Uhren (Sand-, Wasser-, Feuer-, Öluhren und so weiter) ermöglichten große Beweglichkeit, sodass man die Stundendauer(länge) differenziert messen konnte.

Bereits im alten Chaldäa brachte man die Stunden des Tages in einen Zusammenhang mit den sieben Planeten. Die Planetenreihe, die man später die ptolemäische nannte, wurde den 24 Stunden des Tages zugeordnet: Angefangen mit der ersten Morgenstunde bei Sonnenaufgang, wurden die Stunden nach den Planeten in der bekannten Reihenfolge Mond, Merkur, Venus, Sonne, Mars, Jupiter und Saturn benannt. Dadurch wurde jede Stunde zu einer bestimmten Planetenstunde, und nach sieben Stunden (nach der Saturnstunde) kam wieder die Mond-, Merkur-, Venusstunde und so weiter. So zählte man die 24 Stunden durch, und am nächsten Morgen war nun die erste Stunde die des Mars. Wieder am nächsten Morgen wurde die erste Stunde die des Merkurs und so fort.

Die erste Morgenstunde gab dem Tag den Namen, zum Beispiel Mond = Montag, Mars = Dienstag (französisch *mardi*), Merkur = Mittwoch (*mercredi*) und so weiter. Nachdem die Sonne wieder zur ersten Morgenstunde wurde, war die Siebentagewoche vollendet, und der Wochenrhythmus konnte neu beginnen.

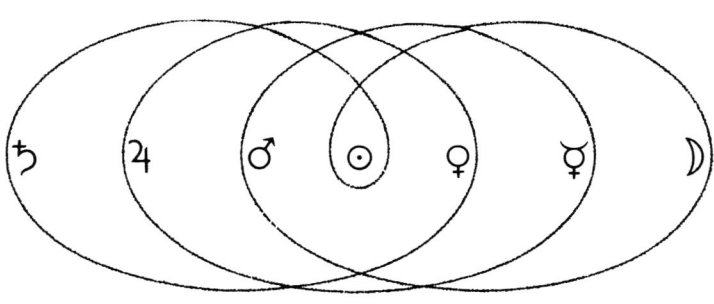

Dieses Schwingen zwischen den obersonnigen Planeten (Mars, Jupiter, Saturn) und den untersonnigen Planeten (Venus, Merkur, Mond) mit der Sonne in der Mitte zeigt die kosmische Harmonie, die im Wochenrhythmus herrscht.

Die »Planetenstunden«

Saturn	Jupiter	Mars	Sonne	Venus	Merkur	Mond
1	2	3	4	5	6	7
8	9	10	11	12	13	14
15	16	17	18	19	20	21
22	23	24	1	2	3	4
5	6	7	8	9	10	11
12	13	14	15	16	17	18
19	20	21	22	23	24	1
2	3	4	5	6	7	8
9	10	11	12	13	14	15
16	17	18	19	20	21	22
23	24	1	und so weiter			

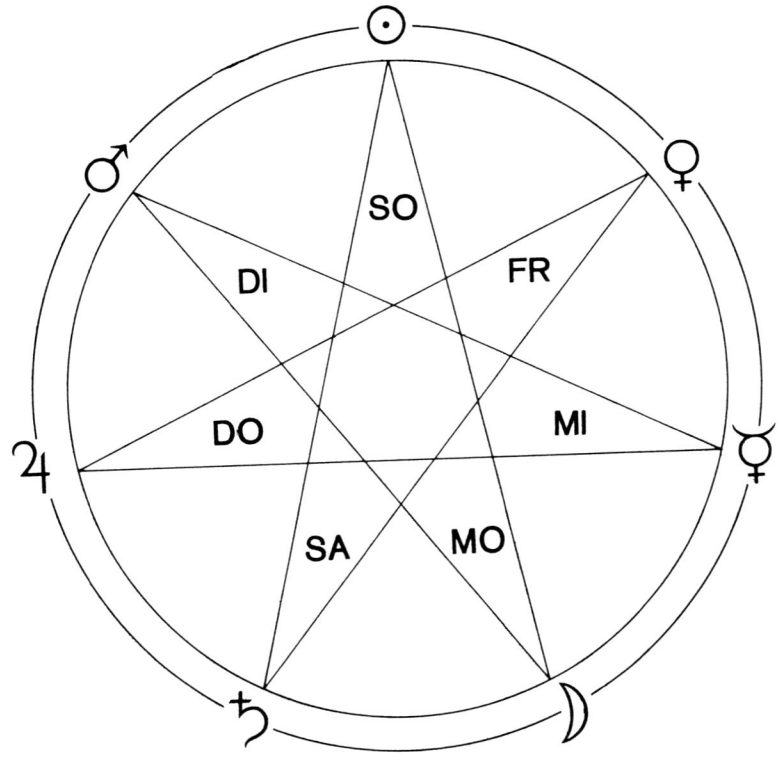

Fängt man bei der Sonne (sonntags) in Uhrzeigerrichtung an, auf 24, also einen Tagesrhythmus, zu zählen, so ist die nächste neue Morgenstunde dem Mond zugeordnet, also Montag und so weiter.

Wochentage und Planeten

Planeten	Lateinisch	Französisch	Englisch	Deutsch	Altnordisch
Sonne	Dies Solis	Dimanche	Sunday	Sonntag	Sunnudagr
Mond	Dies Lunae	Lundi	Monday	Montag	Manadagr
Mars	Dies Martis	Mardi	Tuesday	Dienstag	Thyrsdagr
Merkur	Dies Mercurii	Mercredi	Wednesday	Mittwoch	Odinsdagr
Jupiter	Dies Jovis	Jeudi	Thursday	Donnerstag	Thorsdagr
Venus	Dies Veneris	Vendredi	Friday	Freitag	Friadagr
Saturn	Dies Saturni	Samedi	Saturday	Samstag	Laugardagr

Obwohl es in der Menschheitsgeschichte verschiedenste Versuche gab, andere Wocheneinheiten zu schaffen – die Inder hatten zum Beispiel einen halben Monat (von Vollmond zu Neumond), die Sumerer fünf Tage und die Ägypter zehn Tage –, setzte sich der Siebentagerhythmus, der Planetenrhythmus, durch. Die Wochentage wurden generell nach den Planeten benannt.

Dabei hatten die verschiedenen Religionen gewisse Wochentage zu ihrem heiligen Tag erklärt: die Muslime den Freitag (Venus), die Juden den Samstag (Sabbath/Saturn), die Christen den Sonntag (Sonne). Christus ist am Ostersonntag auferstanden. Und so ist die christliche Woche ein Abbild der Karwoche, die am Palmsonntag beginnt und ihre Oktave am Ostermorgen hat:

- Seine Besonnenheit hält Einzug am *Palmsonntag*.
- Seine Hingabe eröffnet neue Wege der Geisterkenntnis am *Montag*.
- Sein Mut leuchtet auf in den Streitgesprächen am *Dienstag*.
- Sein Mittlertum löst in der Salbung durch Maria-Magdalena am *Mittwoch* den Strom der sakramentalen Opferfähigkeit aus.
- Seine Weisheit verbindet im *Gründonnerstags*-Opfermahl Vergangenheit und Zukunft, Himmel und Erde.
- Seine Schönheit im kosmischen Sinne hat noch die Romanik im Bilde des gekrönten, am Kreuze stehenden Christus zeigen können, der die Arme segnend ausbreitet, Sonne und Mond zu beiden Seiten, am *Karfreitag*.
- Seine Ewigkeitsweite überleuchtet Tod, Erdengrab und Höllenfahrt am *Karsamstag*.
- Seine Liebe als Kraft der Auferstehung am *Ostersonntag* fasst als Oktave alle sieben Sternen-Seelenkräfte wie eine Sonne in sich zusammen.

In der Bildungsstätte Schlössli Ins, wo die Rhythmisierung und Ritualisierung ein wichtiges Erziehungselement ist, wird der Donnerstag als Jupitertag gefeiert, als »kleiner Sonntag«. Der Jupiter ist die »kleine Sonne«, sodass an diesem Tag der Arbeitsbeginn um anderthalb Stunden verschoben wird und man entsprechend länger schlafen kann. Die Schüler(innen) haben dann keinen üblichen Schulunterricht, sondern ein klassenübergreifendes kreatives Werken. Am Nachmittag haben sie frei.

Die Wochengestaltung als spirituelle Rhythmisierung des Lebens ist eine Zukunftsaufgabe und könnte sich eben an den Planetenqualitäten der Wochentage orientieren.

Die Woche ist natürlich auch ein Viertel des Monats oder eben des Mondrhythmus: zunehmender Halbmond, Vollmond, abnehmender Halbmond, Neumond. Diese Mondqualität verstärkt den Planetenrhythmus der Siebener-Woche.

Der Monat als Mondrhythmus des Lebens

Der Mond, der in der deutschen Sprache seltsamerweise von männlichem grammatischem Geschlecht ist, wurde überwiegend als die »Große Mutter« verehrt. Die ägyptische Isis, die indische Maya, die griechische Demeter und Artemis gehören zur Alma Mater, der »nährenden (All-)Mutter«, wie auch die christliche Maria, die oft auf einer Mondsichel stehend dargestellt wurde. Diese mutterrechtlichen Göttinnen existierten vor dem patriarchalen Zeus. Sie zeugen von den Lebenskräften, vom Wechsel der Gefühle gegenüber dem Festgelegten, etwa der Fixsterne. So offenbaren die Mondkräfte den stetigen Wandel in allem Lebendigen.

Der Mond ist nicht nur ausgesprochen wandelbar, sondern er birgt in sich die verschiedensten Rhythmen:

- Da gibt es den *synodischen* Monat von Neumond zu Neumond (29,5 Tage),
- den *siderischen* Monat, die Wiederkehr zum gleichen Stern (27 Tage und sieben Stunden),
- den *tropischen* Monat vom aufsteigenden zum absteigenden und wieder zum aufsteigenden Mond (27 Tage und sieben Stunden),
- den *drakonitischen* Monat vom aufsteigenden Knoten (Schnittpunkt von Sonnen- und Mondbahn) zum absteigenden Knoten und wieder zum aufsteigenden Mondknoten (27 Tage und sieben Stunden) und
- den *anomalistischen* Monat von der Erdnähe des Mondes zur Erdferne und wieder zur Erdnähe (27 Tage und dreizehn Stunden).

All diese Rhythmen zeigen die Vielfalt und Lebendigkeit der Mond-
bewegungen, obwohl der Mond, von der Erde aus betrachtet, wie
tot aussieht. Überall in der lebendigen Sphäre der Erde, in den Elementen (Wasser: Flut und Ebbe), in den Pflanzen, in der Tierwelt
(Fruchtbarkeit), bei den Menschen (Menstruationszyklus der Frau)
wirken die Mondkräfte.

So sind der Mond und seine Rhythmen für das tägliche und mo-
natliche Leben von großer Bedeutung. Der Mondmonat mit seinen
dreißig (genau 29,5) Tagen entstand aus dem synodischen und eindrücklichsten Mondrhythmus. Die 29,5 Tage multipliziert mit zwölf
ergeben 354 Tage, also ein Mondjahr. Mohammed wollte diesen
Rhythmus streng beibehalten, der Ausgleich mit dem Sonnenjahr
wurde verboten. Doch für viele Kulturen war die Sonne ebenso
wichtig oder sogar noch wichtiger. So wurde das lunisolare Jahr zu
zwölf Monaten mit dreißig beziehungsweise 31 Tagen erschaffen.
Der Februar mit seinen 28 Tagen verhilft bei dem Ausgleich mit
einem zusätzlichen Tag, dem 29. Tag im Schaltjahr, damit der Son-
nenzyklus eingehalten werden kann. Der Mondrhythmus musste
sich somit dem Sonnenjahr unterordnen.

Die alten germanischen oder keltischen Monatsnamen haben sich
eher bei der Landbevölkerung durchgesetzt und wurden von Karl
dem Großen festgelegt. Sie werden noch heute gebraucht:

- *Januar:* Wintermonat
- *Februar:* Hornung (zu kurz Gekommener)
- *März:* Lenzmonat
- *April:* Ostermonat
- *Mai:* Marienmonat
- *Juni:* Brachmonat (aufackern)
- *Juli:* Heumonat
- *August:* Erntemonat
- *September:* Holzmond
- *Oktober:* Weinlesemonat
- *November:* Windmond
- *Dezember:* Christmond

Die zwölf Sternbilder und die vier Jahreszeiten.

Der Monat fügt sich in das Sonnenjahr ein, in den Gang der Sonne durch die zwölf Tierkreiszeichen, angefangen mit dem Widder am 21. März bei der Frühlings-Tagundnachtgleiche.

Das Jahr als Sonnenrhythmus des Leibes

Das Wandern der Erde während eines Jahres um die Sonne, mit ihrer 23,5 Grad geneigten Achse bewirkt die unterschiedliche Einstrahlung auf die beiden Erdhälften. Dabei bilden die verschiedenen Sternbilder einen immer anderen Hintergrund der Sonne. Das Aufsteigen und Absteigen der Sonnenbahnen gliedert das Jahr in Jahreszeiten. Auch hier bleibt die Sonne gegenüber den Sternen jeden Tag um vier Minuten zurück – in einer Woche um eine halbe Stunde, in einem Monat um zwei Stunden und in einem Jahr um 24 Stunden. Durch die Kulmination am 21. Juni und den Tiefpunkt am 23. Dezember bildet sie eine Polarität vor allem in der Vegetation. Der Frühlings- (21. März) und Herbsttag (23. September) bilden die ausgleichende Waage.

Die Sonne ist die Quelle der Wärme und des Lichts, und sie wurde in verschiedenen Kulturen verehrt: als Ahura Mazda in Persien, Osiris im Alten Ägypten, Helios im antiken Griechenland, Sol bei den Römern. Johann Wolfgang von Goethe (1782–1832), der schon als Kind der Sonne einen Altar errichtet hatte, sagte, dass die Sonne eine Offenbarung des Höchsten sei, und zwar die mächtigste, die uns Erdenkindern wahrzunehmen vergönnt sei. Er bete in ihr das Licht und die zeugende Kraft Gottes an, »wodurch allein wir Leben weben und sind und alle Pflanzen und Tiere mit uns«.

Kaiser Julian (331–363) sprach von der Sonne als von einem weiblich-seelisch-geistigen Wesen. Dies sagte auch Johannes Kepler. Selbst wenn einige wenige Kulturen, wie zum Beispiel die Mohammedaner, den Mond mehr verehren als die Sonne, so war in Asien die Sonne ebenso heilig wie bei den Germanen und Azteken.

Dass das menschliche Maß auch mit dem kosmischen Raum und der Zeit übereinstimmt, zeigt folgende Tatsache: Wenn ein Mensch während eines Jahres (365 Tage – Erdwanderung um die Sonne; Wanderung der Sonne durch den Tierkreis) immer in Richtung Westen wandern könnte, dann würde er die Erde gerade mit der Geschwindigkeit von 4,57 Kilometern in der Stunde umkreisen. Erden-, Sonnen- und »Menschenwanderung« entsprechen sich also.

Auch wenn es Variationen gab, in denen der Mond durch zwölf Mondmonate (354 Tage) nur ein unvollständiges Sonnenjahr bildete, hat sich das Jahr mit 365 beziehungsweise 366 Tagen durchgesetzt. Es war Julius Cäsar, der den Jahresanfang auf den 1. Januar

Die astronomischen Jahrestage und die darauf folgenden Jahresfeste.

(Amtseinsetzung der Konsuln) festlegte. Aber es gibt auch andere Regelungen für den Jahresanfang, wie zum Beispiel an Ostern, dem wichtigsten Jahresfest der Christen.

Die Sonne scheint überall gleich lange auf die Erde, jedoch gegen die Pole hin jahreszeitlich (im Sommer ist sie fast immer sichtbar, im Winter fast nie), in Äquatorialzonen tageszeitlich, das heißt die Tage bleiben etwa immer gleich lang. So fördert oder hemmt die Sonne die Wachstumskräfte: Keimen, Wachsen, Blühen, Fruchten, Aussamen, Samenruhe.

Der Sonnenrhythmus bildet ein großes Sonnenkreuz im Jahreskreislauf. Zuerst muss sich immer alles astronomisch richten, dann, nach ein paar Tagen – als würde es etwas Zeit brauchen, um auf die Erde zu kommen –, wird gefeiert. Ostern ist, wie bereits beschrieben, ein bewegliches Fest.

Im Mittsommer haben wir zuerst den längsten Tag (21. Juni), dann den Geburtstag Johannes des Täufers (24. Juni), der als Johanni-Feier vor allem im Norden gefeiert wird. Im Herbst kommt zuerst die Tagundnachtgleiche (23. September), dann Michaeli am 29. September. Im Winter ist der kürzeste Tag der 22. Dezember, den es braucht, um Weihnachten am 24. Dezember folgen zu lassen.

So gliedert sich das Jahr immer gleich in der Zeitfolge und doch unterschiedlich, sei es klimatisch, historisch, gesellschaftlich oder familiär. Wie die Jahresringe der Bäume, die auch nie gleich sind, folgt Jahr um Jahr.

Der Lebenslauf als Horoskoprhythmus der Persönlichkeit

Mit der Geburt erhält der Mensch aus der Astralwelt (Sternenwelt) eine bestimmte Sternenkonfiguration, das Horoskop, das ihn prägt, aber nicht festlegt. Goethe nannte dies »geprägte Form, die lebend sich entwickelt«. Der Mensch ist, im Gegensatz zum Tier, bei der Geburt ein noch nicht entwickeltes Wesen, eine Frühgeburt, die 21 Jahre braucht, um sich leiblich zu vervollkommnen. Er ist ein »Nesthocker«, der noch lange nach der Geburt von Mutter und Vater und von ihn umsorgenden Erwachsenen Hilfe benötigt, um selbständig zu werden. In seinem nichtspezialisierten Leib können sich Seele und Geist mehr und mehr einwohnen, um Fähigkeiten von Hand, Herz und Kopf auszubilden.

Der Mensch kommt von einer pränatalen Existenz, wo Planeten geistig-seelisch gewirkt haben. Auch während des Lebenslaufs wirken die Planeten mit, und zwar in der ptolemäischen Reihenfolge.

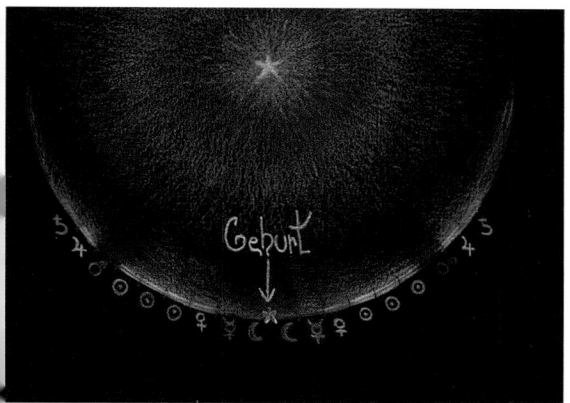

Planetenrhythmen vor und nach der Geburt. Doch dieser Jahrsiebent-Planetenrhythmus ist wiederum so gestaltet, dass er systematisch eine Mitte hat.

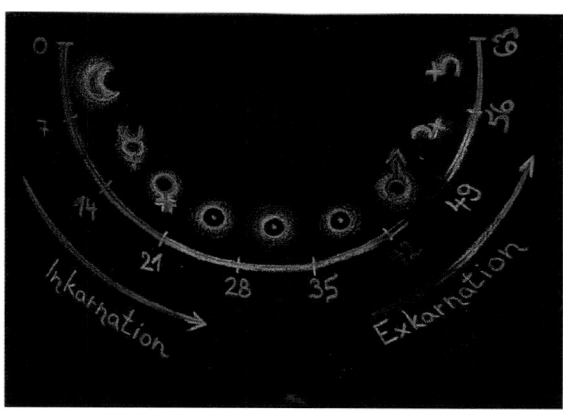

Die Jahrsiebente mit den dazugehörigen Planetenqualitäten.

Dieser Rhythmus zeigt, dass sich der Mensch in den ersten dreißig Jahren physisch immer mehr inkarniert, sich dann aber ab der Lebensmitte darauf konzentriert, die geistig-seelischen Fähigkeiten zu entwickeln. In der heutigen Zeit sieht man oft nur das leibliche Altern. Doch wenn sich zum Beispiel bei einer Pflanze die großen Blätter zurückbilden, so zeigt sie, dass sich in ihr höhere Organe entwickeln (Blüte und Frucht). Diese Metamorphosenlehre Goethes, zunächst an Pflanzen demonstriert, hat durchaus auch eine Entsprechung beim Menschen.

In dem Schema der Urpflanze sieht man das Sichzusammenziehen und Entmaterialisieren, damit Blüte, Frucht und Same entstehen. In der Metamorphose in der Entwicklung sehen wir, dass die Höherentwicklung der verschiedenen Naturreiche, aber auch des Menschen, nur durch Entmaterialisierung, Entvitalisierung und Entanimalisierung geschieht. So auch im Lebenslauf des Menschen. Gerade der Abbau der Lebenskräfte ermöglicht seelisches Leben. Doch eben auch die Überwindung der Triebe (Entanimalisierung) ermöglicht moralisches Ich-Bewusstsein, ein Durch-»Ichen« des Menschen.

In der Darstellung des menschlichen Lebenslaufs als Siebenjahresrhythmus werden die immer höher zu entwickelnden Wesensglieder des Menschen (Rudolf Steiner) im Zusammenhang mit den Planetenkräften und den Jahrsiebenten dargestellt.

Zuerst kommen die *Mond*kräfte, die den Leib formen und ihn aus dem genetischen Material von Vater und Mutter individualisieren. Beim Zahnwechsel (sieben Jahre) wird das *merkurielle* rhythmische System frei für die schulisch-seelische Entwicklung. Ab dem vier-

Schema der Urpflanze von
Johann Wolfgang von Goethe und
Grundgesetz der Metamorphose.
Die drei Wechselphasen von
Ausdehnung und Zusammen-
ziehung.

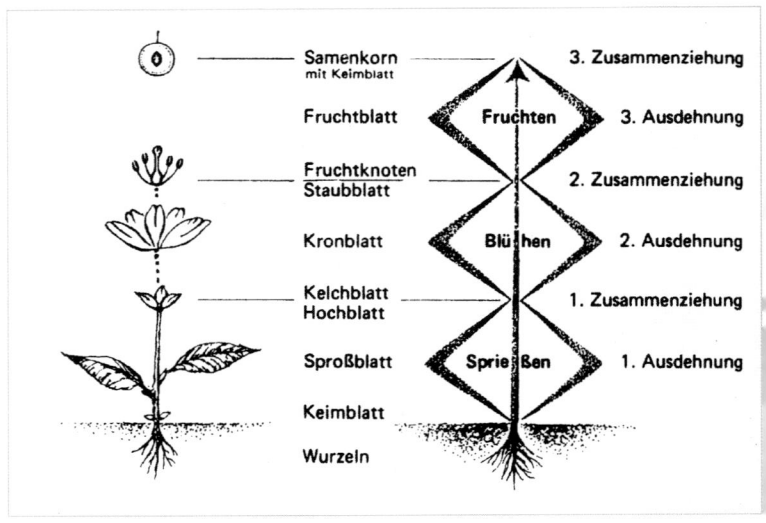

Metamorphose in der Entwicklung vom Mineralischen zum
Menschen.

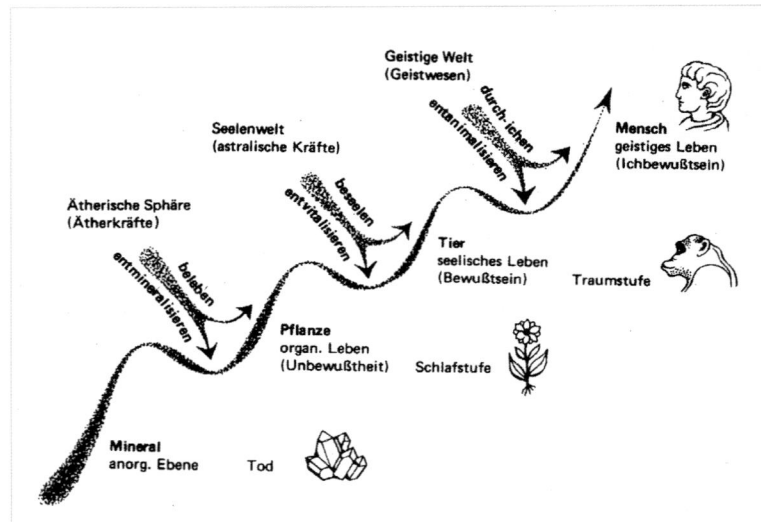

Der menschliche Lebenslauf
als Siebenjahresrhythmus der
Planetenwirksamkeit.

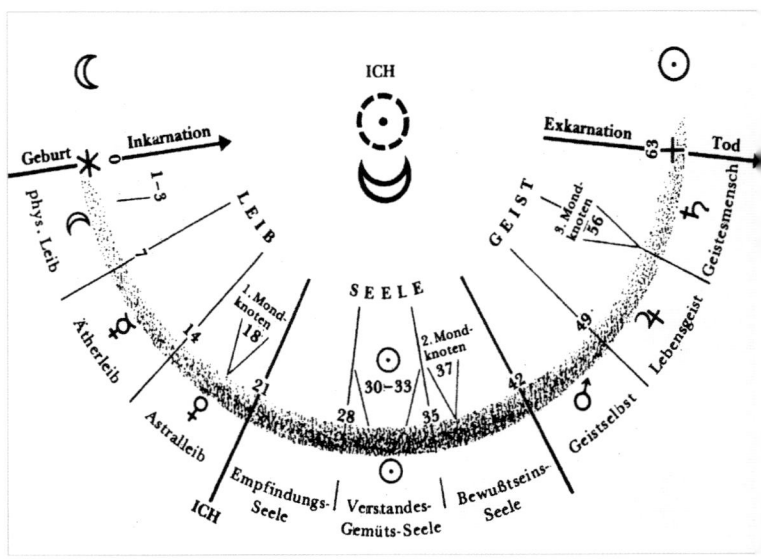

zehnten Lebensjahr sind auch die leiblichen Voraussetzungen gegeben, um die Frage der Partnerschaft seelisch-geistig in *venushafter* Art zu entwickeln. Mit 21 Jahren ist die Zeit für die Ich-Geburt erreicht, obwohl das Ich heutzutage mehr und mehr bereits früher aufblitzt.

Die nun folgenden drei Siebenjahresperioden stellen die Zeit der sonnenhaften Persönlichkeitsbildung dar, in deren Mitte das 33. Lebensjahr liegt. In diesem Lebensabschnitt entscheidet sich der Mensch, ob er gewillt ist, oft erst durch Krisen, seine höheren Wesenseigenschaften zu entwickeln.

In dem *Mars*-Jahrsiebent spiegelt sich die Venuskraft. In diesem Lebensabschnitt geht es um die eigene Ich-Durchsetzung, aber eben im Sinne der höheren Ich-Kraft, des Selbst.

Nun kommt die Zeit *Jupiters*, der »kleinen Sonne«. Hier können die moralische Fantasie und die Intuition geübt werden, eine sogenannte moralische Technik verwirklicht werden. Rudolf Steiner nennt das: »Leben in der Liebe zum Handeln und Lebenlassen im Verständnis des fremden Wollens.« *Saturn*kräfte können die mystischen Kräfte entwickeln. Doch Saturn zeigt auch die Grenzen; und eine wichtige Grenzmarke ist der Tod. Jetzt ist es an der Zeit, immer wieder den Tod vor Augen zu halten: »Wer nicht stirbt, bevor er stirbt, verdirbt, wenn er stirbt!«, lautet ein bereits zitiertes Wort von Jakob Böhme. Die Jahre nach dem 63. Lebensjahr sind Geschenke. Sie stehen vielleicht unter den höheren Planeten *Uranus*, *Neptun* und *Pluto* und natürlich den Fixsternen.

Es gibt noch andere Konzepte der Rhythmisierung des Lebenslaufs, zum Beispiel die von Bruno und Louise Huber, die dem Leben einen Sechserrhythmus zusprechen. Hier sind die Jahrsechste innerhalb des Horoskops als zwölf mal sechs Jahre charakterisiert.

Gerade diese 72 Jahre sind der »kleinste Rhythmus« des platonischen Weltenjahres. So dreht sich die Erdachse in 72 Jahren um ein Grad. Es braucht 360-mal diese Zeit (72 Jahre entsprechen einem Menschenleben), um die Zahl 25 920 zu erreichen. Nun zeigen die Planeten alle ihre Umlaufzeiten. Bei ihrer Wiederkehr stehen sie wieder am Ort der Geburt: Bei der Sonne ist das jedes Jahr am Geburtstag, bei Jupiter alle zwölf, bei Saturn alle dreißig Jahre. Wenn jemand 84 Jahre alt wird, hat Uranus einmal seinen Weg um die Sonne vollbracht. Wichtig ist noch der sogenannte Mondknoten im Alter von achtzehn Jahren, sieben Monaten und neun Tagen. Nach dieser Zeit haben wir wiederum die gleichen Sonnen- und Mondverhältnisse. Die Mondknoten mit etwa achtzehn, 37 und 56 Jahren werden als Öffnungen für neue Impulse gesehen.

So können noch viele andere astronomische Rhythmen gefunden werden, wie sie zum Beispiel Wilhelm Hoerner darstellt. Doch alle diese kosmischen Rhythmen sind nur Gestaltungsmöglichkeiten des Lebenslaufs. Der Mensch ist eben nicht nur das Geschöpf Gottes, das von außen geprägt wird, sondern er ist der Schöpfer des eigenen Lebens. Und es ist wichtig, dass jeder Mensch das Leben in sich wachsen lässt, bis es eben an der Zeit ist, um neue Impulse aufzunehmen. Es braucht den richtigen Kairos: das richtige Maß, den rechten Zeitpunkt. So heißt es schon im Alten Testament (Prediger Salomonis): »Jedes Ding hat seine Zeit.«

Die Zeit der Geburt zeigt sich im Horoskop. Doch weist Rudolf Steiner darauf hin, dass das Todeshoroskop vielleicht noch wichtiger ist, wenn man die Zeitenrhythmen im Leben rückwärts betrachtet anwendet. Möglicherweise ist das Leben mehr auf den Tod hin gestaltet, als wir denken. Das »In-den-Tod-hinein-Leben« und das »In-den-Tod-hinaus-Sterben« kann aber nach Novalis noch anders gesehen werden: »Wenn ein Geist stirbt, wird er Mensch. Wenn ein Mensch stirbt, wird er Geist.«

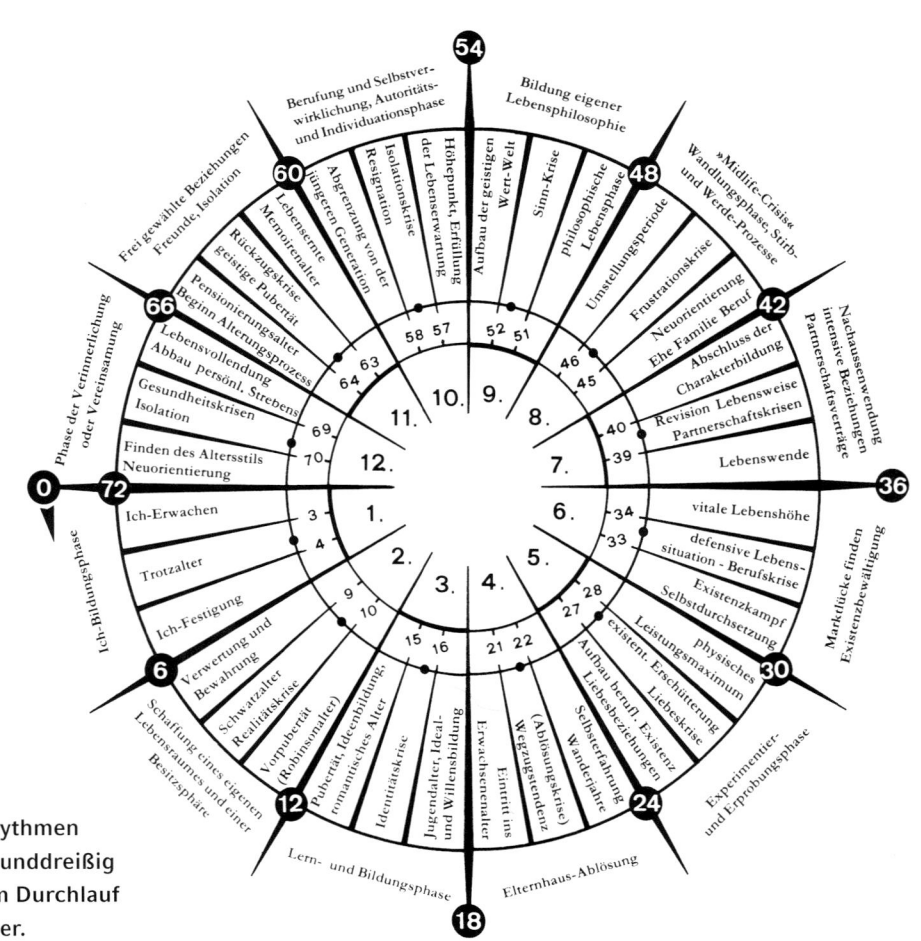

Die Huber-Sechserrhythmen im Lebenslauf: Sechsunddreißig Lebensstationen beim Durchlauf durch die zwölf Häuser.

Der Rhythmus der Zeitgeister: 72 und 354 Jahre

Die Wurzeln der Lehre über den Wechsel der Zeiten reichen bis auf die in den babylonischen Tempeln verehrte Siebengottheit zurück. Im Christentum erscheinen sie mit hebräischen Namen: Gabriel, Raphael, Anael, Michael, Samael, Zachariel, Oriphiel.

Die kosmische Zeit eines Menschenlebens ist wie gesagt 72 Jahre. Diese Zeit ist aber zugleich die Dauer, die die Erdachse braucht, um ein Grad im platonischen Weltenrhythmus weiterzuwandern.

Der Engelforscher Emil Páleš aus der Slowakei hat in seinem umfassenden Buch *Angelologie der Geschichte. Synchronizität und Periodität in der Geschichte* eine umfassende Darstellung der Angelologie dokumentiert. Dieses Buch ist aber nur in Slowakisch erschienen. Allerdings liegt seit kurzem eine Zusammenfassung in Deutsch vor (siehe www.sophia.sk). Er zeigt eine Liste der »72-jährigen Geister der Zeit«. Doch ordnet er den Erzengeln die sieben klassischen Planeten zu: Michael Sonne, Gabriel Mond, Samuel Mars, Raphael Merkur, Zachariel Jupiter, Anael Venus, Oriphiel Saturn. Die Planeten sind Synonyme dieser Erzengel. Schon die Bibel spricht von den Engeln als Sternenwesen. Die astronomischen Sterne sind die physischen Leiber der Engelwesen. Doch die eigentlichen Erzengelperioden sind die 354 Jahre dauernden:

Die Engel im Vorzimmer im Haus Gottes. John Melhuish Strudwick, 1890.

Hier sieht man die Wanderung des Frühlingspunkts und das Einsetzen der kleinen Zeitgeistperioden.

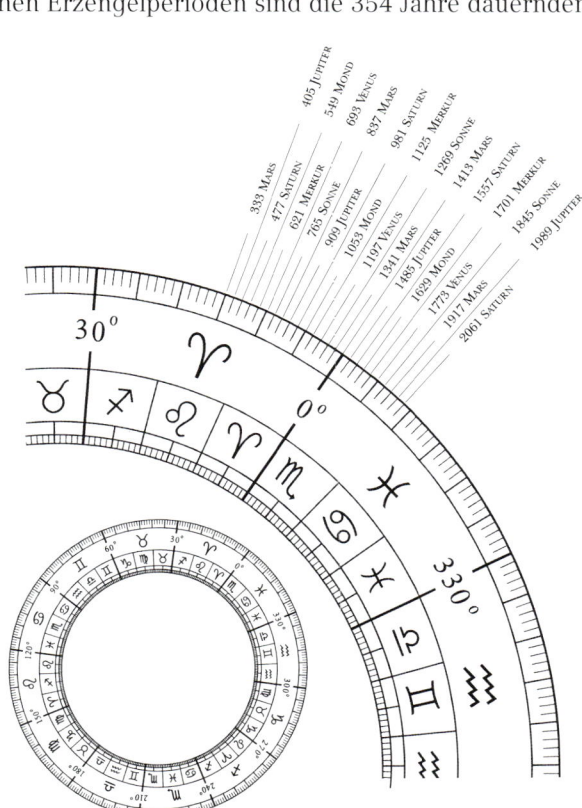

72-jährige Geister der Zeit

Der 72-Jahres-Rhythmus gibt die Signatur dieser kleinen Zeitgeister an. Sie sind analog den Planeten, aber noch viel umfassender. Sie zeigen charakteristische Eigenschaften in Wissenschaft, Kunst und Religion.

	Stier		Widder		Fische	
30°	−2907	Merkur	−747	Sonne	1413	Mars
29°	−2835	Venus	−675	Mars	1485	Jupiter
28°	−2763	Sonne	−603	Jupiter	1557	Saturn
27°	−2691	Mars	−531	Saturn	1629	Mond
26°	−2619	Jupiter	−459	Mond	1701	Merkur
25°	−2547	Saturn	−387	Merkur	1773	Venus
24°	−2475	Mond	−315	Venus	1845	Sonne
23°	−2403	Merkur	−243	Sonne	1917	Mars
22°	−2331	Venus	−171	Mars	1989	Jupiter
21°	−2259	Sonne	−99	Jupiter	2061	Saturn
20°	−2187	Mars	−27	Saturn	2133	Mond
19°	−2115	Jupiter	+45	Mond	2205	Merkur
18°	−2043	Saturn	117	Merkur	2277	Venus
17°	−1971	Mond	189	Venus	2349	Sonne
16°	−1899	Merkur	261	Sonne	2421	Mars
15°	−1827	Venus	333	Mars	2493	Jupiter
14°	−1755	Sonne	405	Jupiter	2565	Saturn
13°	−1683	Mars	477	Saturn	2637	Mond
12°	−1611	Jupiter	549	Mond	2709	Merkur
11°	−1539	Saturn	621	Merkur	2781	Venus
10°	−1467	Mond	693	Venus	2853	Sonne
9°	−1395	Merkur	765	Sonne	2925	Mars
8°	−1323	Venus	837	Mars	2997	Jupiter
7°	−1251	Sonne	909	Jupiter	3069	Saturn
6°	−1179	Mars	981	Saturn	3141	Mond
5°	−1107	Jupiter	1053	Mond	3213	Merkur
4°	−1035	Saturn	1125	Merkur	3285	Venus
3°	−963	Mond	1197	Venus	3357	Sonne
2°	−891	Merkur	1269	Sonne	3429	Mars
1°	−819	Venus	1341	Mars	3501	Jupiter

- *Michael:* Sonnen-Erzengel, der Drachenbekämpfer, der Erzengel bei der Ausweisung aus dem Paradies und der Schwellenhüter am Jüngsten Gericht, der Engel des löwenhaften Goldhintergrundes, der modernen Goldwährung, der Demokratie, der Bewusstseinsseele, der modernen Kunst.
- *Gabriel:* Mond-Erzengel, Geheimnis der ewigen Jugend, Engel der Reproduktion, der Mutterschaft, der Bildhaftigkeit, der Wachstumskräfte, der Sehnsucht nach dem silbernen, krebsigen Innenraum, Inspirator des kindlichen Barocks, des Naturalismus, des Islams, Archetyp der Großen Mutter.
- *Samael:* Mars-Erzengel des Gotteszorns, Überwinder der alten Formen und Platzmacher der Zukunft, der Eisenbringer des Blutes, Entwickler der drachenhaften Dinosaurier in der Vorgeschichte, Inspirator des kriegerischen Willens, der Flammengotik, Ritter des Mutes und des Wortes.
- *Raphael:* Merkur-Erzengel, Erbauer der Kathedralen und der Universitäten, der göttliche Heiler, der Inspirator der Medizin, des Handels, des Rokokos, der Aufklärung, der Gedankenfreiheit, Begründer des Zynismus, der Satire, des Sophismus, die große Liebe zum Gelehrtentum, zum Rationalismus.
- *Zachariel:* Jupiter-Erzengel der Weisheit und Ruhe, er bringt Entwicklung, Wohlstand und Früchte des Guten, krönt die königlichen Häupter, ist Erzengel des Friedens, Bewohner des Zeichens Schütze, Patron der Indoeuropäer, Gestalter der Renaissance, Weisheitslehrer der Geometrie, der Erdkunde und der Philosophie.
- *Anael:* Venus-Erzengel der Liebe, der Morgenröte, der Harmonie, der Schönheit. Was er berührt, füllt sich mit Begeisterung und Inbrunst. Er verfeinert und veredelt die Seelen. Er ist die Muse der Dichter und der Troubadoure, Geist der Pubertät und der Geschlechtertrennung, der in der chymischen Hochzeit erhöhte Mensch.
- *Oriphiel:* Saturn-Erzengel des Todes, der in sich ruhenden ewigen Kraft des Polarsterns, der Verlangsamung, des Schmerzes, der unbeirrbare Kepler'sche Geist, der die Wahrheit in sich und im Kosmos sucht und findet, die architektonische Inspiration der Chromlechs, der Kuppelbauten, der Observatorien und der Grabbauten.

Samael, der Mars-Erzengel, regierte z.B. von 1917 (Lenin'sche Revolution) bis 1989 (Zusammenbruch der kommunistischen Hegemonie im Osten Europas).

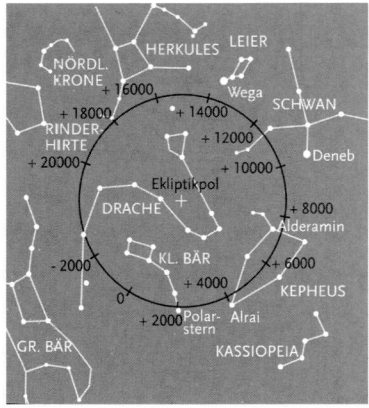

Der Himmelsnordpol (Polarstern) wandert um den Ekliptiknordpol (Kreuz).

354-jährige Geister der Zeit

Diese Zeitgeistperioden zeigen die großen Zeitabschnitte. Gerade der Übergang von der Gabriel'schen Epoche zur heutigen Michael'schen (1879) bekommt in der Anthroposophie einen wichtigen Stellenwert.

♀	Anael	−7332	−4852	−2372	+108
♃	Zachariel	−6978	−4498	−2017	+463
☿	Raphael	−6624	−4144	−1663	+817
♂	Samael	−6270	−3789	−1309	+1171
☽	Gabriel	−5915	−3435	−955	+1525
☉	Michael	−5561	−3080	−600	+1879
♄	Orphiel	−5206	−2726	−246	+2234

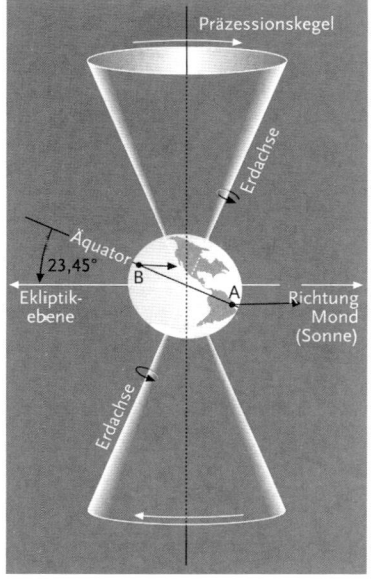

Die Entstehung der Präzession. Mond und Sonne wirken mit ihrer Anziehungskraft auf den Äquatorwulst der Erde. Auf die Erdachse wirkt somit ein Drehmoment (Pfeile), das versucht, sie aufzurichten. Gemäß den Kreiselgesetzen weicht die Erdachse rechtwinklig aus und beschreibt einen doppelten Kegelmantel.

Der platonische Weltenrhythmus und die Kulturepochen

Auch wenn die Menschen heute zum Teil viel älter werden, bedeuten die 72 Jahre des kosmischen menschlichen Daseins ein würdiges Alter. Wiederholen wir es an dieser Stelle noch einmal: Während dieser 72 Jahre wandert der Frühlingspunkt, der Schnittpunkt der Ekliptik mit dem Himmelsäquator bei der Tagundnachtgleiche, um ein Grad. Die Wanderung des Frühlingspunktes durch den ganzen Tierkreis (360 Grad) dauert 25 920 Jahre. Das ist ein so genanntes platonisches Weltenjahr. Ein Zwölftel davon ist ein platonischer Weltenmonat (2160 Jahre). Der Grund dieser Wanderung des Frühlingspunktes ist die Erdachsenbewegung um den Ekliptikpol. Die Erdachse zeigt zurzeit gegen den Polarstern, das heißt gegen den Deichselstern des Kleinen Wagens, etwa 47 Grad-Minuten daneben.

Vor mehr als viertausend Jahren zeigte die Erdachse auf einen Stern des Drachenschwanzes – und so weiter. Die Erdachse neigt sich also in ihrer Wanderung um den Ekliptikpol (inmitten des Drachens) immer wieder gegen eine andere Sternengegend. Zurzeit neigt sie sich gegen das Sternbild Zwillinge, das darum auch am höchsten über den Südhorizont steigt und deshalb der Ort ist, wo die Sonne im Jahreslauf an Johanni ihren Kulminationspunkt hat. Drei Monate (Sternbilder) vorher haben wir Tagundnachtgleiche, am 21. März im Frühling, im Sternbild der Fische. Diese Erdachsenbewegung um den Ekliptikpol ergibt sich wie gesagt durch die

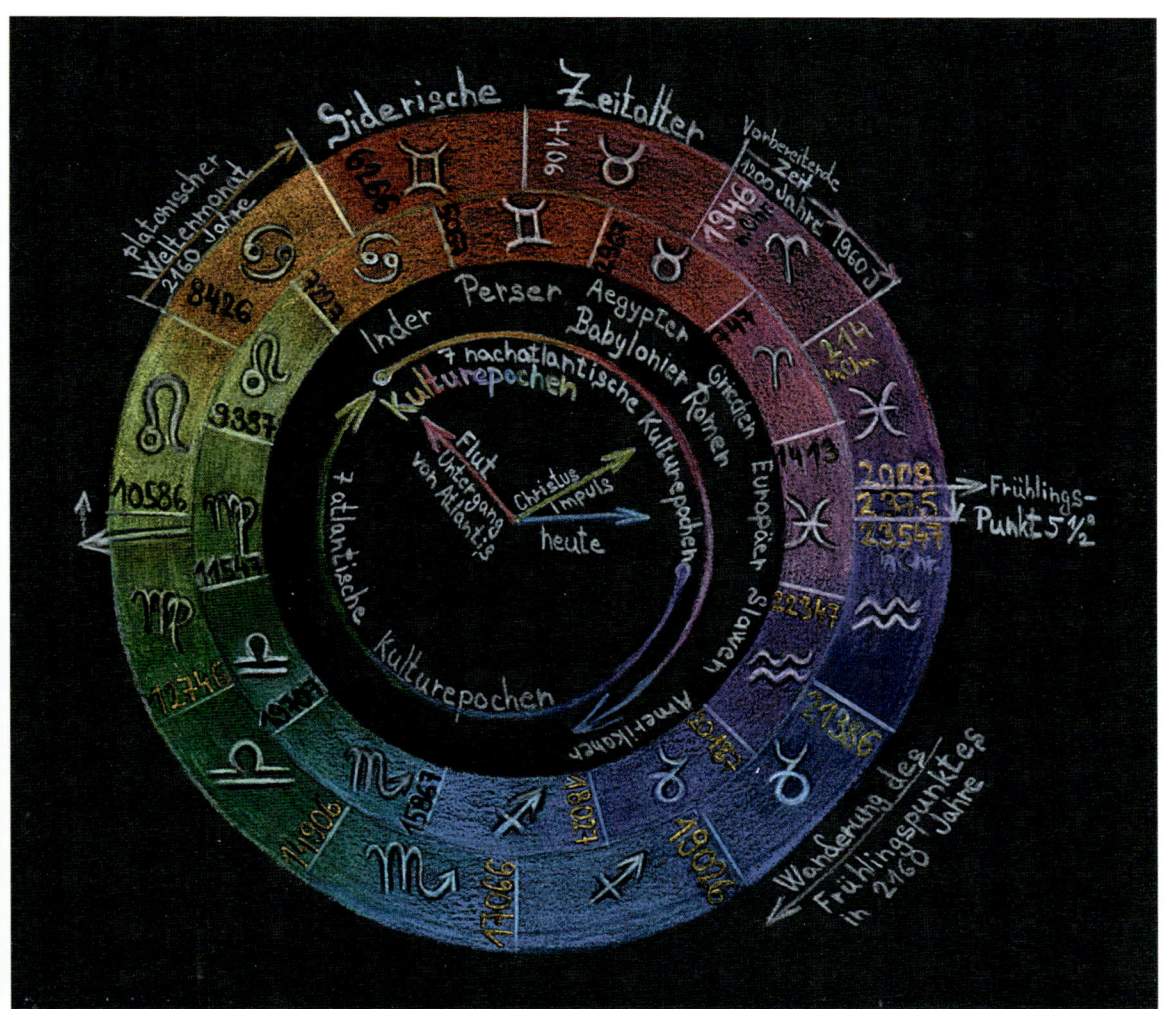

Platonischer Weltenrhythmus:
Ein Weltenjahr von 25 920 Jahren ist die Wanderung des Frühlingspunktes durch alle Tierkreisbilder. Während eines Menschenalters (72 Jahre) wandert die Erdachse um ein Grad. Die Tierkreisbilder sind alle gleich lang (30 Grad). Die Kulturepochen ergeben sich im inneren Kreis.

Neigung der Erdachse gegenüber dem Äquator von 23,5 Grad und deren Drehbewegung. Daraus resultiert dieser doppelte Kegel.

Die Erde dreht sich also täglich (in 24 Stunden) einmal um die eigene Achse, wandert in einem Jahr (365 Tage) um die Sonne, macht in 72 Jahren (ein Menschenleben) eine konzentrische Drehbewegung um den Ekliptikpol um ein Grad. Doch phänomenologisch zeigt sich diese Erdachsenbewegung in der Wanderung des Frühlingspunktes durch den Tierkreis. Vor zweitausend Jahren war dieser Frühlingspunkt noch im Widder, im Jahre 2375 tritt der Frühlingspunkt in den Wassermann.

Durch die Wanderung des Frühlingspunktes durch die Tierkreiszeichen entstehen die siderischen Zeitalter. Parallel, aber nicht identisch folgen die Kulturepochen in denselben Tierkreisqualitäten. Ein Schlüsseldatum ist wohl das von babylonischen Astronomen festgelegte Jahr, in dem der Amtsantritt ihres Königs Nabonassar erfolgte (747 vor Christus), somit begann das Widderzeitalter und die Kulturepoche des Widders. Dieses Datum wird später Referenz auch für Ptolemäus, aber dann vor allem für Rudolf Steiner, der diese Kulturepochen in menschheitsgeschichtliche Zusammenhänge stellte. Doch diese Widder-Kulturepoche ist keineswegs identisch mit dem Eintritt des Frühlingspunktes in das Sternbild Widder. Das war bereits 1200 Jahre vorher geschehen. So haben wir, wie es die Darstellung zeigt, ein Vorangehen des astronomischen Eintritts des Frühlingspunkts in ein Sternbild und 1200 Jahre später den Beginn der dazugehörigen Kulturepochen. Gemeinsam ist nach Beginn der Kulturepoche der Frühlingspunkt noch 960 Jahre im Tierkreisbild. Also geschieht wieder einmal zunächst etwas im Kosmos, dann erst in der Menschheitsgeschichte als Kulturimpuls.

Die siderischen Zeitalter und die dazugehörigen Kulturepochen, aber auch die Wanderung des Frühlingspunktes durch die Tierkreisbilder zeigen, wie eine Weltenuhr der Menschheitsgeschichte sich offenbart. Der Zeiger ist der Frühlingspunkt. So kann auch weit vor den Beginn der Widder-Kulturepoche zurückgegangen werden: Vor dem Beginn der Krebs-Kulturepoche geschah die große Flut, wie es die Bibel darstellt, und die atlantische Katastrophe, der Untergang von Atlantis, wie Plato berichtete. Noch früher, vor allem durch Rudolf Steiner dargestellt, sind die atlantischen Kulturepochen charakterisiert, die ihr Zentrum auf Atlantis hatten.

Der große Menschheitsführer Manu, in der Bibel »Melchisedek« oder »Noah« genannt, führte die Menschheit nach der Flut nach Innerasien und begründete von dort aus die indogerma-

Ahura Mazda: der weise Herr, der Herr des Lichts. Gegengott: Ahriman.
Relief am östlichen Torbau der Palastruine von Persepolis (sechstes/fünftes Jahrhundert vor Christus).

Zarathustra – Von der Geburt
bis zum Tod.

Der Apisstier.

nischen nachatlantischen Kulturepochen: Die zurückblickende ursprünglich *indische Kulturepoche des Krebses (7227–5067 vor Christus)* lebte noch stark im atlantischen Urbewusstsein.

Die *urpersische Kultur (5067–2907 vor Christus)* als Zwillings-
impuls lebte in der Polarität von Licht und Finsternis, von Ahura
Mazda und Ahriman, wie es der Prophet Zarathustra verkündet hatte. Diese Licht-Finsternis-Lehre taucht später unter anderem im
Manichäismus (drittes Jahrhundert nach Christus), bei den Katha-
rern (zwölftes Jahrhundert), bei den Rosenkreuzern und Alchemisten (sechzehntes Jahrhundert) auf.

Die folgende Epoche begann im Jahre 2907 vor Christus: Es sind
die *ägyptische und babylonische Kultur*, die das Zentrum bildeten.
Hier befindet sich auch die in diesem Buch beschriebene »Urwie-
ge« der umfassenden Sternenkunde. Die dem Himmel (Hörner)
und der Erde (Verdauung) zugewandte Stiernatur ist das Signum

Die Chefren-Pyramide, so groß wie ein Berg.

Venus von Milo. Der freie Mensch auf dem Spiel- und Standbein. Die künstlerische Erschaffung des Idealleibes war das Ziel.

Hephaisteion, Athen.

dieser gewaltigen Stier-Kulturepoche. Dazu ist die Sonne noch in den Hörnern des Stiers. Das heißt, die Sonne befand sich während der altägyptischen Kulturepoche im Frühling im Zeichen Stier.

Der Mensch erlebte sich noch als göttliches Geschöpf, schuf aber zugleich von der Dimension und Monumentalität her gigantische Bauwerke (Pyramiden, Tempel, Türme und so weiter).

Mit dem Jahr 747 vor Christus beginnt die *Widder-Kulturepoche in Griechenland und Rom* mit ihren Kolonien. Der Mensch lernt sich als Individuum kennen, wie es der griechische Tempel zeigt.

Der Mensch (Säule) steht schon individuell für sich da, doch trägt er als Gruppe noch das Geistig-Göttliche, den Giebel. Im Zeichen Widder konzentriert sich die Kraft im Kopf. Athene, die Denkende, wird aus dem Kopf von Zeus geboren. Das Patriarchat nimmt Einzug in die Menschheitsgeschichte. Diese Zeit bedeutet zugleich auch die Geburt der Wissenschaft.

Mit der *Fische-Kulturepoche, die 1414 nach Christus beginnt,* treten wir in das Zeitalter der Renaissance ein. Hier ist es die freie Persönlichkeit, die zelebriert wird, etwa in der Plastik des »David« von Michelangelo (1475–1564) dargestellt.

Die Persönlichkeitskräfte sind zunächst auch Kräfte des Egoismus, der Selbstdurchsetzung. Dies sind eigentlich noch die Widderkräfte. Doch die Kräfte der sensiblen spirituellen Fische-Fähigkeiten

David von Michelangelo Buonarroti.

müssen in Zukunft noch entwickelt werden. Erst im Jahr 2375 wird der Frühlingspunkt in das *Bild des Wassermanns* eintreten. Dann braucht es wiederum 1200 Jahre, bis die Wassermann-Kulturepoche erfüllt ist.

Diese Tierkreiskräfte wirken also in die Menschheitsgeschichte. Doch unabhängig davon greift das Christuswesen in die Weltgeschichte ein, wie es Rudolf Steiner in *Das Christentum als mystische Tatsache und die Mysterien des Altertums* darstellt, indem es sich von der Taufe im Jordan bis zur Auferstehung als Mensch der Menschheit opferte. Dadurch wurde in allen Menschenseelen das höhere Ich verstärkt. Nicht mehr die Rasse, sondern das Individuum sollte entwickelt werden. Ohne Christuskraft ist die Überwindung des Rassismus und des Egoismus in den Menschen nicht möglich.

Das Zukünftig-Menschliche im Wassermannhaften tritt zunächst in ein paar hundert Jahren als astrologisches Wassermannzeitalter und 1200 Jahre später in die Wassermann-Kulturepoche ein. Diese dauert dann wiederum 2160 Jahre. Sie soll eine *slawische* sein und die nächste Steinbock-Kulturepoche eine amerikanische.

Diese gewaltigen Zeitdimensionen sind fast zu groß, um sie als Realität erfassen zu können. Doch die Sternenwelt manifestiert sich eben in unendlich viel größeren Zeiträumen, als wir Menschen sie im Laufe unseres Lebens erfahren werden.

Die Erden- und Menschheitsentwicklung

»Der heutige Astronom sieht ja vom Sternenhimmel dasselbe, was ein heutiger Anatom
vom Menschen sieht. Und so wenig der Leichnam der Mensch ist, so wenig ist der Inhalt der
heutigen Astronomie der Sternenhimmel.«

Rudolf Steiner

Manichäische Vorstellungen

Interessant sind die manichäischen Vorstellungen von der Erd- und
Menschheitsentwicklung, weil sie weit in vorplanetarische Zustände weisen. In meinem Buch *Farben sehen, erleben, verstehen* habe
ich dies dargestellt.

Die Zahl Zwölf ist die Grundzahl des Raums. Was im Raum Gestalt
gewinnt, ist dieser Zahl unterworfen; was dagegen in der Zeit verläuft, richtet sich nach der Zahl Sieben. Wie im Ersten Buch Mose
die Schöpfung dem Siebentagerhythmus folgt, haben fast alle kosmischen Entwicklungen die Sieben als Grundlage. Rudolf Steiner
hat die sieben Phasen der Weltentwicklung ausführlich dargestellt
und dafür die Namen »Saturn, Sonne, Mond, Erde, Jupiter, Venus
und Vulkan« gebraucht. Das manichäische Weltbild weist eine ähn-
liche Struktur auf, wie sich aus der manichäischen Literatur able-
sen lässt. Der wichtigste Hinweis kommt von dem Perser Mani
(215–267 nach Christus) selbst, der seinen König erinnert: »Du
weißt, dass es der Erden sieben sind!« Damit hat Mani deutlich

Die sieben Metamorphosen der
Erde im manichäischen Sinne.

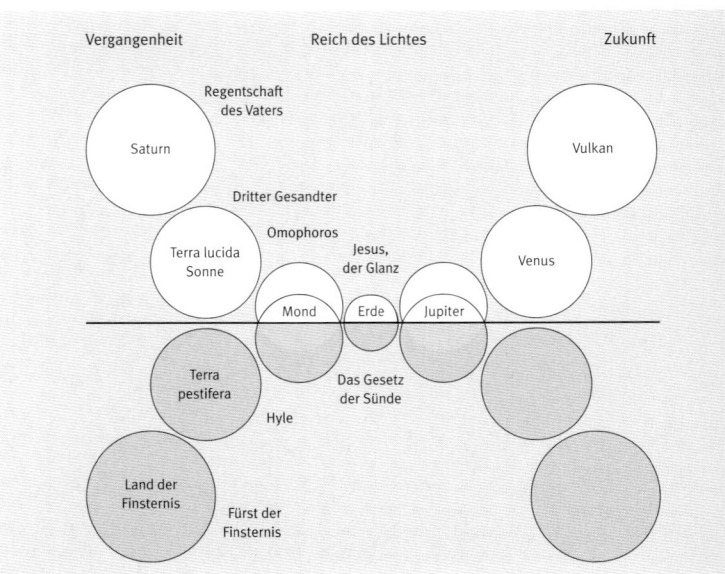

darauf hingewiesen, dass die Erde sieben Weltzeitalter (Äonen) durchlaufen wird.

In diesem Schema sind die sieben kosmischen Metamorphosen der Erde dargestellt, und zwar so, als ob sie sich nach unten hin in einem dunklen Medium spiegelten. Die Horizontale, welche die Lichtwelt von der Welt der Finsternis trennt, ist also als dunkler Spiegel vorstellbar, mit einem schwarzen Onyx vergleichbar, der den Hauptteil des einfallenden Lichts verschluckt. Der Abstieg von links oben zur Mitte bedeutet eine Verdichtung und damit Verdunkelung. Der Aufstieg der Gegenbilder in der linken unteren Hälfte bedeutet eine Art Aufhellung. Bekannt ist aus dem manichäischen System die *Terra lucida* und, ihr gegenüberliegend, die *Terra pestifera*. Aus der *Kephalaia* sind auch die Regenten der jeweiligen planetarischen Metamorphose der Erde bekannt. Im vierten Kapitel spricht Mani über die vier großen Tage, die auseinander hervorgegangen sind. Danach steht der erste Tag, der Saturntag, unter der Regentschaft des Vaters, »des Gottes der Wahrheit«. Der zweite Tag, der Sonntag, steht unter der Führung des »Dritten Gesandten«, der im Lichtschiff wohnt.

Während die linke Seite der Darstellung in eine Urvergangenheit zurückreicht, kündet die rechte Seite von einer fernen Erdenzukunft. In der Mitte haben wir den eigentlichen »Erdenzustand« unseres Planeten, so wie ihn die Manichäer erlebten. Hier ist die Vermischung zwischen den lichten und den dunklen Elementen so weit fortgeschritten, dass eine Art Gleichgewicht erreicht ist. Diese »Erde« steht unter der Regentschaft dessen, den Mani »Jesus, den Glanz« nennt.

Die planetarische Entwicklung der Erde

Rudolf Steiner kommt nun, ähnlich der manichäischen, auf die Vorstellung von Vorstadien der Erde, und es erstaunt, dass sein seit hundert Jahren bestehendes und äußerst differenziertes Konzept der planetarischen Entwicklung der Erde, wie er sie in der *Geheimwissenschaft im Umriß* dargestellt hat, vor allem auch im astronomischen Wissenschaftsbereich noch völlig unbekannt ist.

Rudolf Steiner war ursprünglich Naturwissenschaftler und Philosoph. Ab Anfang des zwanzigsten Jahrhunderts stellte er in unzähligen Veröffentlichungen und Vorträgen seine Geisteswissenschaft dar, die komplementär zu der Naturwissenschaft war. Dies war gerade sein Anliegen, dass geisteswissenschaftliche Tatsachen genau so exakt dargestellt werden sollen wie auch naturwissenschaftliche Themen. Nun sind die Resultate, zu denen er gekommen ist, tatsächlich revolutionär, weil sie Grundprinzipien der herkömmlichen Wissenschaft auf den Kopf oder eben auf die Füße stellen. Geht die übliche Wissenschaft immer noch davon aus, dass die Materie das Erste in der Schöpfung war, so zeigt Rudolf Steiner, dass die Materie im heutigen Sinn gerade der Schlussstein der Schöpfung wurde. Also entstand nicht Geist aus der Materie, sondern Materie aus dem Geistigen.

Obwohl es der modernen Wissenschaft bis jetzt noch nicht gelungen ist, aus der Materie Lebendiges, Seelisches oder sogar Geistiges entstehen zu lassen, sehen wir den umgekehrten Prozess in allen geistigen, seelischen und lebendigen Wesen. So ist es wiederum nicht so erstaunlich, dass Rudolf Steiner die Welt aus dem Wirken der Engelhierarchien heraus erschaffen lässt. Dies haben wir ja auch in Dantes *Göttlicher Komödie* und in Binggelis *Primum mobile* gesehen. Das früheste Vorstadium der Erde nennt Steiner den »Alten Saturn«. Hier wird erst die Zeit erschaffen. Alles ist durchwirkt von Wärme. Also: Am Anfang war die Wärme. In diesem Stadium werden Geistkeime für zukünftige Menschen gelegt. Zum ersten Mal gibt es das »Frühere« und das »Spätere«.

In der nächsten Evolutionsphase einer »Vorerde«, die Rudolf Steiner »Alte Sonne« nennt, wird das Licht geboren. Damit wird auch der Raum existent. Die Wärme des »Alten Saturn« wird zum Gasförmigen verdichtet. Dieser Sprung ist beachtlich, da die Wärme selbst nicht stofflich im üblichen Sinn ist und trotzdem hier im »Sonnenzustand« der Erde Luftiges generiert. In diesem Zustand werden zusätzlich Keime für die Vielfalt der Tiere gelegt.

Jetzt kommen die Stadien der Vorentwicklung der Erde zum Zustand des »Alten Mondes«. Zu Zeit und Raum kommt nun die Metamorphose, die innere und äußere Bewegung, zustande. Die Lebenskräfte im Pflanzlichen gestalten die Schöpfung auf dem »Alten Mond«. Neben Wärme und Luft ist nun das Wässrige das Hauptelement.

Erst jetzt wird in einem neuen Zustand unsere eigentliche Erde geboren, wo auch das Feste, wo die Materie, ihren Platz bekommt. Das Irdische, das Feste bildet nun die Grundlage unserer Erde. Nach und nach verkörpern sich im Festen zuerst die schon vorher im Ätherischen existierenden Pflanzen, dann die im Astralen beheimateten Tiere (»Alte Sonne«) und die im Geistigen gegründeten Menschen (»Alter Saturn«).

Diese Evolutionsreihe – zuerst Geistiges (Wärme), dann Seelisches (Licht), danach Lebendiges (Wässriges) und erst dann das Materielle (Tote) – zeigt die Umkehrung des üblichen darwinistischen Denkens, das zuerst das Primitive, dann das differenziert Geistige daraus entwickeln will.

Die Lehre von den vier Elementen Feuer, Wasser, Luft und Erde, wie sie Aristoteles als Grundpfeiler einer Weltsicht darstellt, wird so zur Grundstruktur einer Evolutionslehre. Gerade bei den Alchemisten wird dieses Verwandeln der Aggregatzustände – hinauf und hinunter – geübt. Das Feuer, die Wärme, ist hier das geistig-göttliche Element, das die »Chymische Hochzeit«, eine höhere Ganzheit gelingen lässt. Und um das geht es doch: Wie erreichen wir praktisch und gedanklich eine höhere Einheit, in der wir als geistig-seelischer, lebendiger, leibhafter Mensch uns selbst wiedererkennen? Eine Wissenschaft, die das Lebendige, Seelische und Geistige ausschließt, wird ewig in einer akademischen Sackgasse enden.

»Am Anfang war die Wärme« (30. Juni 1924): Hier werden die Phasen der »Vorerde« von Rudolf Steiner in einer Wandtafelzeichnung dargestellt.

Steiners Idee von vier (Vor-)Stadien der Erde ist in allen Prozessen der Erde und Menschen als Erinnerung enthalten. So kann hier nun beispielhaft gezeigt werden, wie in der Kommunikationskunst diese vier Phasen als Werdeprozess in der Entscheidungsfindung abgebildet werden können: Während meiner jahrzehntelangen Tätigkeit als Direktor einer größeren anthroposophischen Bildungseinrichtung und insbesondere als Leiter der Geschäftsleitung erfuhr ich, dass gute Entscheidungen »planetarische« Vorphasen benötigen: Zuerst braucht es die Wärme der Motivation (Saturn), um sich überhaupt mit einem Problem zu beschäftigen. Gelingt diese moralisch-geistige Herzwärme für diese »Sache« nicht, so ist der weitere Verlauf vergebens. Dann folgt die Panoramaphase: Die »Sache« muss mit seelischem Licht und Luft beleuchtet werden (»Alte Sonne«), möglichst räumlich von allen Seiten. »Brainstorming« nennt man dies heute. Dann soll sich die »Sache« in verschiedenen lebendigen Urteilen darüber verdichten (»Alter Mond«). Doch es muss immer noch geschmeidig wässrig verhandelt werden.

Erst jetzt kommt es zur erdenhaften, oft schicksalsträchtigen »Entscheidung«. Diese »Scheidung« im Wässrigen ist das Resultat eines alchemistischen Prozesses, einer Kristallisation (Sal). Die Entscheidung ist oft darum schmerzlich, weil sie definitiv alle anderen Möglichkeiten ausschließt.

Viele solche Prozesse, etwa in den Gestalten der Pflanzenwelt, in den Formen der Tiere, in den schöpferischen Taten der Menschen, sind erst »ent-scheidend«, wenn sie verkörpert irdisch sind. Doch diese Werke tragen all die Erinnerungen an die geistigen, seelischen und lebendigen Kräfte der Prozesse und sind darum echte Kunstwerke, wie es auch die Erde als einmaliger blauer Planet manifestiert.

Die Planetensphären vor der Geburt und nach dem Tod

»Die Vorstellung, dass die Seele bei ihrem Niederstieg vom Himmel die Eigenschaften der Planetensphären annimmt, die sie durchwandert, bevor sie in ein leibliches Dasein eingeht, und dass sie nach dem Tode ihre Himmelsreise in entgegengesetzter Richtung mit gegenteiliger Auswirkung vollführt – dies leitet sich aus denselben religiösen Kreisen her, in denen auch die Lehre vom Wandel der Seele durch die Sphären sich entwickelt hat: die späte Astral-Theologie Babyloniens.«

Hans Lewi

Dass der Himmel nicht nur der physische ist, wie etwa blau erscheinend am Tage und schwarz und sternenübersät in der Nacht, sondern auch eine geistige Dimension hat, ist jedem Kind klar: Es gibt Engel im Himmel; wenn man gestorben ist, kommt man in den Himmel; »Vater unser im Himmel ...« heißt es im Gebet.

Dass jeder einen persönlichen Engel hat, wird von immer mehr Menschen nachempfunden. Der persönliche Engel ist aber der Anfang einer ganzen Hierarchie der Engelwelt, in die wir nach dem Tod hineingeboren werden.

Vorstellungen vom Himmel, aus dem wir geboren sind und in den wir hineinsterben, hineingeboren werden, gab es schon immer: In den Totenbüchern wurde zum Teil genauestens dargestellt, was mit der Seele im Jenseits passiert. So gibt es das *Ägyptische Totenbuch* der Pyramidenzeit (2500 vor Christus) und Überlieferungen bis in die römische Zeit (700 vor Christus). Hier wird beschrieben und oft bildlich dargestellt, was die verstorbene Seele im Totenreich erwartet.

Im Grab Thutmosis' III., das die verborgenen zwölf Stunden der Sonne darstellt, wird eigentlich die Zeit zwischen Tod und Neugeburt des Menschen oder derjenige der Sonne gezeigt. Es wird die nächtliche Fahrt des Pharaos beschrieben, die etwa »Amduat« (»Was in der Unterwelt ist«) genannt wird.

Neben dem physischen Körper, der einbalsamiert wurde, hatten die Ägypter eine klare Vorstellung vom Ätherleib, den sie »Ka« nannten. Er löst sich vom physischen Körper erst beim Tode. Die Seele Ba, als Vogel dargestellt, hat nach dem Tod (im »Nachtodlichen«) ein langes selbständiges Leben; zuvor muss sich Ba vom Belastenden des Lebens reinigen. Doch Ba muss sich in den Geist verwandeln, in das Ach, das etymologisch mit dem »Sonnenglanz«

Mit dem »Regenbogenengel« führt uns Sulamith Wülfling als Malerin in die Welt der Engel.

Die Sonnenbarke in der zwölften Stunde, kurz vor der Wiedergeburt des Pharaos.

Thutmosis III. wird an der Brust der Isis gestillt.

verwandt ist. Nur der Pharao ist bereits während seines Lebens Träger des höheren Ichs, des Achs. Durch den mystischen Todesprozess, drei Tage in todesähnlichen Schlaf versetzt, erfuhr der Pharao, was im Geisterreich des Todes auf alle Menschen wartet.

Ähnlich dokumentiert auch das *Tibetanische Totenbuch (Bardo Thödol)* das »Nachtodliche« und »Vorgeburtliche«. Hier zeigt der Lama dem Verstorbenen, was ihm im »Bardo« begegnen wird, im Zwischenreich zwischen Tod und Wiedergeburt: aufleuchtendes, gleißendes weißes Licht, heller als tausend Sonnen, friedvolle und zornige Gottheiten, Farblichter und kosmische Klänge.

Dem modernen Menschen gibt Rudolf Steiner in seinem Werk ein differenziertes Bild von diesem Himmel zwischen Tod und Neugeburt. Ähnlich hat es wie gesagt Dante Alighieri in seiner *Göttlichen Komödie* gezeigt. Dieser Himmel wird bevölkert von neun Engelhierarchien. Dabei begegnet der Verstorbene ebenfalls Mitmenschen nach ihrem Tod und auch guten und bösen Geistern. Der Mensch steigt nun durch geistige Planetensphären hinauf zu den Fixsternen, den Tierkreisbildern. Dort, zwischen Tod und neuer Geburt, im Reich der Weltenmitternacht, geben sich die Erinnerung an das vorige Leben und das Schauen in das Schicksal der zukünftigen Biografie die Hand. Die Planetensphären mit den entsprechenden Engelhierarchien folgen einander in der ptolemäischen Reihenfolge.

Die Seelen- und Geisterlandschaft vor der Geburt und nach dem Tod birgt eine Welt, die wir allenfalls nach innen durch Bewusstseinserweiterung erleben können, wie etwa in der Qualität der Imagination, Inspiration oder Intuition. Wir leben in einer umgestülpten Welt. Innen ist jetzt außen und umgekehrt. Die Beschreibung dieses Wegs werde ich nun bewusst in der Ich-Form wiedergeben, um ihn persönlich erleben zu können.

Folge ich dem Weg als Verstorbener, dann treffe ich zuerst in der *Mond*sphäre an, im Kamaloka, und nehme mein Lebenspanorama rückwärtslaufend wie in einem Zeitraffer wahr. Ich sehe mein Leben als Außenstehender, es geht mir ähnlich wie jemandem, der sich selbst einmal in einem Film gesehen und die eigene Unvollkommenheit als peinlich erlebt hat. Ich kann das Geschehene nicht mehr ändern. Schmerzhaft erfahre ich an mir Leiden, die ich anderen Menschen zugefügt habe. Hier finden die Reinigungsprozesse und das Abwerfen des irdischen Ballasts statt, und alles, was im Leben unbewältigt geblieben ist, wird als »Rucksack« zur »Abarbeitung« ins nächste Leben getragen.

In der *Merkur*sphäre bin ich von der äußeren Hülle befreit und begegne nun den Schicksalsgenossen. Ich erlebe mich so, wie ich

Engelhierarchien im Baptisterium in Florenz (12. Jahrhundert).

Der Weg durch die Planetensphären nach dem Tod und vor der Geburt.

bin, und hier tauchen Engelwesen auf. In der *Venus*sphäre erfahre ich religiöse Stimmungen, reine, kosmische Liebe. In der *Sonnen*sphäre angekommen, verweile ich hier die längste Zeit zwischen Tod und Neugeburt. Ich spüre die Ab- und Aufbaukräfte des Ätherischen, wie ich es bei den Pflanzen beobachten konnte. Ich begegne dem Welten-Ich, dem Christus.

In der Sonnensphäre erlebe ich die moralischen Werte in meinem Umfeld. Ich erfahre meine Identität, bin Geist unter Geistern, erlebe die Welten der Gottheit, das Herz des Himmels, wie es etwa Johannes in seiner Offenbarung beschrieb. Ich erlebe den Wechsel des Ausfließens in diese Umgebung und der Konzentration in mich selbst, vom geselligen geistigen Leben und der Einsamkeit. Diese Welt kommt mir etwa so entgegen, wie sie Jacques Lusseyran in seinem Buch *Vom wiedergefundenen Licht* beschreibt: »Das Wesenhafte der Dinge und der Menschen wird wahrgenommen – innerer Baum, inneres Licht, Regenbogenfarben« und so weiter. Hier erlebe ich die Geistwesen in ihren geistigen Gesetzen, so wie ich auf der Welt, in der irdischen Welt, die Naturgesetze kennengelernt habe. Und ich erkenne, dass ich zwischen diesem Geisterland und der irdischen Naturwelt (Mineral, Pflanze, Tier) das einzige Wesen bin, das sich zwischen Gut und Böse in Freiheit entwickeln und seinem Schicksal schöpferisch begegnen kann:

Christusdarstellung im Baptisterium in Florenz.

Der Fixsternhimmel im Mausoleum der Galla Placidia in Ravenna.

- In der *Mars*sphäre erreiche ich die Willenskräfte vor allem im Wort, in der gesprochenen, wirksamen Sprache.
- Die *Jupiter*sphäre bringt mich zu all den Weltenweisheiten und Urbildern des Kosmos. Sie warten auf das »Mitgenommenwerden« in eine neue Inkarnation.
- In der *Saturn*sphäre komme ich in die Urerinnerungen des Kosmos, wie es etwa in der *Edda* beschrieben wurde, als Brunnen Mimirs, der die Weltenerinnerung in sich barg. Rudolf Steiner sprach von der »Akasha-Chronik«, dem Weltengedächtnis, worin alles aufgeschrieben wurde, was je geschehen ist.

Dann gelange ich in die höchste Sphäre des Geisteslandes, zu den Sternen, zu den Kräften des Tierkreises. Hier befinde ich mich in der Weltenmitternacht. War ich bisher von diesen Höhen angezogen und völlig nach außen orientiert, so entwickelt sich nun in mir das Verlangen, mich wieder abzugrenzen und mich in das Eigene zu vertiefen. In mir entsteht die Sehnsucht nach einer neuen Inkarnation.

Nun steige ich wieder hinunter durch alle Sphären und nehme mir von jedem Ort das, was ich zur Erfüllung meines Schicksals benötige. In der *Sonnen*sphäre wärme ich mein individuelles höheres Ich an der Allkraft des Weltenherzens, der christlich erleuchtenden Sonne. In der *Merkur*sphäre schaue ich auf den Erbstrom, in den ich hineingeboren werden will. Im *Mond*bereich, das heißt bereits in der Zeit zwischen Empfängnis und Geburt, erlebe ich die Wachstumskräfte. Wähle ich die Geburt bei Vollmond, dann könnte mein Geschlecht eher weiblich, bei Neumond hingegen eher männlich sein. Beim ersten Atemzug konfiguriert sich mein Astralleib nach dem momentanen Sternenhimmel, dies zeigt sich dann im Horoskop.

Selbstverständlich sind diese Darstellungen Rudolf Steiners nur ein Angebot, um über eine mögliche Sicht dieses Weges nach dem Tod und vor der Geburt nachzudenken. Die Beschreibungen müssen nicht geglaubt, sondern können nachempfunden werden. In einer integralen Sternenkunde müssen solche Anschauungen dokumentiert werden. Die innere Qualität der Planeten bekommt hier eine noch höhere Dimension.

Die Wirkungen der Mondkräfte in den Sternbildtrigonen

»Getrost das Leben schreitet
Zum ewgen Leben hin;
Von innerer Glut geweitet
Verklärt sich unser Sinn.
Die Sternwelt wird zerfließen
Zum goldnen Lebenswein,
Wir werden sie genießen
Und lichte Sterne sein.«

Novalis

Der Mond wandert etwa alle zwei bis drei Tage vor ein anderes Tierkreisbild. Dabei werden hier die astronomischen, ungleich langen Tierkreisbilder berücksichtigt. Das Jungfraubild zum Beispiel (als das längste) hat 46 Grad, das darauf folgende Waagebild nur neunzehn.

Wirkungen auf Pflanzen

Maria Thun forscht seit weit mehr als vierzig Jahren innerhalb der biodynamischen Landwirtschaft über die Wirkungen der Aussaattage in den jeweiligen vom Mond beschienenen Tierkreisbildern. Sie dokumentiert dies alljährlich in ihrem Aussaatkalender (siehe Literaturverzeichnis). Dort wird postuliert, aber eben auch durch Pflanzenversuche sichtbar gemacht, dass die Mondwirkungen verschieden sind, je nachdem, aus welchen Tierkreisbildern sie kommen. Je drei Tierkreisbilder ergeben ein Trigon (Winkelverhältnis der Planeten von 120 Grad zueinander), das mit dem Mond zusammen unterschiedliche Wirkungen auf die Pflanze ausübt:

*   Wurzelbildung im *Erdtrigon*: beim Mond vor den Zeichen Stier, Jungfrau und Steinbock.
*   Blattbildung im *Wassertrigon*: beim Mond vor den Zeichen Krebs, Skorpion und Fische.
*   Blütenbildung im *Lufttrigon*: beim Mond vor den Zeichen Zwillinge, Waage und Wassermann.
*   Fruchtbildung im *Feuertrigon*: beim Mond vor den Zeichen Widder, Löwe und Schütze.

Diese Abbildung zeigt im äußeren Kreis die Abmessungen der am Himmel sichtbaren Sternbilder mit dem jeweiligen Übergang der Sonne vor das nächste Sternbild. Die Übergänge schwanken zum Teil, hervorgerufen durch die Schalttage, um einen Tag. Der innere Kreis hat die alte Dreißig-Grad-Einteilung in zwölf gleiche Abschnitte aus der Astrologie. Bei der Reise des Mondes durch den Tierkreis werden Kräfte angeregt, die auf der Erde eine Auswirkung zeigen.

Die vier verschiedenen Trigone.

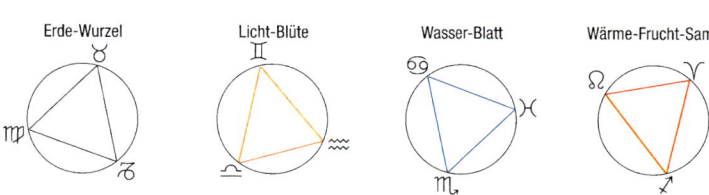

Der Mond kommt etwa alle zwei bis drei Tage vor ein gleiches Kräftetrigon, so regen wir über Hackarbeiten oder Kieselspritzungen, die wir im Trigonrhythmus durchführen, den Impuls des Saattages neu an. Weitere Wirkungen auf das Wetter und auf die Bienen sind in der Tabelle zusammengestellt.

Wirkungen auf das Wetter, die Pflanze und die Bienentätigkeit

Sternbild	Element	Kleinklima	Pflanze	Biene
Widder	Wärme	warm	Frucht	Nektartracht
Stier	Erde	kühl/kalt	Wurzelfrucht	Wabenbau
Zwillinge	Licht	luftig/hell	Blüte	Pollentracht
Krebs	Wasser	wässrig	Blatt	Honigpflege
Löwe	Wärme	warm	Frucht	Nektartracht
Jungfrau	Erde	kühl/kalt	Wurzelfrucht	Wabenbau
Waage	Licht	luftig/hell	Blüte	Pollentracht
Skorpion	Wasser	wässrig	Blatt	Honigpflege
Schütze	Wärme	warm	Frucht	Nektartracht
Steinbock	Erde	kühl/kalt	Wurzelfrucht	Wabenbau
Wassermann	Licht	luftig/hell	Blüte	Pollentracht
Fische	Wasser	wässrig	Blatt	Honigpflege

Konkret wirken die Aussaattage zum Beispiel bei den folgenden Pflanzenarten (Auswahl):

- *Wurzelpflanzen:* Radieschen, Rettich, Kohlrübe, Rüben, Kartoffeln.
- *Blattpflanzen:* Salate, Spinat, Petersilie, Futterpflanzen.
- *Blütenpflanzen:* Schnittblumen, Sonnenblumen, Raps.
- *Fruchtpflanzen:* Samen, Bohnen, Erbsen, Linsen, Soja, Tomate.

Wirkungen auf den Menschen

In den achtziger Jahren publizierte die Grundschullehrerin Barbara Goletz Beobachtungen, die sie im Unterricht in Bezug auf die Mondstellungen im Tierkreis gemacht hat. Ihr Ausgangspunkt war der Kalender der Aussaattage von Maria Thun. Ihre Resultate sind verblüffend: Das Arbeitsverhalten der Kinder war verschieden, je nachdem, in welchem Sternbild der Mond sich befand:

- An den *Wurzeltagen* (Element Erde) waren sie überwiegend völlig wach und rechneten gut,
- an *Blatttagen* (Element Wasser) waren sie eher träge,
- an *Blütentagen* (Element Luft) waren sie wiederum fantasievoll und
- an *Fruchttagen* (Element Feuer) sozial und harmonisch.

Die Zuordnung, zu der Barbara Goletz aufgrund ihrer für die Pädagogik bedeutsamen Beobachtungen kam, zeigt die Abbildung der vier Trigone in Bezug auf seelische Qualitäten. Sie veröffentlichte auch Bilder der Kinder zu den verschiedenen »Stimmungstagen«, von denen hier vier abgebildet sind.

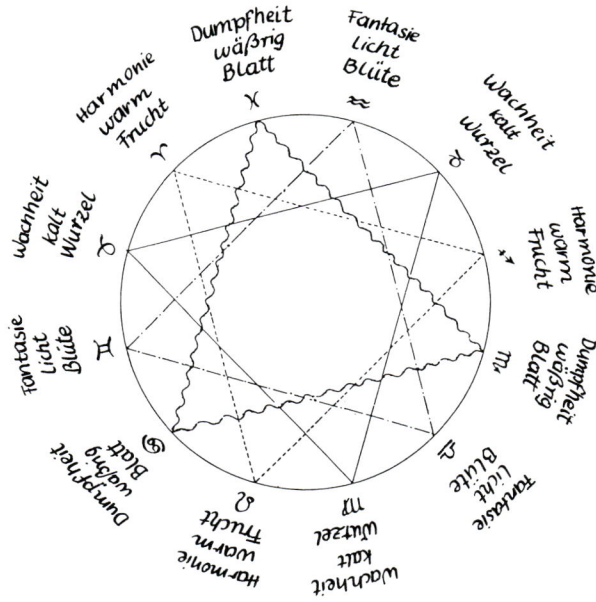

Die vier Trigone in Bezug auf seelische Qualitäten.

Elke, »Dumpfheitstag« (links) und »Fantasietag« (rechts).

Jens, »Harmonietag« (links).
Jürgen, »Wachheitstag« (rechts).

Diese Ausführungen über die kosmischen Zusammenhänge bei Pflanzen und Menschen – hier nun nicht als Analogie, sondern real und phänomenologisch beobachtbar – gehören zu einer umfassenden integralen Sternenkunde. Sie zeigen die Wirklichkeit des Prinzips, dass es zwischen dem Kosmos und den Menschen, Tieren und Pflanzen Wechselwirkungen gibt. Diese müssen nicht unbedingt so gesehen werden, dass es nur einseitige Wirkungen von oben nach unten sind. Die kosmischen Rhythmen kann man wie Zeiger und Zifferblatt einer Weltenuhr verstehen, die eben die Rhythmen auch in Mensch, Tier und Pflanze anzeigen.

Farben und die Sternenwelt

»Ich und die Farben sind eins.«

Paul Klee

Mit bloßem Auge kann man die Sterne nach ihrer Farbe unterscheiden: den weißen Deneb im Schwan, den bläulich weißen Sirius im Großen Hund, den gelblichen Prokyon im Kleinen Hund, den orange leuchtenden Arktur im Bootes, den roten Aldebaran als Auge des Stiers, den tiefroten Antares im Skorpion. Diese Farberscheinungen werden in der Astrophysik in Zusammenhang mit der Größe und dem Alter der Sterne gebracht.

Farben der Sterne			
Gestirn	*Farbe*	*Gestirn*	*Farbe*
Spica	blau	Aldebaran	rot
Regulus	blau	Antares	tiefrot
Riegel	bläulich weiß	Beteigeuze	tiefrot
Wega	bläulich weiß	Merkur	gelb
Sirius	bläulich weiß	Venus	gelb
Deneber	weiß	Mars	orangerot
Prokyon	gelblich	Jupiter	gelb
Sonne	gelb	Saturn (Kugel)	tiefgelb
Kapella	gelb	Mond	gelb
Arktur	orange		

Nun werden die Sterne auch nach ihren Farben und ihrer Leuchtkraft klassifiziert, wie es das Hertzsprung-Russell-Diagramm zeigt (1913 entwickelt von dem amerikanischen Astronomen Henry Norris Russell [1877–1957], der auf den Arbeiten des dänischen Astronomen Ejnar Hertzsprung [1873–1967] aufbaute).

Es handelt sich zunächst um die Darstellung der statistischen Verteilung der Sterne nach zwei physikalischen Größen: der Spektralklasse (Abszisse) und der Leuchtkraft (Ordinate). Diese Verteilung zeigt eine charakteristische Struktur, zum Beispiel die »Hauptdiagonale« von rechts unten nach links oben. Diese Struktur lässt sich mittels der physikalischen Theorie als Evolutionsdiagramm interpretieren. In der Abbildung ist der Lebensweg der Sonne eingezeichnet.

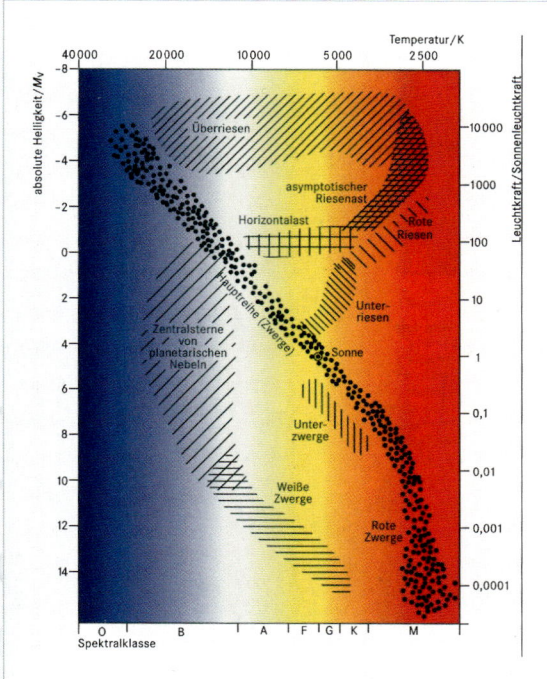

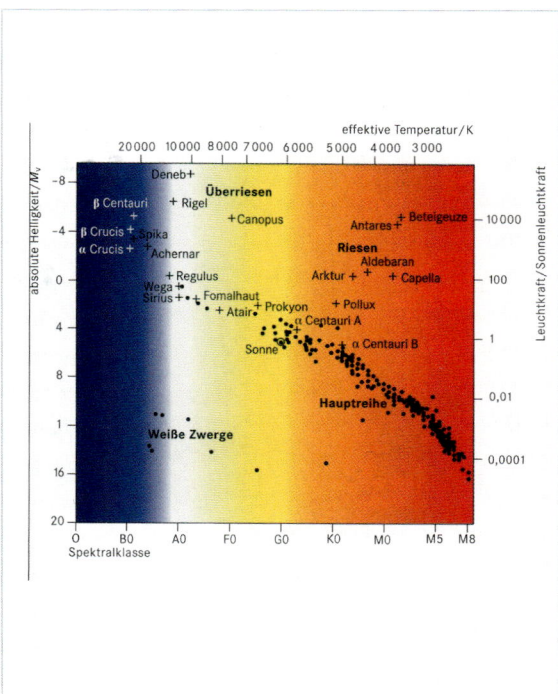

Hertzsprung-Russell-Diagramm: verschiedene Sterntypen.

Hertzsprung-Russell-Diagramm: die sonnennächsten Sterne (Punkte) und die Sterne mit der größten scheinbaren Helligkeit (Kreuze).

Die im Diagramm aufgezeichneten und in ihrer Leuchtkraft und Größe abgebildeten Sterne werden dann »Rote Riesen« und »Weiße Zwerge« genannt. Diese Namen kennt man vor allem in der Welt der Elementarwesen.

Sterne und Farben sind aus ganzheitlicher Sicht natürlich auch im Reich der Analogien zu finden. Dies ist zwar keine exakte Wissenschaft, sie dient aber dazu, den Sternen, das heißt hier den Planeten und den Tierkreisbildern, Farben zuzuordnen, um unter anderem therapeutisch mit ihnen arbeiten zu können.[6]

Das von mir gestaltete Organon enthält in etwa die Farbanalogien, wie sie in der Lukasklinik in Arlesheim (Schweiz) als Therapie praktiziert werden. Nun soll es darum gehen, die Farben, wie sie Goethe in seinem Farbenkreis dargestellt hat, mit den modernen Erkenntnissen, etwa des deutschen Forschers und Dozenten Harald Küppers, zu verbinden. In einem Dreieck haben wir die drei reinen Farben Purpur, Gelb und Zyanblau. Dazu kommen im zweiten Dreieck die drei Urfarben Orangerot, Grün und Violett, die zugleich auch Sekundärfarben, also Mischungen der drei reinen Farben sind. Zu diesen sechs Grundfarben kommen noch Weiß und Schwarz.

6   Die folgenden Ausführungen stammen aus meinem Buch *Farben sehen, erleben, verstehen.*

Die Zuordnung der sieben
Planeten zu den sechs Farben
und dem Weiß. Das Schwarz
bildet das All, in dem die Planeten
kreisen.

Versucht man nun, diese acht Farben den Planeten zuzuordnen, kommt man sofort in Schwierigkeiten, da erst seit Goethe zwei verschiedene Rottöne unterschieden werden. Genauer gesagt, sprach Goethe sogar nur von Purpur und Gelbrot, das Letztere wird hier als »Orangerot« bezeichnet. Noch heute aber gibt es für viele Menschen nur ein Rot, das eher dem Orangerot zuzuordnen ist.

Gelb wird allgemein am klarsten definiert, nämlich als ein Gelb, in dem kein Rot und kein Blau vorkommen. Schwieriger wird es wieder mit Blau. Die Wenigsten würden das helle Zyanblau als das eigentliche Blau bezeichnen. Es wird meist als dunkler und violetter identifiziert. Doch Zyanblau ist das einzige Blau, das kein Rot und kein Gelb in sich hat. Ebenso wie Purpur jenes Rot ist, das rein ist von Gelb und Blau.

Orangerot ist die exakte Mischung von Purpur und Gelb, Grün jene von Gelb und Zyanblau und Violett die von Purpur und Zyanblau. Wobei das Violett wissenschaftlich zum Violettblau wird.

Weiß und Schwarz sind für die Augen immer relativ. Weiß hat stets auch Dunkelheitsanteile, und Schwarz hat Helligkeit in sich. Zwischen idealem Weiß und Schwarz liegen die Grautöne. Praktisch gibt es im sinnlich Wahrnehmbaren nur Grautöne.

Versucht man nun, diese Farben den klassischen Planeten zuzuordnen, kommt man wohl am ehesten zu folgenden Entsprechungen: Etwas erstaunlich mag die Zuordnung von Mars zu Purpur erscheinen. Mars gilt normalerweise als blutiger und vitaler als der vergeistigte Purpur. Doch Purpur ist das reine Rot, das in den Blau- und Gelbbereich hineinwirkt und dem Grün der Venus ergänzend gegenübersteht. Dem kommunikativen Merkur ist Gelb zugeordnet und dem introvertierten Saturn das eigentliche Blau. Im Orangeroten nimmt der sinnesfreudige Jupiter Platz, während der zwielichtige Mond Violett besetzt. Weiß repräsentiert die lichthafte Sonne, und Schwarz gilt für das All, aus dessen Mutterschoß alles entstanden ist.

Verfolgt man nun den Weg, den die Planetentage im Lauf einer Woche vollziehen (das heißt also auch, was die Patienten der Lukasklinik in der Reihenfolge der Farben erleben), so kommt man zu folgendem Bild: Mars beginnt am purpurnen Dienstag den Weg durch die aktive Farbseite, am grünen Freitag schafft Venus Ausgleich und Harmonie zu der passiven Seite des Farbenkreises, die durch das zentrale Sonnenweiß durchbrochen wird.

Auch die Zuordnung der Farben zum Tierkreis ist nicht einfach, weil man ihn mit dem kontinuierlichen Farbenkreis in Kongruenz bringt. Hier soll auch der Goethe'sche Farbenkreis mit der zentralen Stellung des Purpurs verwendet werden.

Farbenzuordnung zu den Sternzeichen.

Purpur ist Anfang und Ende des Farbenkreises, er erhöht sich zugleich über dem Farbspektrum der Farben zwischen Orangerot und Violett. Darum ist es nachvollziehbar, dass Purpur an den Anfang und ans Ende des Tierkreises gesetzt werden muss. Dem Mars ist zwar der Widder zugeordnet, doch haben wir gerade im Zeichen des Mars die allumfassende Sonne, die aber zur gerichteten Sonnenkraft wird. Wenn man nun den Widderpunkt dem Purpur zugeordnet hat, gilt es weiter, die Frage zu klären, in welcher Richtung der Tierkreis im Farbenkreis wandern soll. Dabei ist klar, dass die warmen Farben dem Frühling, Sommer und Herbst zugeordnet werden und die kühlen Farben dem Winter.

Wenn wir nun das Tierkreis-Organon betrachten, sehen wir, wie die Farben bis zum mittleren Grün in der Waage im Herbst wärmer, irdischer werden; sie vergeistigen sich dann im Blau, Indigo und Violett bis zum Purpur bei der Tagundnachtgleiche im Frühling, was dann Voraussetzung ist für das nachfolgende Ostern. An Ostern, dem höchsten christlichen Fest, vervollkommnet sich der Jahreskreis im Purpur. Das ätherische Venusgrün in der Waage ist die irdische, Michael'sche Entsprechung zum Purpur.

Das warme Orange im Zeichen Krebs am längsten Tag, an Johanni, blickt zum gegenüberliegenden Indigo, der dunkelsten Farbe am kürzesten Tag des Jahres vor Weihnachten. Das reine, geistige Sonnengelb im Löwen schaut auf das gegenüberliegende transzendierende Uranusviolett des Wassermanns. Die merkurielle hellgrüne Jungfrau steht in Polarität zum violetten Purpur der sich aufopfernden Fische.

Der fest auf der Erde stehende Stier hat das neben Purpur röteste Rot und schaut auf sein Gegenüber, das im ambivalenten Türkis skorpionisch tief und hoch gründet. Die orangeroten Zwillinge, ambivalent zwischen Gelb und Purpur, ergänzen den klaren Jupiter-Schützen im reinen Zyanblau.

Selbstverständlich finden wir auch Widersprüchlichkeiten. Die Farben lassen sich eben nicht mathematisieren und endgültig in ein Schema zwingen. Jede Einordnung ist nur teilweise befriedigend, jedoch pragmatisch anwendbar, wenn es darum geht, die Farbenganzheit zum Beispiel im Tierkreisjahr zu finden.

Zum Schluss:
Integrale Weltsicht als Didaktik

»Dann kommt die Zeit, die jetzt vorübergeht,
die Zeit der Seher wieder und Begabten.«

Libuše (Gründerin von Prag)

Das Schreiben dieses Buches gab mir die Gelegenheit, wesentliche Erfahrungen meiner Beschäftigung mit der Astronomie, der Astrologie und meiner Kurstätigkeit zu reflektieren. Dazu möchte ich das in der Einleitung Gesagte an dieser Stelle noch einmal wiederholen: Nicht als Wissenschaftler im üblichen Sinne will ich verstanden werden, sondern als Amateur im ureigensten Sinne des Wortes, nämlich als »Liebhaber«, und als Lehrer, der die Sternenwelt möglichst umfassend vermittelt.

Die hier dargestellte integrale Weltsicht zeigt den Versuch der ganzheitlichen Behandlung eines Themas. Die von Rudolf Steiner vertretene Menschenkunde ist ein solches Konzept in seinen Wesensgliedern: in physischem Leib, Ätherleib, Astralleib, Ich. Somit ist der Mensch selbst in ebendiesen vier Dimensionen begründet, und ein Forschungsinhalt muss zumindest nach diesen Bewusstseinsebenen differenziert werden: Tiefschlaf (Materie), Schlaf (Leben), Traum (Seele) und Wachheit (Geist). Dazu kommt die Differenzierung im Seelischen: Denken, Fühlen, Wollen. Und im Leiblichen: Nerven-Sinnes-System, rhythmisches System, Stoffwechsel-Gliedmaßen-System.

Seherin Libuše mit Přemisl auf dem Vyserad in Prag.

Wenn wir die Bewusstseinsschichten von Jean Gebser dazunehmen – archaisch, magisch, mythisch, mental, integral –, haben wir wiederum die Möglichkeit, einen Forschungsinhalt auf verschiedenen Ebenen zu betrachten.

Ich hatte in den Jahren 1994 bis 2000 die Gelegenheit, als Gastprofessor an der Lettischen Universität in Riga an internationalen Kolloquien mitzuarbeiten, die eine ganzheitliche Hochschuldidaktik diskutierten. Ich habe versucht, dort einen wesentlichen Beitrag aus der Sicht von Rudolf Steiner und Jean Gebser zu leisten (siehe Anhang: »Hochschuldidaktische Überlegungen«). Doch eine ganzheitliche Didaktik ist eben auch nicht nur theoretisch abzuhandeln. Die Lerntätigkeit, die meistens nur mental-kognitiv geschieht, muss auch das mythische, magische und sogar das archaische Bewusstsein erreichen. Nur so findet ganzheitliche Bildung statt.

Konkret hieß das, dass ich zum Beispiel den Germanist(inn)en während einer Woche über »Parzival« von Wolfram von Eschenbach erzählte und damit die mentale, wissenschaftliche, aber auch die mythische Ebene berührte. Die Vorlesungen begleitete ich durch gemeinsames Singen. Nach den Vorlesungen bekamen die Student(inn)en Zeit, sich mit verschiedensten Materialien (Papier, Malfarben, Ton, farbigen Schattenspielen und so weiter) künstlerisch mit dem Thema »Parzival« zu beschäftigen. Es wurden Theaterszenen geprobt, Gedichte und persönliche Gedanken dazu formuliert. Am Ende der Woche mussten diese künstlerischen Aktivitäten präsentiert werden.

Selten, so wurde mir attestiert, waren die Student(inn)en von einem Thema so begeistert. Sie wurden eben existenziell (archaisch), emotional (magisch), gemütsmäßig (mythisch), gedanklich (mental), ganzheitlich (integral) von diesem Thema berührt. Sie wurden mit diesem Thema identisch.

Die integrale Weltsicht ist also nicht nur eine Methode, ein Thema ganzheitlich zu formulieren, sondern sie sollte auch im Didaktischen wirksam werden. Auch bei meinen Vorlesungen an der Akademie für Sozialtherapie in Prag, an der ich seit fünfzehn Jahren unterrichte, ist es selbstverständlich, dass zuerst gesungen und dann kognitiv gelehrt wird. Danach werden die Bildungsinhalte theater- oder bildmäßig umgesetzt. Anschließend werden diese künstlerischen Erfahrungen ausgetauscht. Die im Anhang dokumentierten Beispiele mögen illustrieren, wie ich seit über vierzig Jahren versuche, den Unterrichtsinhalt integral zu gestalten. Es ist immer wieder erstaunlich, wie tief auch Lerninhalte durch diese ganzheitliche, integrale Vorgehensweise verinnerlicht werden können!

Anhang

Hochschuldidaktische Überlegungen (Zusammenfassung)

Vortrag an der *Pädagogischen Fakultät der Lettischen Universität in Riga* vom 8. Mai 2000 (Auszug)

»Immer muss man zueinander reifen.
Alle schnellen Dinge sind Verrat.
Nur wer warten kann, wird es begreifen:
Nur dem Wartenden erblüht die Saat.
Warten, das ist: Säen und dann Pflegen.
Ist gestaltend in den Worten warten,
handelnd still sein und umhegen
erst den Keim und dann den Garten.«

Jean Gebser

Einleitung

Wir sind hier an der Pädagogischen Fakultät, darum könnte es von Interesse sein, zu prüfen, welche didaktischen Ansätze es gibt, um eine Unterrichtseinheit ganzheitlich zu vermitteln. In der neueren Diskussion über die Pädagogik ist viel die Rede von Intellektualisierung und Akademisierung des Unterrichts. Man glaubt nicht mehr so recht an die abstrakte Wissensvermittlung. Aber wir können auch nicht mehr zurück in die vorwissenschaftliche Zeit und das Potenzial der Wissenschaft negieren.

Wie ist es aber mit den didaktischen Begriffen des exemplarischen, emotionalen, sokratischen und genetischen Lernens von Martin Wagenschein (1896–1988)? Was meint Jean Gebser (1905–1973) mit archaisch, magisch, mythisch, mental und integral? Was meint Rudolf Steiner (1861–1925) mit Wahrnehmung, Vorstellung, Begriff und wesenhaftes Ganzes? Über was spricht die alternative Pädagogik, wenn sie von Erlebnis-Pädagogik, Kunst-Pädagogik oder Individual-Pädagogik spricht?

Diese Fragen möchte ich exemplarisch anhand der Sonnenfinsternis vom 11. August 1999 zu beantworten versuchen und sie dann mit didaktischen Begrifflichkeiten vergleichen. Zuerst werde ich dies mit den Bewusstseinsschichten Jean Gebsers tun. Dann zeige ich es mit den Prinzipien Martin Wagensteins. Rudolf Steiners Waldorfpädagogik geht vom Tun ins Bild, zur Begrifflichkeit, in die Ganzheit. Dann ordne ich das Anliegen der Alternativpädagogik ein, die das didaktische und das Künstlerische im Unterricht betont.

Ganzheitliche Didaktik nach den von Jean Gebser formulierten Bewusstseinsschichten

Die Sonnenfinsternis am 11. August 1999, in Europa erlebbar, habe ich zu einem integral-pädagogischen Projekt gemacht, indem ich mit hundert Schüler(inne)n der sechsten bis zehnten Klasse und Mitarbeiter(inne)n mit dem Zug von Ins nach Bischwiler nördlich von Straßburg fuhr, um dort das einzigartige Schauspiel in natura zu erleben.

Unsere Reise war insofern noch spannender, weil der Himmel anfänglich überwiegend von Wolken bedeckt und die Sonne nur zwischenzeitlich zu sehen war. Man sah dann langsam zunehmend die Abdeckung der Sonne durch den Mond. Wir hatten Glück: Ein paar Minuten vor der totalen Finsternis zeigte sich die Sonne wie in einem Wolkenfenster: In der Totalität der Finsternis sah man die Sonnenkorona, rundherum die Sterne, zum Beispiel die Venus.

Danach fuhren wir zum Isenheimer Altar nach Colmar und fragten die Schüler(innen), ob es (analog, mythisch) einen Zusammenhang mit dieser Sonnenfinsternis gibt? Dies dokumentierten sie in kleinen Beiträgen und Gedichten, die in der Schlösslipost 1999 veröffentlicht wurden.

Das Naturerlebnis war eindrücklich magisch, mit den eigenen Sinnen und mit dem eigenen Leib erfahrbar. Die Analogie zum Isenheimer Altar – mit der dazugehörigen Konstellation astrologischer mythischer und astronomischer Zusammenhänge, die ich der Schüler(inne)n am Tag zuvor anhand von Lichtbildern gezeigt hatte – wurde als Ganzheit mental vorbereitet. Die einzelnen Beiträge, die sehr persönlich und individuell gegeben wurden, wirkten integral.

So kann man auch Unterrichtseinheiten ganzheitlich gestalten indem der Baum oder das Feuer zuerst ein Naturerlebnis ist und dann als Phänomen mit den Sinnen wahrgenommen wird. Dann können auf der mythologischen Ebene auch in analoger Weise Mythen, astrologische Entsprechungen (Planetenbäume, feurige Sternzeichen wie Widder, Löwe, Schütze) bearbeitet werden. Doch die Biologie (Physiologie) des Baumes, die Chemie der Verbrennung (Kohlendioxid) darf mental nicht zu kurz kommen.

Jetzt kann das Ganze im individuellen Kontext, in schriftlicher oder künstlerischer Arbeiten zusammengefasst und persönlich der Gruppe vorgestellt werden. Menschliche Wärme und Begeisterung ist eben ein Geistesfeuer und kann nicht mental doziert werden sondern wird höchstens individuierend in sich selbst erfahren. Dies wäre dann ein Prozess vom Magischen zum Mythischen, weiter über das Mentale zum Integralen, wie es in der Tabelle dargestellt wird.

Vom Magischen zum Integralen

Magisch	*Mythisch*	*Mental*	*Integral*

Sonnenfinsternis am 11. August 1999

Phänomen Erlebnis in Straßburg	Isenheimer Altar in Colmar Weltenkreuz	astrono- mische Begrifflichkeit und Zusam- menhänge	individuieren schriftliche Zusammen- fassung der Eindrücke

Der Baum

Baum umarmen holzen schnitzen	Planetenbäu- me Weltenesche Yggdrasil	botanische Bestimmung Fotosynthese aufsteigender Wasserstrom	Baumarbeit mein liebster Baum Welcher Baum möchte ich sein?

Das Feuer

Feuer abbren- nen	Prometheus Phönix	Kohlendioxid- bildung	menschliche Wärme Begeisterung

Erlebnis, Erfahrung, Vorstellung, Wahrung

In dieser Tabelle werden in Gebser'scher Weise die verschiedenen Zusammenhänge gezeigt, wie es zu einer integralen Sichtweise kommen kann. Interessant für den Pädagogen ist die Körperregion, die angesprochen werden muss. Im Unterricht wird oft vergessen, dass gerade die körperliche Bewegung im Sport, im Tanz, in der Theaterdarstellung, in der Körpersprache überhaupt dazu dienen kann, die magische Dimension oder Information in ein ganzheit- liches Erleben zu führen.

Dabei ist es wichtig, dass die Unterrichtsinhalte durchaus ein starkes mentales Gewicht haben können, wenn auch das »untere« magische und mythische und das paradoxale integrale Bewusst- sein angesprochen werden kann. Gerade das Paradoxale (»Sowohl- als-auch«) befreit das mentale Bewusstsein von der Absolutheit und Dogmatisierung. Diese Öffnung zum Paradoxalen gibt Anlass zu neuen Fragen. Die Offenheit der Forschung ist gewährleistet. In- tegral heißt auch immer durchsichtig, offen, nicht determiniert. Es ist gleichzeitig nach innen und außen orientiert (Gleichzeitigkeit des anderen).

Vom Erlebnis zur Wahrung			
Erlebnis	**Erfahrung**	**Vorstellung**	**Wahrung**
vital (magisch)	psychisch (mythisch)	zelebral (mental)	integral
Bauch	Herz	Kopf	Scheitel
Emotion	Imagination	Abstraktion	Konkretion
Trieb	Empfinden	Reflexion	Diaphanieren
mit den Sinnen wahrnehmen	sich ein Bild machen	sich einen Begriff machen	nach dem Sinn der Sache fragen
Naturerfahrungen	Mythologie	Wissenschaft	Philosophie
Ritual	Mysterium	Formel	Paradoxon
Totalität (nach außen)	Polarität (nach innen)	Entweder-oder (nach außen)	Sowohl-als-auch (nach innen und nach außen zugleich)

Versuch einer Zusammenschau von Wagenschein und Gebser

Obwohl es immer problematisch bleibt, zwei Denksysteme »übereinanderzulegen«, so ist es doch interessant, wie Wagenschein in erster Linie vom Exemplarischen ausgeht, dann aber das Emotionale nicht vergisst. Als Wissenschaftler ist ihm die Fragekultur des Mentalen wichtig, und er holt doch zuletzt auch die Ursprünge, das Genetische, in die Gegenwart. Somit kann die Zusammenschau von Nutzen sein.

Ich habe versucht, die verschiedenen Ebenen in einer Ich-Botschaft darzustellen. So bekommen sie von Anfang an einen ganzheitlichen Charakter. Denn mit »Ich« meine ich eben Leib, Seele und Geist.

Die verschiedenen Ebenen in einer Ich-Botschaft

Genetisch

Integral

Frei von Zeit und Raum, bin ich nun *zeitfrei* und *aperspektivisch*. Ich habe ein Bewusstsein von anderen Bewusstseinsschichten und kann sie so *integrieren*. Das *Ganze* ist mehr als die Summe seiner Teile. Ich versetze mich *dialogisch* in den Standpunkt anderer. Für mich gilt das *Sowohl-als-auch*, zum Beispiel dass das Licht Korpuskel oder Welle sein kann. Ich verändere die Welt, indem ich mich selbst verändere. Ich werde immer mehr der, der ich bin.

Sokratisch

Mental

Als *Verstand* distanziere ich mich von der Welt. Sie wird räumlich. Ich habe meinen *perspektivischen* Standpunkt zu ihr. Ich analysiere und verändere die Welt, indem ich sie in ihren Teilchen begreife. Der *Teil* wird mehr als die Summe seiner Teile. Dialektisch im *Entweder-oder* suche ich kritisch immer wieder das Gegenteil. Als *Kopfgeburt*, wie es die Geburt Athenes aus dem Kopfe Zeus' zeigt, weiß ich, dass ich nichts weiß.

Emotional

Mythisch

Als *Seele* verinnerliche ich meine Umgebung und mache aus ihr ein *Bild*, einen *Traum*, eine *Vorstellung*, ein *Symbol*, einen *Rhythmus*, eine zyklisch kreisende Zeit. Die Welt wird für mich zu Polarität zwischen Tag und Nacht, Sommer und Winter, Mann und Frau und so weiter. Ich bin Mikrokosmos eines Makrokosmos. *Ich bin in Resonanz* mit allem, was außer mir ist.

Exemplarisch

Magisch

Als Leib, als Sinnesmensch bin ich zeitlos, bin ganz Naturmensch, bin ganz *Totalität*. Aus meinem Ursprung erschaffe ich die Welt. Ich ergreife sie *elementar* im Festen, Flüssigen, Luftigen und Feurigen. Durch die *unteren Sinne* von Tasten, Lebenssinn, Bewegungssinn und Gleichgewicht wird die Welt für mich erst *Wirklichkeit*. Durch *die mittleren Sinne* von Geschmack, Geruch, Sehen und Wärme bekommt die Welt *Qualität*. Durch die *sozialen Sinne* von Hören, Sprache, Gedanken- und Ich-Sinn erfahre ich von der *Geistigkeit* des Gegenübers.

Rudolf Steiner, Waldorfpädagogik

Obwohl ich es in den vorigen Zusammenstellungen nicht lassen konnte, auch waldorfpädagogische Gesichtspunkte immer wieder einfließen zu lassen – versuche ich doch mein Leben lang, anthroposophische Gedanken in mir zu integrieren –, so werden hier dennoch Pestalozzi'sche oder eben Steiner'sche Ganzheitlichkeiten expliziter dargestellt in der bekannten Trias Hand, Herz und Kopf. Doch diese Dreiheit braucht eben dann noch den Gebser'schen Sprung zur Quaternität (Vierheit) in das Integrat durch das, was Heinrich Pestalozzi (1746–1827) die »sittliche Kraft« und Rudolf Steiner »Intuition« nennen. Gerade die Intuition sollte eigentlich das integrierende kreative Element in der Pädagogik werden, Intuition der Lehrer(innen), aber eben auch der Schüler(innen) selbst. Sonst bleibt die Trias (Kopf, Herz und Hand) hausbacken und verstaubt.

Der Gebser'sche Sprung zur Quaternität

Wille	Fühlen	Denken	Intuition
schlafend	träumend	wach	individuierend
Wahrnehmung	Vorstellung	Begriff	Wesenhaftigkeit
durch die zwölf Sinne	eigenes Bild	Abgrenzung	Sinnhaftigkeit
Phänomenalismus	Mythologie	Wissenschaft	sittliche Kraft
Johann Wolfgang von Goethe	Brüder Grimm	Leonardo da Vinci	Heinrich Pestalozzi
Empfindungsseele	Gemütsseele	Verstandesseele	Bewusstseinsseele
0–7 Jahre	7–14 Jahre	14–21 Jahre	Erwachsenenalter

Die fünf Bewusstseinsschichten

In der folgenden Zusammenstellung versuche ich, auch die archaische Bewusstseinsschicht einzubeziehen. Gerade die existenzielle Grundschicht ist maßgebend für einen soliden ganzheitlichen Prozess. Bin ich überhaupt motiviert, einen (Lern-)Prozess einzugehen? Das müsste eigentlich jede(r) Lehrer(in) und Schüler(in) für sich persönlich bereits zu Anfang des Unterrichts klären. Wer nicht genügend motiviert ist, kann dem Unterricht fernbleiben! Kein geistiger Prozess ist möglich, wenn nicht Freiwilligkeit vorhanden ist. Ich weiß, dass auch der Schulzwang eine heikle Frage ist. Leo Tolstoi plädierte für Freiwilligkeit des Schulunterrichtsbesuchs. In der Erziehung und Bildung sollten nur Menschen zusammenkommen, die auch motiviert sind.

Es braucht auch immer eine Aufwärmphase im Unterrichtsgeschehen. Das weiß jeder guter Redner: Das Archaische glänzt im Integralen wieder auf, indem es die existenzielle Ich-Erfahrung anspricht. Das heißt aber gemäß Jean Gebser ein ichfreies Ich, ein integriertes Ich, das im Archaischen, Mythischen und Mentalen gründet, das eben zum Selbst individuiert.

Ein integrales Ich, das im Archaischen, Mythischen und Mentalen gründet				
Archaisch	*Magisch*	*Mythisch*	*Mental*	*Integral*
biografisches Motiv Motivation	Erlebnis-pädagogik	Kunst-pädagogik	Wissens-pädagogik	Individual-pädagogik
Anwärmphase	existenzielle Leibeserfahrung	Ich bringe alles ins Bild	Ich bringe alles in die Begrifflichkeit	existentielle Ich-Erfahrung: Was hat etwas mit mir persönlich zu tun?
Will ich überhaupt etwas?	Sinneserfahrung	Malen Plastifizieren Bewegung Musik	Wissens-vermittlung	Selbstkompetenz

Der Abend- und Morgenstern, Venus integral

Vortrag auf dem *27. Internationalen Jean-Gebser-Symposium* am 20. und 21. Oktober 2001 in Luzern

»Abendlied
Kleiner Wind am Abendhang,
Abendlicht und Schnee.
Silberschnee den Grat entlang
und im Tale Klee.
Klee im Tal voll Abendblühn,
und das Herz geht leis.
Sieh der Erde Abendgrün,
das vom Himmel weiß.
Schnee und Klee und Tal und Wind,
Himmel, Abend, Licht:
Wie das alles sanft verrinnt
und ins Herz einbricht.
In dein Herz; in meines auch:
eine ganze Welt.
Wie es nun, nach altem Brauch,
uns zusammenhält.«

Jean Gebser

Die idealisierende Venus, die aus dem Meeresschaum geborene Göttin der Schönheit und Harmonie Aphrodite, ist auf dem Gemälde »Geburt der Venus« des italienischen Malers Sandro Botticelli (1445–1510) zu sehen. Die eher sinnliche oder »irdische« Venus finden wir im Tierkreiszeichen des Stiers, die harmonisierende Liebesgöttin in der Waage.

Mit diesem Abendgedicht von Jean Gebser begrüße ich alle Anwesenden herzlich. Es führt zwar nicht explizit in das Thema ein, umso mehr vermittelt es die Stimmung zum Geschehen am Abendhimmel. Es ist hier die Erde, die von dem Himmel weiß, »wo alles in das Herz einbricht und das Herz uns zusammenhält«. Gerade der Horizontstern Venus kann dieses Geschehen noch verstärken.

Nun bitte ich die Teilnehmenden, sich einen Moment mit dem danebensitzenden Nachbarn oder der Nachbarin auszutauschen, was ihnen beim Wort »Venus« in den Sinn kommt. Und das, was jetzt so aus der Seele heraussteigen wird, soll die Grundlage bilden für das, was ich hier vortrage, gewissermaßen die Motivation, die Neugier, mehr über die Venus zu erleben und zu hören. Es liegt ja in jedem Menschen ein ahnendes Wissen, das in höheren Bewusstseinsschichten aufwachen kann. Ich hoffe natürlich, dass bei meinen Zuhörern und Zuhörerinnen einiges resonieren und sogar betroffen machen wird.

Beste Voraussetzung wäre natürlich, wir könnten zusammen die Venus als Abend- und Morgenstern konkret erleben. So müssen wir mit den Schilderungen meiner Venus-Erlebnisse vorliebnehmen.

Am 26. Januar 1995 um 7.15 Uhr sah ich von meiner Wohnung in Ins am Südosthimmel (über den majestätischen Gipfeln von Ei-

Süd-Osthimmel von Ins aus gesehen: die Venus als hellsten Stern über den majestätischen Gipfeln. von Eiger, Mönch und Jungfrau.

ger, Mönch und Jungfrau) die Venus als hellsten Stern. Etwas rechts von ihr und blasser den Jupiter, unter ihr den rötlichen Skorpionstern Antares und noch weiter rechts die abnehmende Mondsichel. Bereits die Tatsache, dieses Schauspiel sehen zu dürfen, machte mich betroffen. Es löste in mir eine tiefe Emotion aus, die körperlich-sinnlich war. Ich spürte in mir die Welt als Unität. Sie grenzenlos in mir und ich in ihr. Ich war Teil dieser Sternenwelt. Nun erblühte langsam der Purpur der Morgenröte. Um 8.15 Uhr ging die Sonne zwischen dem Schreckhorn und dem Wetterhorn auf.

Später zog ich in eine andere Wohnung um, wo ich nicht nur den Südost-, sondern zusätzlich auch den Westhorizont sah. In der Zeit vom Oktober 2000 bis in den Mai 2001 konnte ich an wolkenfreien Tagen die Venus als ersten Stern am Abendhimmel begrüßen. Es war auch für meine vier- und sechsjährigen Knaben immer spannend: Wer sieht sie (die Venus) am Abend als Erster? Wir konnten erleben, wie sie in dieser Zeit vom schwachen Horizontstern zum hellen, lang scheinenden Abendstern aufblühte. Doch plötzlich war die Venus verschwunden. Wohin? Zur Sonne! Sie hatte wieder eine Konjunktion, eine Begegnung, mit der Sonne und konnte dann wieder als Morgenstern gesehen werden.

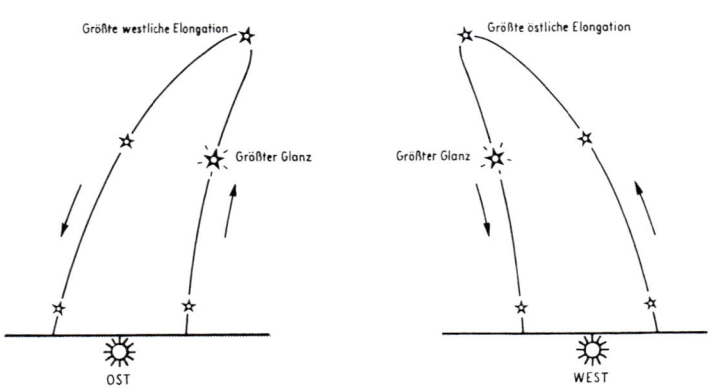

Venus als Morgen- (links) und als Abendstern (rechts) jeweils vor Sonnenaufgang beziehungsweise nach Sonnenuntergang.

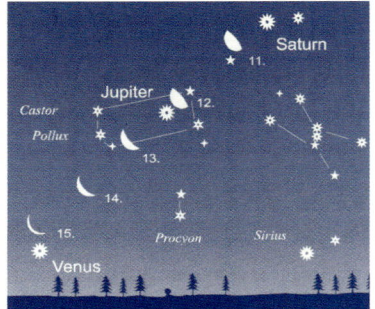

Der Sternenhimmel mit abnehmendem Mond im September 2001.

Am 6. September 2001, um 4.15 Uhr, verstarb mein Vater im Alter von 84 Jahren. Uranus hatte gerade seit seiner Geburt eine volle Sonnenumwanderung gemacht. Vom Totenbett kommend, trat ich aus dem Haus unter den Sternenhimmel: Ich sah nun im Osten am hellsten die Venus leuchten, weiter oben Jupiter im Kasten des Zwillings und noch weiter oben Saturn im Sternbild des Stiers, neben dem rötlichen Stern Aldebaran. Darunter bewegte sich der Held Orion, begleitet vom hellsten Fixstern Sirius. Dieses gewaltige und dramatische Sternenschauspiel in Anbetracht der Seele meines Vaters, die die Erde himmelwärts verließ, bewegte mich stark.

Wir wissen, dass die Venus Abend- und Morgenstern sein kann. Als Morgenstern erreicht sie schnell den größten Glanz und steigt dann noch höher. Sie entfernt sich weiter vom Horizont und von der untergegangenen Sonne empor, um dann langsam wieder zu verglimmen. Als Abendstern braucht Venus eine gewisse Zeit, um ihren Helligkeitshöhepunkt zu erreichen.

Diese Rhythmen und Zeitintervalle zwischen größtem Glanz, größter Entfernung von der Sonne (47 Grad) und Konjunktionen mit der Sonne erscheinen vielfach als Gesetzmäßigkeit in den 36 und 72 Tagen.

Diese Rhythmen zeigen sich wieder innerhalb des Tierkreisbildes. Verbindet man aufeinanderfolgende Konjunktionen, entweder nach Abendsternperioden (untere Konjunktion) oder nach Morgensternperioden (obere Konjunktion), so entsteht ein fast exakter Fünfstern. Aber auch verbundene Punkte im Tierkreis zur Zeit der größten Elongationen (Entfernung von der Sonne) und des größten Glanzes ergeben am Himmel exakte Fünfstern-Zeit-Kosmogramme, die wir auch auf der Erde in fünfblättrigen Blüten wiederfinden. Und die Blüte ist ja der Ort in der Zeitgestalt der Pflanze, wo die Venus sich zeigt. Ein Himmelskosmogramm resoniert so auf der Erde in der fünfblättrigen Blüte.

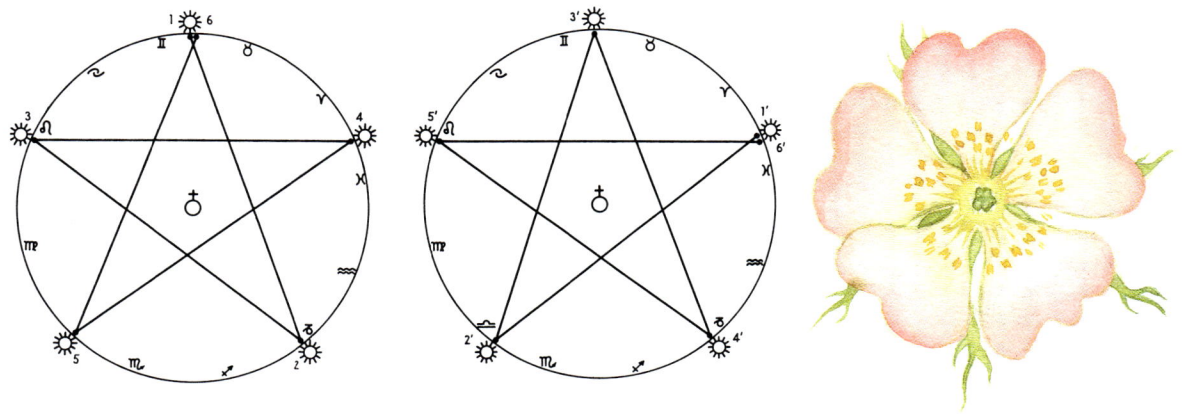

Verbundene Punkte im Tierkreis während der größten Elongationen und des größten Glanzes ergeben einen fünfzackigen Stern, der in Resonanz steht zu fünfblättrigen Blüten.

Die wichtigsten Venusstellungen und die dazugehörigen Sichtbarkeitsverhältnisse		
Venusstellung relativ zur Sonne	*Durchschnittliche zeitliche Intervalle in Tagen*	*Sichtbarkeit*
obere Konjunktion		unsichtbar
	} 6×36 3×72	
größte östliche Elongation		beste Abendsternsichtbarkeit
	} 36	
größter Glanz	} 1×72	
	} 36	
untere Konjunktion		unsichtbar
	} 36	
größter Glanz	} 1×72	
	} 36	
größte westliche Elongation		beste Morgensternsichtbarkeit
	} 6×36 3×72	
obere Konjunktion		unsichtbar

1 synodischer Umlauf = 16×36 Tage = 8×72 Tage = 576 Tage (584 Tage)

Venus als Horizontstern. Das geistige Prinzip inkarniert sich im künstlerischen Prozess im Stoff.

Das alchemistische astrologische Zeichen der Venus ist der vollkommene Kreis der Geistessonne, die das Kreuz der Erde, den Horizont, berührt. Ein Geistprinzip will sich im Stoff gestalten. Das ist das venusische Prinzip jedes künstlerischen Vorgangs! Das Doppelwesen Venus, das wir ja als Morgen- und Abendstern kennen, sucht einerseits vom Geistigen in die irdische Sinnlichkeit hineinzuwachsen oder scheint andererseits in der Sinnlichkeit das platonische Ideal, die platonische Liebe zu suchen.

Versuchen wir nun, uns der Venus mehr körperlich, perspektivisch und räumlich-mental zu nähern, dann spüren wir dabei gerade die Distanz. Venus ist als astrophysischer Körper ein Planet, der etwa so groß ist wie die Erde. Doch ist sie ständig in einem rötlichen atmosphärischen Schleier verhüllt. Auf der Venus herrschen Temperaturen von 500 Grad Celsius. So könnte es der Erde gehen, wenn sie den Wärmetod erleiden würde. Wir sehen von der Erde aus die tropischen Phasen der Venus, größer und kleiner werdend. So bekommen wir eine Vorstellung vom Umlauf der Venus um die Sonne.

Nehmen wir noch einmal die Venusbeobachtung vom 6. September 2001 frühmorgens. Die Planeten beobachten wir zunächst *siderisch*, das heißt vor dem Fixsternhintergrund, vor den Sternbildern. Venus scheint im Bild des Krebses, Jupiter in den Zwillingen, Saturn im Stier. Doch astrologisch finden wir Venus im elften Grad Löwe, Jupiter im zehnten Grad Krebs und Saturn im vierzehnten Grad Zwillinge. Dies ist der *tropische* Kreis der Tierkreiszeichen, auf den sich die Astrologie bezieht. Für den Astrologen ist es wichtig, in welchem Zeichen ein Planet steht.

Der siderische Tierkreis wird zum Beispiel von den biologisch-dynamisch anbauenden Landwirten benutzt, sie schauen etwa, in welchem Sternbild der Mond gerade steht. Welcher Tierkreis stimmt nun? Der siderische oder der tropische? Der jahrhundertealte Streit zwischen den Siderikern (Sternbilder) und Tropikern (Sternzeichen), diese Dualität, ist ein mentales Problem. Integrales Bewusstsein weist sofort auf das »Sowohl-als-auch-Prinzip« hin: sowohl siderisch (astronomisch) als auch tropisch (astrologisch).

Im Rosenhofpark des Schlössli Ins ist ein Sternen-Sonnen-und-Mond-Beobachtungsgerät gebaut worden. Es ist ein Astrolabium mit fünf Metern Durchmesser, in dem ein beweglicher Ekliptikring montiert ist, auf dem nun die Planeten je nach Konstellation befestigt werden können. Auf diesem Ring ist parallel der Zeichen- und Bilderkreis gemalt. Man kann nun gleichzeitig die Planeten sowohl siderisch als auch tropisch einordnen und konkret am Himmel be-

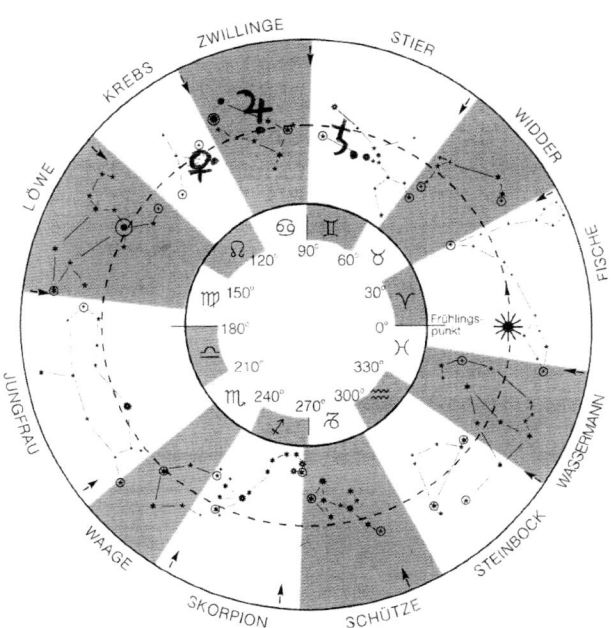

Die Planeten vom 6. September 2001 in den Sternbildern und Sternzeichen.

obachten. Hinter diesen auf dem Ekliptikring befestigten Planeten leuchteten die derzeitigen Planeten am Osthimmel des 6. September 2001.

Wir nennen dieses Astrolabium, übrigens das erste in dieser Größe und Art, Tycho-Brahe-Astrolabium, weil Tycho Brahe neben seinen umfangreichen Sternenbeobachtungen auf Uraniaborg in Dänemark und in Prag auch als Astrologe und Alchemist tätig war. Er vertrat, gegenüber dem dualistischen heliozentrischen Weltbild von Kopernikus, ein eigenes, das tychonische. Er war der Auffassung, dass wir uns sowohl geozentrisch als auch heliozentrisch ein Bild vom Kosmos machen sollen. Konkret: Um die Erde kreisen Mond und Sonne, wie wir es jeden Tag erleben; um die Sonne kreisen die übrigen Planeten. Übrigens wurde dies auch bereits in der altägyptischen Zeit so gesehen.

Dieses Weltbild ist durchscheinend. Es lässt verschiedene Zentren und Bewusstseinsschichten gelten, zeigt ichfrei, dass es verschiedene Standpunkte gibt, ist darum multizentrisch oder eben auch multiethnisch-menschheitlich.

In der tabellarischen Zusammenfassung soll ersichtlich werden, wie wir durch die verschiedenen Bewusstseinsebenen gegangen sind, ohne dass wir uns künstlich stets auf einer Schicht bewegen. Als integraler Forscher versucht man aber, ein Bewusstsein dafür zu entwickeln, in welcher Bewusstseinsschicht man sich gerade befindet. Die Welt bedarf heute mehr denn je des Diaphanen: Alles soll durchscheinend werden. Am Beispiel der Venus konnten wir dies als Versuch erleben.

Der Gang durch die verschiedenen Bewusstseinsstufen		
Venus ganzheitlich	*Sternenebene*	*Jean Gebsers Bewusstseinsstrukturen*
sowohl siderisch als auch tropisch sowohl geozentrisch als auch heliozentrisch sowohl Phänomen als auch Mythos als auch Himmelskörper als auch Resonanz und Intuition	Astrosophie Wesenskunde Sowohl-als-auch (Tycho Brahe) multizentrisch pluralistisch	integral Wahrung Diaphanität Konkretion ichfrei/Selbst
Venus perspektivisch Phasen- und Größenwechsel Beschaffenheit und Oberfläche der Venus Distanz	*Astronomie* Astrophysik Entweder-oder (Nikolaus Kopernikus) siderisch heliozentrisch	*mental* Vorstellung Dualität Abstraktion ichhaft
Venusrhythmen Fünfstern Rosenblüte Venus astrologisch Venus mythologisch	*Astrologie* »Sinneswahrgebung« tropisch Alchemisten/Pythagoras anthropozentrisch	*mythisch* Erfahrung Polarität Imagination wirhaft
Venus als Morgen- und Abendstern Erlebnis am 26. Januar 1995 Venus Morgenstern Erlebnis Venus Abendstern	*Astro-Phänomenologie* Sinneswahrnehmung Ptolemäus	*magisch* Erlebnis Unität Emotion
Einstimmung Gedicht »Abendlied« Was klingt in mir an, wenn ich das Wort »Venus« höre?	*Astro-Biografie* Motivation, Resonanz, Neugier karmazentrisch	*archaisch* Ahnen Identität Weisheit Entelechie

Literaturverzeichnis

Arn, Karoline: *Wenn wir uns gut sind. Ruth Seiler-Schwab, ds Müeti vom Schlössli Ins*, Limmat, Zürich 2007

Bauer, Wolfgang, Irmtraud Dümotz und Sergius Golowin: *Lexikon der Symbole*, Heyne, München 1997

Bindel, Ernst: *Johannes Kepler*, Verlag Freies Geistesleben, Stuttgart 1987

Binggeli, Bruno: *Primum mobile*, Ammann, Zürich 2006

Blattmann, Elke: *Geheimnisvolle Sternenwelt*, Urachhaus, Stuttgart 1991

Bock, Emil: *Der Kreis der Jahresfeste*, Urachhaus, Stuttgart 1962

ders.: *Die drei Jahre*, Urachhaus, Stuttgart 1981

Boogert, Arie: *Der Weg der Seele nach dem Tod*, Urachhaus, Stuttgart 2005

Bovini, Giuseppe: *Ravenna – Kunst und Geschichte*, Longo, Ravenna 1991

Brockhaus: *Astronomie – Planeten, Sterne, Galaxien*, F. A. Brockhaus, Mannheim 2006

Bühler, Walter, u. a.: *Lebenslauf. Das Ich als geistige Wirklichkeit*, Urachhaus, Stuttgart 1988

Dahlke, Rüdiger: *Das senkrechte Weltbild*, Heyne Verlag, München 1986

Davies, Norman de Garis: *The Rock Tombs of El Amarna*, Egyptian Exploration Soc, London 1903–1908

Der Himmel: Planeten, Monde und Galaxien im Jahreslauf, Fischer, Frankfurt 2006

Die Drei. Astronomie, Astrosophie, Verlag Freies Geistesleben, Stuttgart, 67. Jg., 7–8/1997

Dreyer, Dr. J. L. E.: *Tycho Brahe*, Braun, Karlsruhe 1894 (Nachdruck 1999)

Dühnfort, Erika: *Vom größten Bilderbuch der Welt*, Verlag Freies Geistesleben, Stuttgart 1985

Erziehungskunst: Himmelskunde an der Waldorfschule, Verlag Freies Geistesleben, Stuttgart, 62. Jg., 1/1998

Fankhauser, Dr. Alfred: *Das wahre Gesicht der Astrologie*, Orell Füssli, Zürich 1980

Flamand, Elie-Charles: *Die Malerei der Renaissance*, Edition Rencontre, Lausanne 1966

Funk, Emil, und Joachim Schultz: *Zeitgeheimnisse im Christus-Leben*, Verlag am Goetheanum, Dornach 1970

Gebser, Jean: *Gesamtausgabe*, Novalis, Schaffhausen 1979

Gehlhar, Fritz: *Wie der Mensch seinen Kosmos schuf*, Aufbau, Berlin 1996

Goletz, Barbara: *Lernfähigkeit im Zusammenhang mit kosmischen Rhythmen*, Meister, Kassel 1984

Greene, Liz: *Jenseits von Saturn*, Hugendubel, München 1985

Greub, Werner: *Wolfram von Eschenbach und die Wirklichkeit des Grals*, Verlag am Goetheanum, Dornach ²1996

Hamann, Brigitte: *Die zwölf Archetypen*, Knaur, München 1991

Held, Wolfgang: *Die Sonnenfinsternis am 11. August 1999*, Verlag Freies Geistesleben, Stuttgart 1999

Hemleben, Johannes: *Johannes Kepler*, Rowohlt, Reinbek b. Hamburg 1975

Hoerner, Wilhelm: *Zeit und Rhythmus*, Urachhaus, Stuttgart 1978

Huber, Bruno und Louise: *Lebensuhr im Horoskop*, API, Adliswil/Zürich 1980

Hürlimann, Gertrud I.: *Astrologie*, M & T, Zürich 1998

Julius, F. H. und E. M. Kranich: *Bäume und Planeten*, Verlag Freies Geistesleben, Stuttgart 1985

Jung, C. G.: *Archetypen*, dtv, München 2003

Keller, Hans-Ulrich: *Astrowissen*, Kosmos, Stuttgart 2000

ders.: *Kosmos Himmelsjahr 2001*, Kosmos, Stuttgart 2000

ders.: *Kosmos Himmelsjahr 2002*, Kosmos, Stuttgart 2001

ders.: *Von Ringplaneten und schwarzen Löchern*, Kosmos, Stuttgart 2002

Kepler, Johannes: *Über den Neuen Stern im Fuß des Schlangenträgers (1607)*, Königshausen & Neumann, Würzburg 2006

ders.: *Weltharmonik (Harmonices Mundi* [1619]*)*, Oldenbourg, München [7]2006

ders.: *Was die Welt im Innersten zusammenhält (Das Weltgeheimnis, Mysterium Cosmographicum* [1596]*)*, Marix, Wiesbaden 2005

ders.: *Neue Astronomie (Astronomia Nova* [1609]*)*, Oldenbourg, München 1990

Kirchhoff, Jochen: *Kopernikus*, Rowohlt, Reinbek b. Hamburg 1996

Krause, Arthur: *Wissen ist Macht*, Volkshochschulverlag, Nordhausen am Harz 1928

Lemcke, Mechthild: *Johannes Kepler*, Rowohlt, Reinbek b. Hamburg 1995

Lievegoed, Bernhard: *Planetenwirken und Lebensprozesse in Mensch und Erde*, Verlag Freies Geistesleben, Stuttgart 1992

Lusseyran, Jacques: *Vom wiedergefundenen Licht*, dtv, München 1992

Páleš, Emil: *Die sieben Erzengel*, Sophia Verlag, Bratislava 2007

Pelikan, Wilhelm: *Der Halley'sche Planet*, Verlag am Goetheanum, Dornach 1985

Perrey, Werner: *Sternbilder*, Urachhaus, Stuttgart 1994

Powell, Robert A.: *Hermetische Astrologie 1. Astrologie und Reinkarnation*, Urachhaus, Stuttgart 2001

ders.: *Hermetische Astrologie 2. Astrologische Biografik*, Urachhaus, Stuttgart 2003

ders.: *Zu einer neuen Sternenweisheit*, Novalis, Schaffhausen 1993

Roob, Alexander: *Alchemie & Mystik*, Taschen, Köln 1996

Roth, Hans: *Der Sternenhimmel 2002*, Kosmos, Stuttgart 2001

Rudhyar, Dane: *Astrologie der Persönlichkeit*, Hugendubel, München 1981

Saint-Exupéry, Antoine de: *Der Kleine Prinz*, Rauch, Düsseldorf [64]2007

Scharff, Alexander: *Ägyptische Sonnenlieder*, Karl Curtius, Berlin 1922

Schierstedt, Claudia von: *Finsternisse astrologisch deuten*, Chiron Verlag, Tübingen 1999

Schlögl, Hermann A.: *Echnaton*, Rowohlt, Reinbek 1986

Schmidt, Thomas: *Astronomie–Kosmologie–Evolution*, Verlag Freies Geistesleben, Stuttgart 2004

Seiler, Robert Hermann: *Bärwolf-Geschichten*, Verlag am Goetheanum, Dornach 2005

Seiler-Hugova, Ueli: *Farben sehen, erleben, verstehen*, AT Verlag, Baden, erweiterte Neuauflage 2007

ders.: *Werde, der du bist. 50 Jahre Heimschule Schlössli Ins*, Verlag Schlössli Ins, Ins 2004

Steiner, Rudolf: *Geheimwissenschaft im Umriß*, Rudolf Steiner Taschenbücher, Dornach 2005

ders.: *Die Philosophie der Freiheit: Grundzüge einer modernen Weltanschauung. Seelische Beobachtungsresultate nach naturwissenschaftlicher Methode*, Rudolf Steiner Taschenbücher, Dornach 2005

ders.: *Mensch und Sterne*, Verlag Freies Geistesleben, Stuttgart 1990

ders.: *Das Christentum als mystische Tatsache und die Mysterien des Altertums*, Rudolf Steiner Taschenbücher, Dornach 1989

Sternkalender: Ostern 2006/2007, Verlag am Goetheanum, Dornach 2005

Teichmann, Frank: *Chartres, Schule und Kathedrale*, Urachhaus, Stuttgart 2005

ders.: *Der Mensch und sein Tempel, Ägypten*, Urachhaus, Stuttgart 2003

Thun, Maria: *Aussaattage*, Thun, Biedenkopf/Lahn, erscheint jährlich

Wachsmuth, Günther: *Werdegang der Menschheit*, Verlag am Goetheanum, Dornach 1953

ders.: *Keplers Weltgeheimnis*, Hybernia-Verlag, Dornach/Basel 1946

Was ist Was: Die Sonne, Bd. 76, Tessloff, Nürnberg 1999

Was ist Was: Der Mond, Bd. 21, Tessloff, Nürnberg 1999

Wehr, Gerhard: *C. G. Jung und Rudolf Steiner, Konfrontation und Synopse*, Klett-Cotta, Stuttgart 1998

Register

Abendmahl 170

Abendstern 106, 123, 234

Abstraktion 228, 238

Ach 209f.

Adler 88

Agape 127

Aggregatzustände 207

Ägypten 165, 167, 169, 180

Ahriman 200, 201

Ahura Mazda 76, 189, 200f.

Akasha-Chronik 213

Alchemisten 168f., 201, 207, 236

Aldebaran 21, 44, 84, 116, 234

Alexander der Große 167

Algol 40, 72, 96, 114

Algol 96

Alma Mater 186

Altar 86

Alte Sonne 206

Alter Mond 206

Alter Saturn 206

Amduat 209

Anael 195ff.

Andromeda 70, 72, 92, 94

Andromedanebel 96, 97, 98

Angra Manju (»Ahriman«) 76

Anima 174, 179

Antares 23, 34, 36, 59, 116, 233

Anthroposophie 198

anthropozentrisch 166

Aphrodite 106, 109

Apisstier 201

apokalyptisch 149ff.

Apollo 88

Aquariden 115

Äquator 67

Äquinoktium 104

archaisch 224, 225, 231, 238

Archetypen 128, 173

Archimedes von Syrakus 168

Arcturus 32

Ares 109, 124

Argonautensage 78

Aristoteles 154, 167, 173, 207

Artemis 78, 186

Asgard 167

Asklepios 146

Äskulap 86

Aspekte 22

Asteroiden 24, 101, 109

Astralleib 223

Astralwelt 190

Astro-Biografie 238

Astrolabium 61, 67, 137, 236

Astrologie 7, 9, 62, 117, 120, 155, 167, 226, 238

Astrologie, helio-zentrische 116

Astrologie, hermetische 119, 168

Astrologie, siderische 116

Astrologie, tropische 116, 119

Astronomia Nova 158

Astronomie 62, 116, 238

Astro-Phänomenologie 238

Astrosophie 19, 238

Aszendent 153, 169

Atair 36, 88

Athene 110

Ätherleib 209, 223

Aton 163

Auferstehung 142, 151, 153, 174, 185

Aussaatkalender 214

Ba 209

Babylonier 116, 167, 169

Baptisterium in Florenz 142, 211

Bär, Grosser 68, 70

Bär, Kleiner 21, 68, 70

Baum der Erkenntnis 182

Baum des Lebens 182

Baum 226f.

Beatrice 174, 177ff.

Beteigeuze 97

Bewusstsein, integrales 19

Bewusstseinsseele 158, 230

Bienen 215

Big Bang 176

Bildekräfteleib 177

biologisch-dynamisch 236

Blatttage 216

Blüten, fünfblättrige 234f.

Blütentage 216

Bogomilentum 76

Böhme, Jakob 27, 111, 193

Brahe, Tycho 8, 9, 12, 61, 96, 118, 119, 138, 145, 147f., 156f., 168, 171

Breitengrade 61, 67

Brunnen Mimirs 213

Canopus 76

Capella 21

Capricorniden 26, 115

Cäsar, Julius 189

Castor 21, 46, 76, 131

Ceres 109, 120

Chaldäa 143, 183

Chefren-Pyramide 202

Chiron 82, 109, 120

Christi Geburt 141

Christus 86, 94, 135, 142, 143, 149, 212

Chymische Hochzeit 207

Cyriden 115

Daneb 36, 88, 218

Dante Alighieri 11, 172ff., 206

Deimos 108

Delfin 38, 90

Delphi 90

Demeter 78, 82, 142, 186

Dendera 169

Deszendent 153

Dodekaeder 161

Donnerstag 110

Doppelsterne 96, 172

Drache 68, 70

Dreieck 71

Dunkelwolken 98

Dürer, Albrecht 14

Echnaton 163

Edda 166, 213

Eiche 121

Eidechse 68

Einhorn 76

Eisen 115, 120

Ekliptik 63, 71

Ekliptikpol 198f.

elektromagnetisch 177

Elemente, vier 207

Elongationen 235

Elypsenbewegungen 171

Emotion 224ff., 233

Empfindungsseele 230

Endymron 78

Energie 177

Engel 7, 173, 178, 195, 209

Engelhierarchien 174, 176f., 206, 210f.

Entmaterialisieren 191

Entvitalisierung 191

Entwicklung der Erde, planetarische 205

Ephemeriden 62, 145, 154

Erdachse 181, 198f.

Erden- und Menschheitsentwicklung 204

Erdgott Geb 167

Erdrotation 181

Erdtrigon 214

Erdwanderung 189

Eridanus 71, 72, 74

Erlebnispädagogik 225, 231

Ethik 126

Evolutionsdiagramm 218

Farben 218ff.

Fegefeuer 179

Feirefis 143, 144f.

Fenis 143

Fenriswolf 84

Feuer 207, 226f.

Feuertrigon 214

Fisch, Fliegender 78

Fisch, südlicher 92

Fische 40, 92, 112, 135, 144, 198, 222

Fische-Kulturepoche 202

Fixsternbahnen 63

Fixsterne 20, 66, 174, 210, 213

Flammarion, Camille 176f.

Flut 104

Fomalhaut 92

Fruchttage 216

Frühlingspunkt 70, 72, 92, 94, 116, 195, 198f.

Fuhrmann 74

Gabriel 195ff.

Gachmuret 143

Gaia 74, 78, 107

Galaxien 15, 172, 174

Galaxis 97

Garten der Hesperiden 84

Gebser, Jean 15, 17, 224, 225, 231, 232

Geburt der Venus 232

Geist 120, 223, 229

Geisterland 212

Geminiden 115

Gemütsseele 230

geozentrisch 237

Germanen 84, 180, 187

Geschlecht 213

Geschlechtsorgane 133

Gezeiten 104

Ginnungagap 166, 172

Giraffe 68

Goethe, Johann Wolfgang von 13, 65, 149, 189, 190, 230

Gral 86, 122, 143ff.

Gravitationskraft 177, 179

Griechenland 167, 202

Grünewald, Matthias 149

Grünewald, Matthias 149, 151

Gürtelsterne 74

Hades 86, 88, 105, 133
Halbmond 19
Hale-Bopp 113
Halley'scher Komet 26,113, 115
Hamal 72
Hand 230
Harmonices Mundi (Harmonie der Welt) 159f.
Harun al Raschid 143
Heliopolis 94
Helios 121, 122, 189
heliozentrisch 237
Hephaistos 109
Hera 97
Herakles 70, 78, 80, 84
Hermes 74, 76, 105, 122
Hertzsprung-Russell-Diagramm 218f.
Herz 80, 230
Hexenverfolgung 159
Hiakutake 113
Himmelsgöttin Nut 167
Himmelsmechanik 66
Hitler 112, 128
Hochschuldidaktik 224
Hochzeit, Chymische 141
Hölle, Dante'sche 179
Horizontstern 236
Horoskop 120, 121, 137, 167, 190, 213
Horoskop, hermetisches 138
Horoskop, integrales 119, 138
Horus 102, 180
Huber-Sechserrhythmen 194
Hund, Großer 218
Hund, Kleiner 218
Hyaden 97
Hydra 78, 80, 82

Ich-Bewusstsein 191
Ich-Botschaft 229
Ich-Entwicklung 115
Ideen 177
Identität 212
Ikosaeder 161
Imagination 210, 228
Impuls 120
Individualpädagogik 225, 231
Individuation 179
Initiation 169, 182
Inkarnation 182, 213
Insel Ven 155
Inspiration 210
integral 172, 224, 225f., 228, 238
Integrat 230
Intellektualisierung 225

Intuition 127, 137, 210, 230
Isenheimer Altar 149, 151, 153, 226
Isis 142, 180, 186
Isis-Horus-Osiris-Kult 74
Israel 167, 169

Jahr 189
Jahr, platonisches 116
Jahresfeste 190
Jahrsiebent 191
Jesus 142, 143
Jesus, der Glanz 204, 205
Johanni 190, 198, 222
Johanni-Komet 114
Johanni-Tierkreissprüche 136
Jonas 94
Jordantaufe 142
Judas 86, 133
Juden 170
Jung, C. G. 120, 174, 179
Jungfrau 30, 52, 58, 82, 132, 222
Juno 109
Jupiter 56, 58, 59, 110, 124, 134, 144, 147, 153, 157, 161,
   193, 195, 234
Jupitermonde 110
Jupiter-Schütze 222
Jupitersphäre 213

Ka 209
Kairos 194
Karfreitag 94, 174
Karl der Große 143
karmisch 135
Karwoche 185
Kassiopeia 32, 34, 84, 92, 94, 158
Katastrophe, atlantische 200
Katharerbewegung 76
Kathedrale von Chartres 149f.
Katholiken 159
keltisch 187
Kentauren 82, 88, 109
Kepler, Johannes 7, 8, 9, 61, 86, 88, 96, 101, 109, 140,
   145f., 148, 154ff., 171f., 181, 189
Kepler'sches Gesetz 158, 161, 162
Kepler-Konjunktionen 140
Knotenpunkt 104
Komet, Halley'scher 26,113, 115
Kometen 26, 113ff., 156
Kommunikation 207
Kompass 78
Konjunktion, Bethlehem'sche
Konjunktion, dreifache 141
Konjunktion, große 141

Konjunktion, königliche 111, 154
Konjunktion, vierfache 145
Konkretion 228
Konstellation 140
Kopernikus 12, 118
Kopf 230
Korona 150ff.
Körper, physischer 209
Körper, planonischer 101
Kraft, merkurielle 131
Kraft, plutonische 133
Kraft, sittliche 230
Kraft, venushafte 133
Kraft, vierte böse 179
Kraftfelder 117
Krankheit 124
Krebs 23, 48, 58, 78, 131, 222
Krebs-Kulturepoche 200
Kreuzigung am Karfreitag 149
Kristallisation 208
Kronos 111
Kultur, ägyptische und babylonische 201
Kultur, nachatlantische 78, 148
Kultur, persische 76, 201
Kulturepoche des Krebses, indische 201,
Kulturepochen 198, 200
Kunstpädagogik 225, 231
Küppers, Harald 219

Landwirtschaft, biodynamische 214
Längengrade 61
Lebenslauf 190f.
Leib 223, 229
Leoniden 26, 115
Leuchtkraft 218f.
Licht 174, 176f.
Lichtgeschwindigkeit 175
Lichtjahre 174
Lichtquanten 177
Liebe, platonische 123
Lilith 78, 120
Löcher, Schwarze 8, 15, 19, 86, 96, 99, 172, 177, 179
Löwe 23, 24, 50, 52, 58, 132, 222
Löwe, Nemeischer 80
Luchs 68, 78
Luftdruckwelle 107, 181
Luftgott Schu 167
Lufttrigon 214
Luna 122
Luzifer 86, 174, 177, 179
Lyriden 115

Maat 82
Magellan'sche Wolke, Große 96
Magier 143
magisch 17, 224, 225, 238
Maia 105, 107
Makrokosmos 120, 145, 153, 229
Makrokosmos 65, 155
Mani 204, 205
Manichäismus 10, 19, 76, 143, 169, 201, 204
Manu 200
Maria 82, 132, 142, 186
Mars 29, 56, 57, 58, 60, 64, 108, 123, 124, 144, 147, 153, 157, 161, 193, 195
Marsschleifen 108
Marssphäre 213
Materie 107, 120, 132, 176, 206, 223
Maya 186
Medizin, paracelsische 121
Medusa 72, 92, 114
Melancholie 124, 134
Melchisedek 200
Menstruationszyklus 187
mental 224, 225, 238
Meridian 62, 103, 180
Merkur 55, 57, 58, 76, 105, 122, 153, 161, 191, 195, 210
Metamorphosen 191f., 204
Meteoriten 26, 113
Michael 114, 195ff., 222
Michaeli 190
Midgardschlange 70
Mikrokosmos 65, 120, 145, 153, 155, 229
Milchstraße 96ff., 172, 174
Mitternachtssonne 182
Mizar 38
Mohammed 187
Monat 167, 186
Mond 24, 55, 57, 58, 59, 60, 64, 104, 121, 153, 195
Mondknoten 193
Mondkräfte 214
Mondmonat/-rhythmus 186f.
Mondphasen 55
Mondscheibe/-sichel 59, 150
Mondsphäre 210
Morgenstern 106, 123, 234
Mysterium Cosmographicum 156f., 160

Nekropolen 168
Neptun 24, 56, 60, 94, 112, 127, 153, 193
Nerven-Sinnes-System 223
New-Age-Bewegung 135
Noah 200
Nofretete 163f.
Nostradamus 151

Novae 96
Novalis 7, 194, 214

Ofen, Chemischer 72
Okkultes 127
Oktaeder 161
Opposition 149
Optik 159
Organon 126
Orion 21, 29, 30, 46, 64, 74, 234
Orioniden 115
Orionnebel 15, 74
Orpheus 88, 174
Orphiel 195ff.
Osiris 74, 102, 180, 182, 189
Ostern 104, 142, 190, 222

P/Temple-Tuttle-Komet 115
Pallas 109
Paracelsus 27f.
Paradies 174, 179
Paradox 177, 227f.
Parzival 76, 144f., 224
Parzival-Astronomie 140, 143
Patriarchat 202
Pegasus 40, 72, 92
Persephone 78, 82
Perseus 40, 72, 114
Persiden 26, 115
Pestalozzi, Heinrich 230
Pferd 88, 92
Pferdekopfnebel 98, 99
Pflanzen 215ff.
Phaethon 74
Pharao 210
Phobos 108
Phönix 94, 114, 143, 227
Photonen 176
Piazzi, Giuseppe 109
Planet, blauer 107, 208
Planeten 100ff.
Planeten, obersonnig/untersonnig 183
Planetenformel 126
Planetenrhythmen 191
Planetensphären 174, 210ff.
Planetenstunden 183, 184
platonisches Weltenjahr/Weltenrhythmus 71, 198f.
Plejaden 30, 44, 97
Pluto 24, 56, 86, 110, 112, 128, 153, 193
Polarität, hermetische 120
Polarstern 21, 30, 181
Pollux 21, 46, 76, 131
Poseidon 74, 110, 112

Powell, Robert 117, 118, 119, 138, 168
Praesepe 23, 80
Präzession 9, 70, 116, 117, 173, 198
Prima Materia 177
Primum mobile 11, 172, 173, 206
Prokyon 48, 64, 76
Proteus 94
Prozess, künstlerischer 236
Psychologie, Jung'sche 179
ptolemäische Reihe 167, 210
Ptolemäus 116, 167, 180, 190, 200
Pyramiden 168, 202
Pythagoras 162, 169

Quadraturen 149
Quantenphysik 172, 173
Quaternität 179, 230

Raphael 195ff.
Re 102
Regenbogen 107
Regenbogenengel 209
Regenbogenfarben 212
Regulus 21
Reihe, ptolemäische 167, 210
Reiter, Kleiner 38
Renaissance 170, 202
Riegel 74
Riesen, Rote 172, 219
Rosenkreuzer 28, 147f., 169, 201
Rotation, retrograde 105
Rudolf II. 118, 145f., 148, 154ff.

Sal 122
Samael 195ff.
Saturn 23, 56, 57, 90, 111, 124, 134f., 144, 147, 157, 161,
    193, 213, 234
Scheuchzer, Johann Jakob 181, 182
Schiffssegel/-kiel 78
Schlaf 181f.
Schlange 84
Schlangenträger 36, 86, 146
Schütze 38, 59, 88, 146
Schwan 20, 38, 88, 218
Schwellenhüter 111
Schwerkraft 177
Schwert 21, 74, 98
Sechserrhythmus 193
Sechsstern 105
Sekundärfarben 219
Selene 78
Seth 74
Sextant 78

Sheratan 72

siderisch 236

Siebenjahresperiode 193

Siebentagewoche 167, 183

Sinne 229

Sinnesnervensystem 80

Sirius 21, 48, 64, 76, 234

Skorpion 23, 34, 36, 59, 84, 128, 133, 144f., 153, 222

Sol 189

Sommerdreieck 88

Sonne 102, 121, 132, 153, 189

Sonnenfinsternis 21, 22, 104, 140, 148ff., 154, 225ff.

Sonnenfleckentätigkeit 102

Sonnenkreuz 190

Sonnenlemniskate 103

Sonnenrhythmus 189f.

Sonnensphäre 212

Spektralklasse 218

Spica 23, 58, 82

Spiralgalaxien 97, 175

Spiritualität, zoroastrische 143

Sponheim, Trithem von 27

Staub, interstellarer 98

Steinbock 38, 60, 90, 144

Steiner, Rudolf 10, 16, 19, 65, 78, 92, 100, 115, 117, 122, 138, 148, 157, 172, 176, 180, 191, 194, 200, 203ff., 210, 213, 223f., 230

Stern von Bethlehem 111, 140, 141, 144, 146

Stern, fünfzackiger 235

Sternbewegung 66

Sternbildtrigone 214

Sterne, junge 98

Sternenkonfiguration 190

Sternenkonstellation 138

Sternenkunde, integrale 156

Sternhaufen/-nest 96ff.

Sternkalender 24, 55, 115, 119, 137

Sternmaterie 98

Sternschnuppen 26, 113, 115

Sternspirale 172

Stier 29, 44, 57, 72, 131, 222, 234

Stier-Kulturepoche 202

Stoffwechsel-Gliedmaßen-System 223

Stoffwechselsystem 80

Sucher, Willi 118, 138

Sulphur 122

Supernova 96, 140, 146ff., 157f.

System, rhythmisches 80, 223

System, tyhonisches 168

Tabula smaragdina 168

Tafeln, Rudolfsche 154, 159

Tag 180ff.

Tagundnachtgleiche 104

Terra lucida 205

Terra pestifera 205

Tetraeder 161

Theon von Smyrna 168

Therapeut 150

Thor 110

Thun, Maria 214

Thutmosis III. 209f.

Tierkreis 127, 170, 213

Tierkreis, babylonischer 84

Tierkreis, siderisch 116, 138, 236

Tierkreis, tropisch 116, 117, 138

Tierkreisbilder/-häuser 54, 68, 128, 210

Titius, Johann Daniel 101

Titus-Bode-Gesetz 109

Todeshoroskop 194

Totenbücher 209f.

Traum 223, 229

Trigone 214, 216

Trinität 26, 179

Trismegistos, Hermes 9, 27, 122, 168

tropisch 236

Tycho-Brahe-Astrolabium 61ff., 119, 237

Über den Neuen Stern im Fuß des Schlangenträgers 146f.

Unbewusstes 86

Untergang von Atlantis 200

Uranus 24, 56, 92, 111, 127, 153, 193, 234

Urknall 176

Uroboros 70, 120

Urpflanze 125, 191f.

Utgard 167

Venus Urania 123, 131

Venus Vulgivaga 123

Venus 21, 24, 55, 57, 58, 59, 84, 105, 106, 123, 150, 153, 161, 193, 212, 226, 232ff.

Venussphäre

Venusstellungen 235

Vesta 109

Viergetier 149, 153

Vollmond 58

Waage 59, 82, 133, 222

Wahrnehmung 225

Waldorfpädagogik 230

Wärme 176, 206, 226, 229

Wassermann 40, 60, 92, 153, 199, 222

Wasserschlange 71

Wassertrigon 214

Wega 34, 36, 88

Weihnachten 190

Weihnachtskomet 114
Weltenesche Yggdrasil 167, 227
Welten-Ich 212
Weltenjahr/-monat/-rhythmus, platonischer 71 198
Weltenmitternacht 210, 213
Weltenuhr 200
Weltsicht, integrale 17, 223
Wendepunkt des Krebses 103
Wetter 215
Widder 42, 57, 72, 117, 129, 199, 200, 222
Widder-Kulturepoche 202
Widderzeitalter 200
Wintersonnenwende 90
Wirkungsquanten 177
Wissenspädagogik 231
Wissensvermittlung 225
Woche 183ff.
Wolf 84
Würfel 161
Wurzeltage 216

Zachariel 195ff.
Zahnwechsel 191
Zarathustra 76, 143, 201
Zeichen, bewegliche/feste/kardinale 128
Zeitgeister 195f.
Zeitgeistperioden 198
Zeitgleichungskurve 103
Zeus 71, 74, 88, 105, 110, 124, 134, 186, 202
zirkumpolar 66, 68
Zodiak 55, 71, 127
Zwerge, Weiße 172, 219
Zwillinge 29, 46, 57, 76, 131, 198, 222, 234

Ueli Seiler-Hugova

geboren 1942, Ausbildung als Primarlehrer, Heimleiter und in Waldorfpädagogik. Lehrer und 1972–2006 Direktor der Bildungsstätte Schlössli Ins, heute Leiter des dortigen dreijährigen Erzieherseminars. 1994–2000 Gastprofessur für Pädagogik an der Universität Riga, Lehrtätigkeit an der Fachhochschule für Sozialtherapie in Prag. Mitarbeit am Forschungsprojekt Integrale Pädagogik an der Universität Regensburg. Vortrags- und Kurstätigkeit.

www.schloessli-ins.ch

Von Ueli Seiler-Hugova ist bereits erschienen:

Farben sehen, erleben, verstehen

Ausgehend von einfachen sinnlichen Erfahrungen und Experimenten führt der Autor in diesem Buch Schritt für Schritt zu den Farben, zum Regenbogen und zu den verschiedenen Farbenkreisen von J.W. von Goethe, Rudolf Steiner und Harald Küppers. Daneben schlägt er auch Brücken zu Psychologie, Mythologie, Planeten und Tierkreiszeichen.

Eine praktische Einführung in die Welt der Farben für Eltern, Lehrerinnen und Lehrer, die mit Kindern und Jugendlichen Farben erleben, erfahren, verstehen wollen.

AT Verlag
Stadtturmstraße 19
CH-5401 Baden
Telefon +41 (0)58 200 44 00
Fax +41 (0)58 200 44 01
E-Mail: info@at-verlag.ch
Internet: www.at-verlag.ch